普通高等教育“十四五”规划教材

建筑工程概预算

杨青青　吴　岚　王红贞　主　编
张　琼　钱　敏　副主编

上海财经大学出版社

图书在版编目(CIP)数据

建筑工程概预算/杨青青,吴岚,王红贞主编. —上海:上海财经大学出版社,2023.9
(普通高等教育"十四五"规划教材)
ISBN 978-7-5642-4225-1/F.4225

Ⅰ.①建… Ⅱ.①杨…②吴…③王… Ⅲ.①建筑概算定额-高等学校-教材②建筑预算定额-高等学校-教材 Ⅳ.①TU723.3

中国国家版本馆 CIP 数据核字(2023)第 140148 号

□ 责任编辑 林佳依
□ 封面设计 贺加贝

建筑工程概预算

杨青青 吴 岚 王红贞 主 编
张 琼 钱 敏 副主编

上海财经大学出版社出版发行
(上海市中山北一路 369 号 邮编 200083)
网 址:http://www.sufep.com
电子邮箱:webmaster@sufep.com
全国新华书店经销
启东市人民印刷有限公司印刷装订
2023 年 9 月第 1 版 2023 年 9 月第 1 次印刷

787mm×1092mm 1/16 15.5 印张 397 千字
印数:0 001—3 000 定价:49.80 元

目 录

第一章　绪论/1
　第一节　工程建设项目概述/1
　第二节　我国工程造价人员从业制度和工程造价咨询制度简介/10

第二章　建设工程造价构成/13
　第一节　概述/13
　第二节　设备及工器具购置费用的构成和计算/16
　第三节　建筑安装工程费用的构成和计算/21
　第四节　工程建设其他费用的构成和计算/34
　第五节　预备费和建设期利息的计算/41

第三章　工程建设定额/43
　第一节　工程计价原理及方法/43
　第二节　工程定额概述/59
　第三节　施工定额/62
　第四节　预算定额/73
　第五节　概算定额和概算指标/86

第四章　工程计量/90
　第一节　工程计量的基本原理与方法/90
　第二节　建筑面积计算/94
　第三节　土石方与基础工程计量/119

第五章 建设项目设计阶段工程造价文件编制/189
第一节 设计概算的编制/189
第二节 施工图预算的编制/203

第六章 工程结算和竣工决算/215
第一节 工程结算/215
第二节 工程价款调整/221
第三节 竣工决算/231

参考文献/242

前言

《建筑工程概预算》是按照最新计价规范《建设工程工程量清单计价规范》(GB 50500-2013)、《湖北省房屋建筑与装饰工程消耗量定额及基价表》(公用、建筑装饰 2013)、《建筑工程建筑面积计算规范》(GB/T 50353-2013)、《建筑工程施工质量验收统一标准》(GB 50300-2013)等有关新规范、新标准编写而成,本教材强调实用性与实践性,理论联系实际、以实践为重点。

本教材主要内容包括建筑工程造价构成、工程建设定额、工程计量、投资估算的编制、设计概算的编制、施工图预算的编制、合同价款调整和结算、竣工决算等。本教材编写的目标是让学习者懂得建筑工程投资的构成,掌握具体建筑工程概预算的方法及文件编制,核心任务是帮助学习者建立现代科学工程造价管理的思维观念和方法,具有工程造价管理的初步能力,以响应党的二十大报告提出的“统筹职业教育、高等教育、继续教育协同创新,推进职普融通、产教融合、科教融汇,优化职业教育类型定位”以及“加强基础学科、新兴学科、交叉学科建设,加快建设中国特色、世界一流的大学和优势学科”的号召。本教材按 60 学时编写,授课方式和课时安排可结合各学校情况对教学内容做取舍。

需要特别说明的是,依据国家教材委员会办公室《关于做好党的二十大精神进教材工作的通知》(国教材办〔2022〕3 号)的要求,推动党的二十大精神进教材、进课堂、进头脑,除了本教材中已经体现的二十大精神内容外,为了与时俱进地增补与本教材相关的思政案例与二十大精神内容,及时修改在教学过程中发现的本书错误之处,我们与出版社共同建设新媒体动态服务窗口,使用本教材的教师可以通过手机微信扫以下二维码,获取相关最新内容。

限于编者的理论水平和实践经验的局限,教材中难免有不当之处,恳请读者批评指正。

编　者

2023 年 8 月

第一章
绪 论

第一节 工程建设项目概述

一、建设项目概念

基本建设工程项目，又称建设项目(Construction Project)，是指按一个总体设计组织施工，建成后具有完整的系统，可以独立地形成生产能力或者使用价值的建设工程。

建设项目是建设单位在一个或几个建设区域内，根据上级下达的计划任务书、批准的总体设计和总概算书，经济上实行独立核算，行政上具有独立的组织形式，严格按基建程序实施的基本建设工程。建设项目一般指符合国家总体建设规划，能独立发挥生产功能或满足生活需要，其项目建议书经批准立项和可行性研究报告经批准的建设任务。如工业建设中的一个工厂、一座矿山，民用建设中的一个居民区、一幢住宅、一所学校等，均为一个建设项目。建设项目包括基本建设项目(新建、扩建等扩大生产能力的建设项目)和技术改造项目。

1. 建设项目的基本特征

(1)在一个总体设计或初步设计的范围内，由一个或若干个互相有内在联系的单项工程所组成，建设中实行统一核算、统一管理。

(2)在一定的约束条件下，以形成固定资产为特定目标。约束条件有时间约束(即建设工期目标)、资源约束(即投资总量目标)、质量约束(即一个建设项目都有预期的生产能力，如公路的通行能力)、技术水平(如使用功能的强度、平整度、抗滑能力等)或使用效益目标。

(3)要遵循必要的建设程序和特定的建设过程。一个建设项目从提出建设的设想、建议、方案选择、评估、决策、勘察、设计、施工一直到竣工、投入使用，均有一个有序的全过程。

(4)按照特定的任务，具有一次性特点的组织形式。其表现是投资的一次性投入，建设地点的一次性固定，设计单一，施工单件。

(5)具有投资限额标准。只有达到一定投资限额标准的项目才能称为建设项目，不满投资限额标准的项目称为零星固定资产购置。

2. 建设项目的特点

(1)具有明确的建设目标。每个项目都具有确定的目标,包括成果性目标和约束性目标。成果性目标是指对项目的功能性要求,也是项目的最终目标;约束性目标是指对项目的约束和限制,如时间、质量、投资等量化的条件。

(2)具有特定的对象。任何项目都具有具体的对象,它决定了项目的最基本特性,是项目分类的依据。

(3)一次性。项目都是具有特定目标的一次性任务,有明确的起点和终点,任务完成即告结束,所有项目没有重复。

(4)生命周期性。项目的一次性决定了项目具有明确的起止点,即任何项目都具有诞生、发展和结束的时间,也就是项目的生命周期。

(5)有特殊的组织和法律条件。项目的参与单位之间主要以合同作为纽带相互联系,并以合同作为分配工作、划分权力和责任关系的依据。项目参与方之间在此建设过程中的协调主要通过合同、法律和规范实现。

(6)涉及面广。一个建设项目涉及建设规划、计划、土地管理、银行、税务、法律、设计、施工、材料供应、设备、交通、城管等诸多部门,因而项目组织者需要做大量的协调工作。

(7)作用和影响具有长期性。每个建设项目的建设周期、运行周期、投资回收周期都很长,因此其影响面大、作用时间长。

(8)环境因素制约多。每个建设项目都受建设地点的气候条件、水文地质、地形地貌等多种环境因素的制约。

二、建设项目分类

为了计划和管理的需要,建设项目可以从不同角度进行分类:

(一)按项目的建设阶段分类

按项目的建设阶段分类,可分为筹建项目、施工(在施)项目、建成投产项目、收尾项目和停缓建项目。

1. 筹建项目

筹建项目是指尚未开工,正在进行选址、规划、设计等施工前各项准备工作的建设项目。

2. 施工(在施)项目

施工(在施)项目是指报告期内实际施工的建设项目,包括报告期内新开工的项目、上期跨入报告期续建的项目、以前停建而在本期复工的项目、报告期施工并在报告期建成投产或停建的项目。

3. 建成投产项目

建成投产项目是指报告期内按设计规定的内容,形成设计规定的生产能力(或效益)并投入使用的建设项目,包括部分投产项目和全部投产项目。

4. 收尾项目

收尾项目是指已经建成投产和已经组织验收,并已形成设计生产能力(或效益),但还遗留少量收尾工程需继续进行扫尾的建设项目。

5. 停缓建项目

停缓建项目是指根据现有人财物力和国民经济调整的要求,在计划期内停止或暂缓建设的项目。

(二)按项目的建设性质分类

按项目的建设性质分类,可分为新建项目、扩建项目、改建项目、迁建项目和恢复项目。

1. 新建项目

新建项目是指从无到有、"平地起家"、新开始建设的项目。有的建设项目原有基础很小,经扩大建设规模后,其新增加的固定资产价值超过原有固定资产价值3倍以上的,也算新建项目。

2. 扩建项目

扩建项目是指原有企业、事业单位,为扩大原有产品生产能力(或效益),或增加新的产品生产能力,而新建的主要车间或工程项目。

3. 改建项目

改建项目是指原有企业为提高生产效率,增加科技含量,采用新技术,改进产品质量或改变新产品方向,对原有设备或工程进行改造的项目。有的企业为了平衡生产能力,增建一些附属、辅助车间或非生产性工程,也算改建项目。

4. 迁建项目

迁建项目是指原有企业、事业单位由于各种原因经上级批准搬迁到另地建设的项目。迁建项目中符合新建、扩建、改建条件的,应分别算作新建、扩建或改建项目。迁建项目不包括留在原址的部分。

5. 恢复项目

恢复项目是指企业、事业单位因自然灾害、战争等原因,使原有固定资产全部或部分报废,以后又投资按原有规模重新恢复起来的项目。在恢复的同时进行扩建的,应作为扩建项目。

(三)按项目的建设规模分类

按项目的建设规模分类,可分为大型、中型、小型项目。

基本建设项目可分为大型项目、中型项目、小型项目;更新改造项目分为限额以上项目、限额以下项目。

基本建设项目大中小型划分标准是按项目的建设总规模或总投资来确定的。习惯上将大型和中型项目合称为大中型项目。新建项目按项目的全部设计规模(能力)或所需投资(总概算)计算;扩建项目按扩建新增的设计能力或扩建所需投资(扩建总概算)计算,不包括扩建以前原有的生产能力。但是,新建项目的规模是指经批准的可行性研究报告中规定的建设规模,而不是指远景规划所设想的长远发展规模。明确分期设计、分期建设的,应按分期规模计算。基本建设项目大中小型划分标准是国家规定的、按总投资划分的项目,能源、交通、原材料工业项目5 000万元以上,其他项目3 000万元以上的为大中型项目,在此标准以下的为小型项目。

(四)按项目在国民经济中的作用分类

按项目在国民经济中的作用分类,可分为生产性项目和非生产性项目。

1. 生产性项目

生产性项目是指直接用于物质生产或直接为物质生产服务的项目,主要包括工业项目(含矿业)、建筑业、地质资源勘探及农林水有关的生产项目、运输邮电项目、商业和物资供应项目等。

2. 非生产性项目

非生产性项目是指直接用于满足人民物质和文化生活需要的项目,主要包括文教卫生、科学研究、社会福利、公用事业建设、行政机关和团体办公用房建设等项目。

(五)按建设项目隶属关系分类

按建设项目隶属关系分类,可分为主管部直属项目和地方项目。

(六)按建设项目投资效益分类

按建设项目投资效益分类,可分为竞争性项目、基础性项目、公益性项目。

1. 竞争性项目

竞争性项目是指投资回报率比较高、竞争性比较强的工程项目。如:商务办公楼、酒店、度假村、高档公寓等工程项目。其投资主体一般为企业,由企业自主决策、自担投资风险。

2. 基础性项目

基础性项目是指具有自然垄断性、建设周期长、投资额大而收益低的基础设施和需要政府重点扶持的一部分基础工业项目,以及直接增强国力的符合经济规模的支柱产业项目。如:交通、能源、水利、城市公用设施等。政府应集中必要的财力、物力通过经济实体投资建设这些工程项目,同时,还应广泛吸收企业参与投资,有时还可吸收外商直接投资。

3. 公益性项目

公益性项目是指为社会发展服务、难以产生直接经济回报的工程项目,包括科技、文教、卫生、体育和环保等设施,公、检、法等政法机关,以及政府机关、社会团体办公设施、国防建设等。公益性项目的投资主要由政府用财政资金安排。

此外,建设项目还可按管理系统或国民经济部门划分,前者不论其建设内容是属于哪一个国民经济部门,只按项目的所在单位在行政上(或业务上)属于哪个主管部门管理而定;后者是按项目建成投产后的主要产品种类或工程的主要用途划分,而不论其隶属于哪个管理系统。

三、建设项目的层次

为便于对建设工程进行管理和确定建筑产品的价格,我们通常将其划分为建设项目、单项工程、单位工程、分部工程和分项工程5个层次。

(一)建设项目

建设项目是指在一个总体设计或初步设计的范围内,由一个或若干个单项工程所组成的,经济上实行统一核算,行政上有独立机构或组织形式来实行统一管理的基本建设单位。一般以一个行政上独立的企事业单位作为一个建设项目,如一家工厂、一所学校等。建筑产品在其初步设计阶段以建设项目为对象编制总概算,竣工验收后编制竣工决算。

(二)单项工程

单项工程又称工程项目,是指在一个建设项目中,具有独立的设计文件,可以独立施工,建成后可以独立发挥生产能力或效益的工程。它是建设项目的组成部分,如工业建筑中,一座工厂中的各个车间、办公楼等;民用建筑中,一所学校里的一座教学楼、图书馆、食堂等。单项工程是建设项目的重要组成部分。单项工程建筑产品的价格是由编制单项工程综合概(预)算来确定的。

(三)单位工程

单位工程是指具有独立的设计文件,可以独立地施工,但建成后不能够独立发挥生产能力或效益的工程。单位工程是单项工程的组成部分,如建筑工程中的一般土建工程、装饰装修工程、给排水工程、电气照明工程、弱电工程、采暖通风空调工程、煤气管道工程、园林绿化工程等,均可以独立作为单位工程。

(四)分部工程

分部工程是单位工程的组成部分,指工程性质相近,施工方式、施工工具和使用材料大体相同的同类工程。如土建工程可以分为土石方工程、基础工程、砌筑工程、混凝土及钢筋混凝土工程、木结构工程、金属结构工程、屋面及防水工程、防腐保温隔热工程、脚手架工程、模板及支撑工程等多个分部工程。

(五)分项工程

分项工程是分部工程的组成部分,是建设项目概(预)算中最基本的计量单元,是预算定额中最小的计价单位,它是按不同的施工方法、不同材料、不同规格将分部工程划分为若干分项工程。如土方工程可以分为人工挖土方、机械挖土方等,砖墙可以分为一砖墙、一砖半墙等。

下面以一所大学作为建设项目来进行项目分解,如图 1.1 所示。

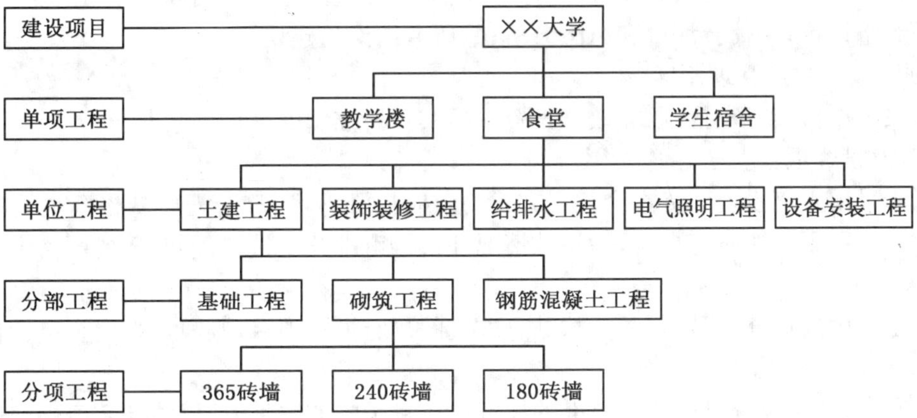

图 1.1 大学建设项目分解

四、工程项目建设程序

工程项目建设程序是指工程项目从策划、评估、决策、设计、施工到竣工验收、投入生产或交付使用的整个建设过程中,各项工作必须遵循的先后工作次序,各项工作可以进行合理交叉,但不能任意颠倒次序。这里主要介绍工程项目决策阶段、建设实施阶段、项目后评价的工作内容。

(一)工程项目决策阶段

工程项目决策阶段包括编报项目建议书、编报可行性研究报告,且针对不同的项目,投资决策管理制度也不同。

1. 编报项目建议书

以政府投资项目为例,项目建议书按要求编制完成后,应根据建设规模和限额划分报送有关部门审批。项目建议书经批准后,可进行可行性研究工作,但并不表明项目非上不可,批准的项目建议书不是项目的最终决策。项目建议书内容包括:

(1)项目提出的必要性和依据。

(2)产品方案、拟建规模和建设地点的初步设想。

(3)资源情况,建设条件,协作关系和设备技术引进国别、厂商的初步分析。

(4)投资估算、资金筹措及还贷方案设想。

(5)项目进度安排。

(6)经济效益和社会效益的初步估计。

(7)环境影响的初步评价。

2. 编报可行性研究报告

(1)可行性研究的工作内容包括:①进行市场研究,以解决项目建设的必要性问题;②进行工艺技术方案的研究,以解决项目建设的技术可行性问题;③进行财务和经济分析,以解决项目建设的经济合理性问题。凡经可行性研究未通过的项目,不得进行下一步工作。

(2)可行性研究报告的内容包括:①项目提出的背景、项目概况及投资的必要性;②产品需求、价格预测及市场风险分析;③资源条件评价(对资源开发项目而言);④建设规模及产品方案的技术经济分析;⑤建厂条件与厂址方案;⑥技术方案、设备方案和工程方案;⑦主要原材料、燃料供应;⑧总图、运输与公共辅助工程;⑨节能、节水措施;⑩环境影响评价;⑪劳动安全卫生与消防;⑫组织机构与人力资源配置;⑬项目实施进度;⑭投资估算及融资方案;⑮财务评价和国民经济评价;⑯社会评价和风险分析;⑰研究结论与建议。

3. 项目投资决策管理制度

政府投资项目实行审批制,非政府投资项目实行核准制或登记备案制。

(1)政府投资项目。

①对于采用直接投资和资本金注入方式的政府投资项目,政府需要从投资决策的角度审批项目建议书和可行性研究报告,除特殊情况外不再审批开工报告,同时还要严格审批其初步设计和概算。

②对于采用投资补助、转贷和贷款贴息方式的政府投资项目,则只审批资金申请报告。

(2)非政府投资项目。

①核准制:企业投资建设政府核准的投资项目目录中的项目时,仅需向政府提交项目申请报告,不需要再经过批准项目建议书、可行性研究报告和开工报告的程序。

②备案制:由企业按照属地原则向地方政府投资主管部门备案。

(二)工程项目建设实施阶段

工程项目建设实施阶段包括工程设计、建设准备、施工安装、生产准备、竣工验收。

1. 工程设计

工程项目的设计工作一般划分为两个阶段,即初步设计和施工图设计。重大项目和技术复杂项目,可根据需要在初步设计的基础上增加技术设计。

(1)初步设计。初步设计是根据可行性研究报告的要求所做的具体实施方案,目的是阐明在指定的地点、时间和投资控制数额内,拟建项目在技术上的可行性和经济上的合理性,并通过对工程项目所做出的基本技术经济规定,编制项目总概算。初步设计不得随意改变被批准的可行性研究报告所确定的建设规模、产品方案、工程标准、建设地址和总投资等控制目标。如果初步设计提出的总概算超过可行性研究报告总投资的10%或其他主要指标需要变更时,应说明原因和计算依据,并重新向原审批单位报批可行性研究报告。

(2)技术设计。技术设计应根据初步设计和更详细的调查研究资料编制,以进一步解决初步设计中的重大技术问题,如工艺流程、建筑结构、设备选型及数量确定等,使工程项目的设计更加具体、完善,技术指标更好。

(3)施工图设计。施工图设计是指根据初步设计或技术设计的要求,结合现场实际情况,完整地表现建筑物外、内部空间分割,结构体系,构造状况以及建筑群的组成和周围环境的配合。它还包括各种运输、通信、管道系统、建筑设备的设计。在工艺方面,应具体确定各种设备的型号、规格及各种非标准设备的制造加工图。

施工图设计文件的审查内容包括:①是否符合工程建设强制性标准;②地基基础和主体结构的安全性;③勘察设计企业和注册执业人员以及相关人员是否按规定在施工图上加盖相应的图章和签字;④其他。

任何单位或者个人不得擅自修改审查合格的施工图。确需修改的,凡涉及上述审查内容的,建设单位应当将修改后的施工图送原审查机构审查。

2. 建设准备

建设准备工作内容如下:

(1)征地、拆迁和场地平整。

(2)完成施工用水、电、通信、道路等接通工作。

(3)组织招标选择工程监理单位、承包单位及设备、材料供应商。

(4)准备必要的施工图纸。

(5)办理工程质量监督和施工许可手续。

①工程质量监督手续的办理。建设单位在办理施工许可证之前应当到规定的工程质量监督机构办理工程质量监督注册手续,办理时需提供以下资料:施工图设计文件审查报告和批准书,中标通知书和施工、监理合同,建设单位、施工单位和监理单位的项目负责人和机构组成,施工组织设计和监理规划,其他。

②施工许可证的办理。建设单位在开工前应向工程所在地的县级以上人民政府建设行政主管部门申请领取施工许可证。工程投资额在30万元以下或建筑面积在300平方米以下的建筑工程可不申请施工许可证。

3. 施工安装

项目新开工时间,是指工程项目设计文件中规定的任何一项永久性工程第一次正式破土开槽开始施工的日期。不需开槽的工程,正式开始打桩的日期就是开工日期。铁路、公路、水库等需要进行大量土方、石方工程的,以开始进行土方、石方工程的日期作为正式开工日期。施工安装活动应按照工程设计要求、施工合同及施工组织设计,在保证工程质量、工期、成本及安全、环保等目标的前提下进行,达到竣工验收标准后,由施工单位移交给建设单位。

4. 生产准备

对生产性项目而言,生产准备是项目投产前由建设单位进行的一项重要工作。它是衔接建设和生产的桥梁,是项目建设转入生产经营的必要条件。建设单位应适时组成专门机构做好生产准备工作,确保项目建成后能及时投产。

5. 竣工验收

当工程项目按设计文件的规定内容和施工图纸的要求全部建完后,便可组织验收。竣工验收是投资成果转入生产或使用的标志,也是全面考核工程建设成果、检验设计和工程质量的重要步骤。

竣工验收的准备工作包括:①整理技术资料;②绘制竣工图;③编制竣工决算。

(三)项目后评价

工程项目竣工验收或通过销售交付使用,只是工程建设完成的标志,而不是工程项目管理的终结。项目后评价的基本方法是对比法。项目后评价包括效益后评价及过程后评价。

1. 效益后评价

效益后评价是项目后评价的重要组成部分,具体包括经济效益后评价、环境效益和社会效益后评价、项目可持续性后评价及项目综合效益后评价。

2. 过程后评价

过程后评价是指对工程项目的立项决策、设计施工、竣工投产、生产运营等全过程进行系统分析。

五、工程建设造价文件构成

根据基本建设程序的要求，工程建设造价文件可分成以下几个部分。

(一)投资估算

投资估算一般是指在工程项目决策阶段，为了对方案进行比选，对该项目进行投资费用的估算，包括项目建议书的投资估算和可行性研究报告的投资估算。投资估算是在决策阶段作为论证拟建项目在经济上是否合理的重要文件。

(二)设计概算

设计概算是设计文件的重要组成部分。它是由设计单位依据初步设计或扩大初步设计图纸，根据有关定额或指标规定的工程量计算规则、行业标准来编制的。概算的层次性十分明显，分为单位工程概算、单项工程综合概算、建设项目总概算。概算应按建设项目的建设规模、隶属关系和审批程序报请批准。总概算经有关机关批准后，就成为国家控制本建设项目总投资的主要依据，不能任意突破。如果突破，要重新立项申请。

(三)施工图预算(定额计价)

施工图预算(定额计价)是依据审查和批准过的施工图，按照相应施工要求，并根据有关定额规定的工程量计算规则、行业标准来编制的工程造价文件。施工图预算受概算价的控制，便于业主了解设计的施工图所对应的费用。施工图预算是实行定额计价的依据。

(四)工程量清单计价

工程量清单计价是指按照工程量清单计价规范规定的，根据工程量清单和有关技术说明、综合单价、企业定额来编制的工程造价文件。工程量清单计价是实行工程量清单招标的依据。

(五)投标报价

投标报价是投标人根据招标文件的要求和提供的施工图纸，按所编制的施工方案或施工组织设计，并根据有关规定、行业标准和企业定额，在投标时报出的工程造价。

(六)施工预算

施工预算是用于施工单位内部管理的一种预算。施工预算是指施工单位在投标报价的控制下，根据审查和批准过的施工图和施工定额，结合施工组织设计，考虑节约因素后在施工以前编制的预算。它主要是计算单位工程施工用工、用料，以及施工机械(主要是大型机械)台班需用量。施工预算实质上是施工企业基层单位的一种成本计划文件，它指明了管理目标和方法，可作为确定用工和用料计划、备工备料、下达施工任务书和限额领料单的依据，也是指导施工、控制工料、实行经济核算及统计的依据。

(七)合同价

合同价是指在工程招标、投标阶段，通过签订总承包合同、建筑安装工程承包合同、设备材料采购合同、技术和咨询服务合同来确定的价格。合同价属于市场价格范畴，但它不等同于实际工程造价。它是由发承包双方根据有关部门规定或协议条款约定的取费标准计算的，用以支付给承包方按照合同要求完成工程内容的价款总额。

（八）工程结算

工程结算是建设单位（发包人）和施工企业（承包人）按照工程进度，对已完工程实行货币支付的行为，是商品交换中结算的一种形式。工程结算是指一个单项工程、单位工程、分部分项工程完工后，经建设单位及有关部门验收并办理验收手续后，由施工单位根据施工过程中现场实际情况的记录、设计变更通知书、现场工程变更签证以及合同约定的计价定额、材料价格、各项取费标准等，在合同价的基础上，根据规定编制的向建设单位办理结算工程价款来取得收入，用以补偿施工过程中的资金耗费，是确定工程实际造价的依据。

由于建筑安装工程工期的长短不同，结算方式有几种。若工期很长，不可能都采取竣工后一次性结算的方法，往往要在工期中通过不同方式采用分期付款，以解决施工企业资金周转的困难，这种结算方式称为中间结算；若工期较短，就可以采用竣工后一次性结算的方法。

（九）竣工结算

竣工结算是指发承包双方依据国家有关法律、法规和标准规定，按照合同约定确定的最终工程造价进行的结算。工程结算价是该结算工程的实际建造价格。

（十）竣工决算

竣工决算是指建设项目通过竣工验收交付使用后，由建设单位编制的反映整个建设项目从筹建到竣工验收所发生的全部费用。它应当反映工程项目建成后交付使用的固定资产及流动资金的详细情况和实际价值，是建设项目的实际投资总额，是登记新增固定资产价值的依据。

工程建设造价文件各阶段确定示意图，如图 1.2 所示。

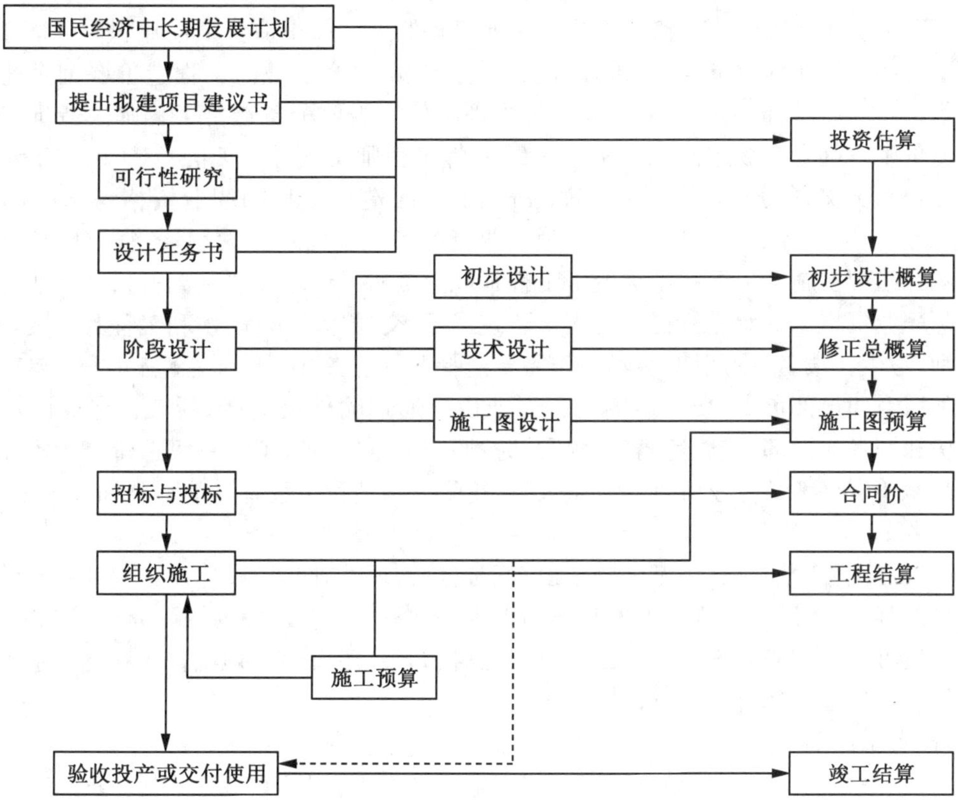

图 1.2 工程建设造价文件各阶段确定示意图

第二节　我国工程造价人员从业制度和工程造价咨询制度简介

一、我国工程造价人员从业制度简介

按照我国现行规定，从事工程造价的人员有预算员和造价工程师。

（一）预算员

预算员证是上岗证，以湖北省为例，湖北省的预算员证是由湖北省建设厅印制的证书，由湖北省建设教育协会颁发，并加盖湖北省建设行业专业技术管理人员关键岗位培训合格证书专用章。预算员资格考试一年4次，每季度1次。考试设置预算员专业基础知识和预算员专业管理实务两个科目。报考人员要求具有高中（中专）以上文化程度，企事业单位在职人员或在校大学生均可报名。

（二）造价工程师

2018年7月20日，由住房和城乡建设部、交通运输部、水利部、人力资源和社会保障部联合印发的《造价工程师职业资格制度规定》和《造价工程师职业资格考试实施办法》的通知（建人〔2018〕167号）中规定：造价工程师是指通过职业资格考试取得中华人民共和国造价工程师职业资格证书，并经注册后从事建设工程造价工作的专业技术人员。

国家对造价工程师职业资格实行执业注册管理制度。取得造价工程师职业资格证书且从事工程造价相关工作的人员，经注册方可以造价工程师名义执业。工程造价咨询企业应配备造价工程师，工程建设活动中有关工程造价管理岗位按需要配备造价工程师。造价工程师分为一级造价工程师和二级造价工程师。一级造价工程师英文译为 Class 1 Cost Engineer，二级造价工程师英文译为 Class 2 Cost Engineer。一级造价工程师职业资格考试全国统一大纲、统一命题、统一组织。二级造价工程师职业资格考试全国统一大纲，各省、自治区、直辖市自主命题并组织实施。一级和二级造价工程师职业资格考试均设置基础科目和专业科目。造价工程师职业资格考试专业科目分为土木建筑工程、交通运输工程、水利工程和安装工程4个专业类别，考生在报名时可根据实际工作需要选择其一。其中，土木建筑工程、安装工程专业由住房和城乡建设部负责；交通运输工程专业由交通运输部负责；水利工程专业由水利部负责。住房和城乡建设部、交通运输部、水利部按照职责分别负责拟定一级造价工程师和二级造价工程师职业资格考试专业科目的考试大纲，组织一级造价工程师专业科目命题审题工作。

1. 二级造价工程师

二级造价工程师职业资格考试设建设工程造价管理基础知识和建设工程计量与计价实务两个科目。其中，建设工程造价管理基础知识为基础科目，建设工程计量与计价实务为专业科目。二级造价工程师职业资格考试由各省级住房和城乡建设、交通运输、水利行政主管部门会同人力资源和社会保障行政主管部门组织实施。

（1）报考条件要求。

①取得工程造价专业大学专科学历（或高等职业教育），从事工程造价业务工作满2年或者取得土木建筑、水利、装备制造、交通运输、电子信息、财经商贸大类大学专科（或高等职业教育）学历，从事工程造价、工程管理业务工作满3年。

②取得工程管理、工程造价专业大学本科及以上学历或学位，从事工程造价、工程管理业务工作满1年或者取得工学、管理学、经济学门类大学本科及以上学历或学位，从事工程造价、工程管理业务工作满2年。

③取得其他专业类(门类)相应学历或学位的人员，从事工程造价、工程管理业务工作年限相应增加1年。

(2)执业资格认定办法。二级造价工程师职业资格考试成绩实行2年为一个周期的滚动管理办法，参加全部2个科目考试的人员必须在连续的2个考试年度内通过全部科目，方可取得二级造价工程师职业资格证书。

二级造价工程师职业资格考试合格者，由各省、自治区、直辖市人力资源和社会保障行政主管部门颁发中华人民共和国二级造价工程师职业资格证书。该证书由各省、自治区、直辖市住房和城乡建设、交通运输、水利行政主管部门按专业类别分别与人力资源和社会保障行政主管部门用印，原则上在所在行政区域内有效。各地可根据实际情况制定跨区域认可办法。

(3)具体工作内容。二级造价工程师主要协助一级造价工程师开展相关工作，可独立开展以下具体工作：

①建设工程工料分析、计划、组织与成本管理，施工图预算、设计概算的编制；

②建设工程量清单、最高投标限价、投标报价的编制；

③建设工程合同价款、结算价款和竣工决算价款的编制。

2. 一级造价工程师

一级造价工程师职业资格考试设建设工程造价管理、建设工程计价、建设工程技术与计量、建设工程造价案例分析4个科目。其中，建设工程造价管理和建设工程计价为基础科目，建设工程技术与计量和建设工程造价案例分析为专业科目。

(1)报考条件要求。

①具有工程造价专业大学专科(或高等职业教育)学历，从事工程造价业务工作满5年或者具有土木建筑、水利、装备制造、交通运输、电子信息、财经商贸大类大学专科(或高等职业教育)学历，从事工程造价业务工作满6年。

②具有通过工程教育专业评估(认证)的工程管理、工程造价专业大学本科学历或学位，从事工程造价业务工作满4年或者具有工学、管理学、经济学门类大学本科学历或学位，从事工程造价业务工作满5年。

③具有工学、管理学、经济学门类硕士学位或者第二学士学位，从事工程造价业务工作满3年。

④具有工学、管理学、经济学门类博士学位，从事工程造价业务工作满1年。

⑤具有其他专业相应学历或者学位的人员，从事工程造价业务工作年限相应增加1年。

(2)执业资格认定办法。

①一级造价工程师职业资格考试成绩实行以4年为一个周期的滚动管理办法，在连续的4个考试年度内通过全部考试科目，方可取得一级造价工程师职业资格证书。

②一级造价工程师职业资格考试合格者，由各省、自治区、直辖市人力资源和社会保障行政主管部门颁发中华人民共和国一级造价工程师职业资格证书。该证书由人力资源和社会保障部统一印制，住房和城乡建设部、交通运输部、水利部按专业类别分别与人力资源和社会保障部用印，在全国范围内有效。

(3)具体工作内容。一级造价工程师的执业范围包括建设项目全过程的工程造价管理与咨询等，具体工作内容如下：

①项目建议书、可行性研究投资估算与审核，项目评价造价分析。

②建设工程设计概算、施工预算编制和审核。

③建设工程招标、投标文件工程量和造价的编制与审核。

④建设工程合同价款、结算价款、竣工决算价款的编制与管理。

⑤建设工程审计、仲裁、诉讼、保险中的造价鉴定，工程造价纠纷调解。

⑥建设工程计价依据、造价指标的编制与管理。

⑦与工程造价管理有关的其他事项。

二、我国工程造价咨询制度简介

（一）工程造价咨询企业

1. 定义

按照中华人民共和国原建设部令第 149 号（2006 年）《工程造价咨询企业管理办法》规定：工程造价咨询企业，是指接受委托，对建设项目投资、工程造价的确定与控制提供专业咨询服务的企业。工程造价咨询企业应当依法取得工程造价咨询企业资质，并在其资质等级许可的范围内从事工程造价咨询活动。

2. 工程造价咨询企业资质等级

工程造价咨询企业资质等级分为甲级和乙级。工程造价咨询企业资质有效期为 3 年。资质有效期届满，需要继续从事工程造价咨询活动的，应当在资质有效期届满 30 日前向资质许可机关提出资质延续申请。资质许可机关应当根据申请做出是否准予延续的决定。准予延续的，资质有效期延续 3 年。

（二）工程造价咨询企业业务范围

工程造价咨询企业依法从事工程造价咨询活动，不受行政区域限制。甲级工程造价咨询企业可以从事各类建设项目的工程造价咨询业务。乙级工程造价咨询企业可以从事工程造价 5 000 万元人民币以下的各类建设项目的工程造价咨询业务。

工程造价咨询企业业务范围包括：

(1)建设项目建议书及可行性研究投资估算、项目经济评价报告的编制和审核。

(2)建设项目概预算的编制与审核，并配合设计方案比选、优化设计、限额设计等工作进行工程造价分析与控制。

(3)建设项目合同价款的确定（包括招标工程工程量清单和标底、投标报价的编制和审核）；合同价款的签订与调整（包括工程变更、工程洽商和索赔费用的计算）及工程款支付；工程结算及竣工结（决）算报告的编制与审核等。

(4)工程造价经济纠纷的鉴定和仲裁咨询。

(5)提供工程造价信息服务等。

工程造价咨询企业可以对建设项目的组织实施进行全过程或者若干阶段的管理和服务。

第二章

建设工程造价构成

第一节 概 述

一、我国建设项目总投资及工程造价的构成

(一)我国建设项目总投资的构成

我国建设项目总投资是指为完成工程项目建设并达到使用要求或生产条件,在建设期内预计或实际投入的全部费用总和。生产性建设项目总投资包括建设投资、建设期利息和流动资金三部分,非生产性建设项目总投资包括建设投资和建设期利息两部分,其中建设投资和建设期利息之和对应于固定资产投资,固定资产投资与建设项目的工程造价在量上相等。工程造价基本构成包括用于购买工程项目所含各种设备的费用,用于建筑施工和安装施工所需支出的费用,用于委托工程勘察设计应支付的费用,用于获取土地使用权所需的费用,也包括用于建设单位自身进行项目筹建和项目管理所花费的费用等。总之,工程造价是指在建设期预计或实际支出的建设费用。

(二)我国工程造价的构成

工程造价中的主要构成部分是建设投资,建设投资是指为完成工程项目建设,在建设期内投入且形成现金流出的全部费用。根据国家发改委和建设部发布的《建设项目经济评价方法与参数(第三版)》(发改投资〔2006〕1325 号)的规定,建设投资包括工程费用、工程建设其他费用和预备费三部分。工程费用是指建设期内直接用于工程建造、设备购置及其安装的建设投资,可以分为建筑安装工程费和设备及工器具购置费。工程建设其他费用是指建设期为项目建设或运营必须发生的但不包括在工程费用中的费用。预备费是指在建设期内因各种不可预见因素的变化而预留的可能增加的费用,包括基本预备费和价差预备费。

我国现行生产性建设项目总投资的具体构成内容如图 2.1 所示。

流动资金是指为进行正常生产运营,用于购买原材料、燃料、支付工资及其他运营费用等所需的周转资金。其在可行性研究阶段用于财务分析时计为全部流动资金,在初步设计及以后阶段用于计算“项目报批总投资”或“项目概算总投资”时计为铺底流动资金。铺底流动资金

是指生产经营性建设项目为保证投产后正常的生产运营所需，并在项目资本金中筹措的自有流动资金。

- 建设项目总投资
  - 固定资产投资——工程造价
    - 建设投资
      - 工程费用
        - 设备及工器具购置费
        - 建筑安装工程费
      - 工程建设其他费用
        - 建设单位管理费
        - 用地与工程准备费
        - 市政公用配套设施费
        - 技术服务费
        - 建设期计列的生产经营费
        - 工程保险费
        - 税费
      - 预备费
        - 基本预备费
        - 价差预备费
    - 建设期利息
  - 流动资产投资——流动资金

图 2.1　我国现行生产性建设项目总投资构成

二、国外建设工程造价构成

国外各个国家的建设工程造价构成有所不同，具有代表性的是世界银行、国际咨询工程师联合会对建设工程造价构成的规定。这些国际组织对工程项目的总建设成本（相当于我国的工程造价）做了统一规定，工程项目总建设成本包括项目直接建设成本、项目间接建设成本、项目应急费和项目建设成本上升费等。各部分详细内容如下。

（一）项目直接建设成本

项目直接建设成本包括以下内容：

（1）土地征购费。

（2）场外设施费用，如道路、码头、桥梁、机场、输电线路等设施费用。

（3）场地费用，是指用于场地准备、厂区道路、铁路、围栏、场内设施等的建设费用。

（4）工艺设备费，是指主要设备、辅助设备及零配件的购置费用，包括海运包装费用、交货港离岸价，但不包括税金。

（5）设备安装费，是指设备供应商的监理费用，本国劳务及工资费用，辅助材料、施工设备、消耗品和工具等费用，以及安装承包人的管理费和利润等。

（6）管道系统费用，是指与系统的材料及劳务相关的全部费用。

（7）电气设备费，其内容与第（4）项类似。

（8）电气安装费，是指设备供应商的监理费用，本国劳务与工资费用，辅助材料、电缆管道和工具费用，以及营造承包人的管理费和利润。

（9）仪器仪表费，是指所有自动仪表、控制板、配线和辅助材料的费用，以及供应商的监理费用，外国或本国劳务及工资费用，承包人的管理费和利润。

（10）机械的绝缘和油漆费，是指与机械及管道的绝缘和油漆相关的全部费用。

（11）工艺建筑费，是指原材料、劳务费，以及与基础、建筑结构、屋顶、内外装修、公共设施有关的全部费用。

(12)服务性建筑费用,其内容与第(11)项相似。

(13)工厂普通公共设施费,包括材料和劳务费,以及与供水、燃料供应、通风、蒸汽发生及分配、下水道、污物处理等公共设施有关的费用。

(14)车辆费,是指工艺操作所必需的机动设备零件费用,包括海运包装费用以及交货港的离岸价,但不包括税金。

(15)其他当地费用,是指那些不能归类于以上任何一个项目,不能计入项目间接成本,但在建设期间又是必不可少的当地费用,如临时设备、临时公共设施及场地的维持费,营地设施及其管理的费用,建筑保险和债券,杂项开支等费用。

(二)项目间接建设成本

项目间接建设成本包括以下内容:

1. 项目管理费

(1)总部人员的薪金和福利费,以及用于初步和详细工程设计、采购、时间和成本控制、行政和其他一般管理的费用。

(2)施工管理现场人员的薪金、福利费,用于施工现场监督、质量保证、现场采购、时间及成本控制、行政及其他施工管理机构的费用。

(3)零星杂项费用,如返工、旅行、生活津贴、业务支出等。

(4)各种酬金。

2. 开工试车费

开工试车费是指工厂投料试车所必需的劳务和材料费用。

3. 业主的行政性费用

业主的行政性费用是指业主的项目管理人员费用及支出。

4. 生产前费用

生产前费用是指前期研究、勘测、建矿、采矿等费用。

5. 运费和保险费

运费和保险费是指海运、国内运输、许可证及佣金、海洋保险、综合保险等费用。

6. 税金

税金是指关税、地方税及对特殊项目征收的税金。

(三)项目应急费

项目应急费包括以下内容:

(1)未明确项目的准备金。此项准备金用于在估算时不可能明确的潜在项目,包括那些在做成本估算时因缺乏完整、准确和详细的资料而不能被完全预见和不能注明的项目,并且这些项目是必须完成的,或它们的费用是必定要发生的。其在每一个组成部分中均单独以一定的百分比确定,并作为估算的一个项目单独列出。此项准备金不是为了支付工作范围以外可能增加的项目,不是用以应付天灾、非正常经济情况及罢工等情况,也不是用来补偿估算的任何误差,而是用来支付那些几乎可以肯定要发生的费用,因此,它是估算不可缺少的一个组成部分。

(2)不可预见准备金。此项准备金(在未明确项目准备金之外)用于在估算达到了一定的完整性并符合技术标准的基础上,由于物质、社会和经济的变化,导致估算增加的情况。此种情况可能发生,也可能不发生。因此,不可预见准备金只是一种储备,可能不动用。

(四)项目建设成本上升费

通常,估算中使用的构成工资率、材料和设备价格基础的截止日期就是“估算日期”,必须对该日期或已知成本基础进行调整，以补偿直至工程结束时的未知价格增长。

工程的各个主要组成部分(国内劳务和相关成本、本国材料、外国材料、本国设备、外国设备、项目管理机构)的细目划分确定以后，便可确定每一个主要组成部分的增长率。这个增长率是一项判断因素。它以已发表的国内和国际成本指数、公司记录的历史经验数据等为依据，并与实际供应商进行核对，然后根据确定的增长率和从工程进度表中获得的各主要组成部分的中位数值，计算出每项主要组成部分的成本上升值。

三、工程计价特征

(一)计价的单件性

建筑产品的单件性特点决定了每项工程都必须单独计算造价。

(二)计价的多次性

工程项目需要按一定的建设程序进行决策和实施，工程计价也需要在不同阶段多次进行，以保证工程造价计算的准确性和控制的有效性。多次计价是一个逐步深化、逐步细化和逐步接近实际造价的过程。

(三)计价的组合性

工程造价的计算是分步组合而成的，这一特征与建设项目的组合性有关。一个建设项目是一个工程综合体，它可以按单项工程、单位工程、分部工程、分项工程等不同层次分解为许多有内在联系的工程。建设项目的组合性决定了确定工程造价的逐步组合过程。工程造价的组合过程是:分部分项工程造价、单位工程造价、单项工程造价、建设项目总造价。

(四)计价方法的多样性

工程项目的多次计价有其各不相同的计价依据，每次计价的精确度要求也各不相同，由此决定了计价方法的多样性。例如，投资估算方法有设备系数法、生产能力指数估算法等;概预算方法有单价法和实物法等。不同方法有不同的适用条件，计价时应根据具体情况加以选择。

(五)计价依据的复杂性

由于影响工程造价的因素较多，决定了计价依据的复杂性。计价依据主要可分为以下7类:

(1)设备和工程量计算依据，包括项目建议书、可行性研究报告、设计文件等。

(2)人工、材料、机械等实物消耗量计算依据，包括投资估算指标、概算定额、预算定额等。

(3)工程单价计算依据，包括人工单价、材料价格、材料运杂费、机械台班费等。

(4)设备单价计算依据，包括设备原价、设备运杂费、进口设备关税等。

(5)措施费、间接费和工程建设其他费用计算依据，主要是相关的费用定额和指标。

(6)政府规定的税、费。

(7)物价指数和工程造价指数。

第二节　设备及工器具购置费用的构成和计算

设备及工器具购置费用是由设备购置费和工具、器具及生产家具购置费组成，它是固定资产投资中的积极部分。在生产性工程建设中，设备及工器具购置费用占工程造价比重的增大，意味着生产技术的进步和资本有机构成的提高。

一、设备购置费的构成和计算

设备购置费是指购置或自制的达到固定资产标准的设备、工器具及生产家具等所需的费用。它由设备原价和设备运杂费构成。其计算公式为：

设备购置费＝设备原价(含备品备件费)＋设备运杂费　　(2.1)

其中，设备原价是指国内采购设备的出厂(场)价格或国外采购设备的抵岸价格，设备原价通常包含备品备件费，备品备件费是指设备购置时随设备同时订货的首套备品备件所发生的费用；设备运杂费是指除设备原价之外的关于设备采购、运输、途中包装及仓库保管等方面支出费用的总和。

(一)国产设备原价的构成及计算

国产设备原价一般指的是设备制造厂的交货价或订货合同价，即出厂(场)价格。它一般根据生产厂或供应商的询价、报价、合同价确定，或采用一定的方法计算确定。国产设备原价分为国产标准设备原价和国产非标准设备原价。

1. 国产标准设备原价

国产标准设备是指按照主管部门颁布的标准图纸和技术要求，由国内设备生产厂批量生产的，符合国家质量检测标准的设备。国产标准设备一般有完善的设备交易市场，因此可通过查询相关交易市场价格或向设备生产厂家询价得到国产标准设备原价。

2. 国产非标准设备原价

国产非标准设备是指国家尚无定型标准，各设备生产厂不可能在工艺过程中采用批量生产，只能按订货要求并根据具体的设计图纸制造的设备。非标准设备由于单件生产、无定型标准，所以无法获取市场交易价格，只能按其成本构成或相关技术参数估算其价格。非标准设备原价有多种不同的计算方法，如成本计算估价法、系列设备插入估价法、分部组合估价法、定额估价法等。但无论采用哪种方法都应该使非标准设备计价接近实际出厂价，并且计算方法要简便。成本计算估价法是一种比较常用的估算非标准设备原价的方法。按成本计算估价法，非标准设备的原价由以下各项组成：

(1)材料费。其计算公式为：

材料费＝材料净重×(1＋加工损耗系数)×每吨材料综合价　　(2.2)

(2)加工费，包括生产工人工资和工资附加费、燃料动力费、设备折旧费、车间经费等。其计算公式为：

加工费＝设备总重量(吨)×设备每吨加工费　　(2.3)

(3)辅助材料费(简称辅材费)，包括焊条、焊丝、氧气、氮气、油漆、电石等费用。其计算公式为：

辅助材料费＝设备总重量×辅助材料费指标　　(2.4)

(4)专用工具费，按(1)～(3)项之和乘以一定百分比计算。

(5)废品损失费，按(1)～(4)项之和乘以一定百分比计算。

(6)外购配套件费，按设备设计图纸所列的外购配套件的名称、型号、规格、数量、重量，根据相应的价格加运杂费计算。

(7)包装费，按(1)～(6)项之和乘以一定百分比计算。

(8)利润，可按(1)～(5)项加第(7)项之和乘以一定利润率计算。

(9)税金，主要是指增值税，通常是指设备制造厂销售设备时向购入设备方收取的销项税额。其计算公式为：

$$当期销项税额=销售额\times适用增值税税率 \tag{2.5}$$

其中，销售额为(1)～(8)项之和。

(10)非标准设备设计费，按国家规定的设计费收费标准计算。

综上所述，单台非标准设备原价计算公式为：

$$\begin{aligned}单台非标准设备原价=&\{[(材料费+加工费+辅助材料费)\times(1+专用工具费费率)\\&\times(1+废品损失费费率)+外购配套件费]\\&\times(1+包装费费率)-外购配套件费\}\\&\times(1+利润率)+外购配套件费+销项税额\\&+非标准设备设计费\end{aligned} \tag{2.6}$$

【例 2.1】 某工厂采购一台国产非标准设备，制造厂生产该台设备所用材料费为 20 万元，加工费为 2 万元，辅助材料费为 4 000 元。专用工具费费率为 1.5%，废品损失费费率为 10%，外购配套件费为 5 万元，包装费费率为 1%，利润率为 7%，增值税税率为 13%，非标准设备设计费为 2 万元，求该国产非标准设备的原价。

解：专用工具费＝(20＋2＋0.4)×1.5%＝0.336(万元)

废品损失费＝(20＋2＋0.4＋0.336)×10%＝2.274(万元)

包装费＝(22.4＋0.336＋2.274＋5)×1%＝0.300(万元)

利润＝(22.4＋0.336＋2.274＋0.3)×7%＝1.772(万元)

销项税额＝(22.4＋0.336＋2.274＋5＋0.3＋1.772)×13%＝4.171(万元)

该国产非标准设备的原价＝22.4＋0.336＋2.274＋0.3＋1.772＋4.171＋2＋5

＝38.253(万元)

(二)进口设备原价的构成及计算

进口设备的原价是指进口设备的抵岸价，即设备抵达买方边境、港口或车站，缴纳完各种手续费、税费后形成的价格。抵岸价通常是由进口设备到岸价(CIF)和进口从属费构成，进口设备到岸价，即设备抵达买方边境港口或边境车站所形成的价格。在国际贸易中，交易双方所使用的交货类别不同，则交易价格的构成内容也有所差异。进口设备从属费是指进口设备在办理进口手续过程中发生的应计入设备原价的银行财务费、外贸手续费、进口关税、消费税、进口环节增值税及进口车辆的车辆购置税等。

1. 进口设备的交易价格

在国际贸易中，较为广泛使用的交易价格术语有 FOB、CFR 和 CIF。

(1)FOB(free on board)，意为装运港船上交货，又称为离岸价格。FOB 术语是指当货物在装运港被装上指定船时，卖方即完成交货义务。风险转移，以在指定的装运港货物被装上指定船时为分界点。费用划分与风险转移的分界点相一致。

在 FOB 交货方式下，卖方的基本义务有：①在合同规定的时间或期限内，在装运港按照习惯方式将货物交到买方指派的船上，并及时通知买方；②自负风险和费用，取得出口许可证或其他官方批准证件，在需要办理海关手续时，办理货物出口所需的一切海关手续；③负担货物在装运港至装上船为止的一切费用和风险；④自付费用提供证明货物已交至船上的通常单据或具有同等效力的电子单证。

买方的基本义务有：①自负风险和费用，取得进口许可证或其他官方批准的证件，在需要办理海关手续时，办理货物进口以及经由他国过境的一切海关手续，并支付有关费用及过境费；②负责租船或订舱，支付运费，并给予卖方关于船名、装船地点和要求交货时间的充分的通知;③负担货物在装运港装上船后的一切费用和风险;④接受卖方提供的有关单据,受领货物,并按合同规定支付货款。

(2)CFR(cost and freight),意为成本加运费,或称为运费在内价。CFR 术语是指货物在装运港被装上指定船时卖方即完成交货,卖方必须支付将货物运至指定的目的港所需的运费和费用,但交货后货物灭失或损坏的风险,以及由于各种事件造成的任何额外费用,即由卖方转移到买方。与 FOB 价格相比,CFR 的费用划分与风险转移的分界点是不一致的。

在 CFR 交货方式下,卖方的基本义务有:①自负风险和费用,取得出口许可证或其他官方批准的证件,在需要办理海关手续时,办理货物出口所需的一切海关手续;②签订从指定装运港承运货物运往指定目的港的运输合同;③在买卖合同规定的时间和港口,将货物装上船并支付至目的港的运费,装船后及时通知买方;④负担货物在装运港至装上船为止的一切费用和风险;⑤向买方提供通常的运输单据或具有同等效力的电子单证。

买方的基本义务有:①自负风险和费用,取得进口许可证或其他官方批准的证件,在需要办理海关手续时,办理货物进口以及必要时经由另一国过境的一切海关手续,并支付有关费用及过境费;②负担货物在装运港装上船后的一切费用和风险;③接受卖方提供的有关单据,受领货物,并按合同规定支付货款;④支付除通常运费以外的有关货物在运输途中所产生的各项费用以及包括驳运费和码头费在内的卸货费。

(3)CIF(cost insurance and freight),意为成本加保险费、运费,习惯称到岸价格。在 CIF 术语中,卖方除负有与 CFR 相同的义务外,还应办理货物在运输途中最低险别的海运保险,并应支付保险费,如买方需要更高的保险险别,则需要与卖方明确地达成协议,或者自行做出额外的保险安排。除保险这项义务之外,买方的义务与 CFR 相同。

2. 进口设备到岸价的构成及计算

进口设备到岸价由货价、国际运费、运输保险费构成。其计算公式为:

$$\begin{aligned}\text{进口设备到岸价(CIF)} &= \text{离岸价格(FOB)} + \text{国际运费} + \text{运输保险费} \\ &= \text{运费在内价(CFR)} + \text{运输保险费}\end{aligned} \tag{2.7}$$

(1)货价。一般是指装运港船上交货价(FOB)。设备货价分为原币货价和人民币货价,原币货价一律折算为美元表示,人民币货价按原币货价乘以外汇市场美元兑换人民币汇率中间价确定。进口设备货价按有关生产厂商询价、报价、订货合同价计算。

(2)国际运费。即从装运港(站)到达我国目的港(站)的运费。我国进口设备大部分采用海洋运输,小部分采用铁路运输,个别采用航空运输。其计算公式为:

$$\text{国际运费(海、陆、空)} = \text{原币货价(FOB)} \times \text{运费费率} \tag{2.8}$$

$$\text{国际运费(海、陆、空)} = \text{单位运价} \times \text{运量} \tag{2.9}$$

其中,运费费率或单位运价参照有关部门或进出口公司的规定执行。

(3)运输保险费。对外贸易货物运输保险是由保险人(保险公司)与被保险人(出口人或进口人)订立保险契约,在被保险人交付议定的保险费后,保险人根据保险契约的规定对货物在运输过程中发生的承保责任范围内的损失给予经济上的补偿,这是一种财产保险。其计算公式为:

$$\text{运输保险费} = \frac{\text{原币货价(FOB)} + \text{国际运费}}{1 - \text{保险费费率}} \times \text{保险费费率} \tag{2.10}$$

其中,保险费费率按保险公司规定的进口货物保险费费率计算。

3. 进口从属费的构成及计算

进口从属费由银行财务费、外贸手续费、关税、消费税、进口环节增值税、进口车辆购置税构成。其计算公式为：

$$进口从属费=银行财务费+外贸手续费+关税+消费税+进口环节增值税+进口车辆购置税 \tag{2.11}$$

(1)银行财务费。其一般是指在国际贸易结算中，金融机构为进出口商提供金融结算服务所收取的费用。其计算公式为：

$$银行财务费=离岸价格(FOB)×人民币外汇汇率×银行财务费费率 \tag{2.12}$$

(2)外贸手续费。外贸手续费是指按对外经济贸易部门规定的外贸手续费费率计取的费用，外贸手续费费率一般取1.5%。其计算公式为：

$$外贸手续费=到岸价格(CIF)×人民币外汇汇率×外贸手续费费率 \tag{2.13}$$

(3)关税。关税是由海关对进出国境或关境的货物和物品征收的一种税。其计算公式为：

$$关税=到岸价格(CIF)×人民币外汇汇率×进口关税税率 \tag{2.14}$$

到岸价格作为关税的计征基数时，通常又可称为关税完税价格，进口关税税率分为优惠和普通两种。优惠税率适用于与我国签订关税互惠条款的贸易条约或协定的国家的进口设备；普通税率适用于与我国未签订关税互惠条款的贸易条约或协定的国家的进口设备。进口关税税率按我国海关总署发布的进口关税税率计算。

(4)消费税。仅对部分进口设备(如轿车、摩托车等)征收消费税。其计算公式为：

$$应纳消费税税额=\frac{到岸价格(CIF)×人民币外汇汇率+关税}{1-消费税税率}×消费税税率 \tag{2.15}$$

其中，消费税税率根据规定的税率计算。

(5)进口环节增值税。进口环节增值税是对从事进口贸易的单位和个人，在进口商品报关进口后征收的税种。我国增值税征收条例规定，进口应税产品均按组成计税价格和增值税税率直接计算应纳税额，即：

$$进口环节增值税额=组成计税价格×增值税税率 \tag{2.16}$$

$$组成计税价格=关税完税价格+关税+消费税 \tag{2.17}$$

其中，增值税税率根据规定的税率计算。

(6)进口车辆购置税。进口车辆需缴纳进口车辆购置税。其计算公式为：

$$进口车辆购置税=(关税完税价格+关税+消费税)×车辆购置税税率 \tag{2.18}$$

【例2.2】 从某国进口应纳消费税的设备，其重量为1 000吨，装运港船上交货价为400万美元，工程建设项目位于国内某省会城市，如果国际运费标准为300美元/吨，海上运输保险费费率为3‰，银行财务费费率为5‰，外贸手续费费率为1.5%，关税税率为20%，增值税税率为13%，消费税税率为10%，银行外汇牌价为1美元=6.9元人民币，对该进口设备的原价进行估算。

解： 进口设备FOB=400×6.9=2 760(万元)

国际运费=300×1 000×6.9=207(万元)

$$海运保险费=\frac{2\,760+207}{1-0.3\%}×0.3\%=8.93(万元)$$

CIF=2 760+207+8.93=2 975.93(万元)

银行财务费=2 760×5‰=13.8(万元)

外贸手续费=2 975.93×1.5%=44.64(万元)

关税 $=2\ 975.93\times20\%=595.19$（万元）

$$消费税=\frac{2\ 975.93+595.19}{1-10\%}\times10\%=396.79（万元）$$

增值税 $=(2\ 975.93+595.19+396.79)\times13\%=515.83$（万元）

进口从属费 $=13.8+44.64+595.19+396.79+515.83=1\ 566.25$（万元）

进口设备原价 $=2\ 975.93+1\ 566.25=4\ 542.18$（万元）

（三）设备运杂费的构成及计算

1. 设备运杂费的构成

设备运杂费是指国内采购设备自来源地，国外采购设备自到岸港运至工地仓库或指定堆放地点发生的采购、运输、运输保险、保管、装卸等费用。通常由下列各项构成：

(1)运费和装卸费。国产设备由设备制造厂交货地点起至工地仓库(或施工组织设计指定的需要安装设备的堆放地点)止所发生的运费和装卸费；进口设备由我国到岸港口或边境车站起至工地仓库(或施工组织设计指定的需要安装设备的堆放地点)止所发生的运费和装卸费。

(2)包装费。在设备原价中没有包含的，为运输而进行的包装支出的各种费用。

(3)设备供销部门的手续费。按有关部门规定的统一费率计算。

(4)采购与仓库保管费。它是指采购、验收、保管和收发设备所发生的各种费用，包括设备采购人员、保管人员和管理人员的工资，工资附加费，办公费，差旅交通费，设备供应部门办公和仓库所占固定资产使用费，工具用具使用费，劳动保护费，检验试验费等。这些费用可按主管部门规定的采购与保管费费率计算。

2. 设备运杂费的计算

设备运杂费的计算公式为：

$$设备运杂费=设备原价\times设备运杂费费率 \tag{2.19}$$

其中，设备运杂费费率按各部门及省、市有关规定计取。

二、工具、器具及生产家具购置费的构成和计算

工具、器具及生产家具购置费，是指新建或扩建项目初步设计规定的，保证初期正常生产必须购置的没有达到固定资产标准的设备、仪器、工卡模具、器具、生产家具和备品备件等的购置费用。一般以设备购置费为计算基数，按照部门或行业规定的工具、器具及生产家具费率计算。其计算公式为：

$$工具、器具及生产家具购置费=设备购置费\times定额费费率 \tag{2.20}$$

第三节　建筑安装工程费用的构成和计算

一、建筑安装工程费用的构成

（一）建筑安装工程费用内容

建筑安装工程费用是指为完成工程项目建造、生产性设备及配套工程安装所需的费用。

1. 建筑工程费用内容

(1)各类房屋建筑工程和列入房屋建筑工程预算的供水、供暖、卫生、通风、煤气等设备费

用及其装设、油饰工程的费用，列入建筑工程预算的各种管道、电力、电信和电缆导线敷设工程的费用。

(2)设备基础、支柱、工作台、烟囱、水塔、水池、灰塔等建筑工程以及各种炉窑的砌筑工程和金属结构工程的费用。

(3)为施工而进行的场地平整、工程和水文地质勘察，原有建筑物和障碍物的拆除，以及施工临时用水、电、暖、气、路、通信，完工后的场地清理、环境绿化、美化等工作的费用。

(4)矿井开凿、井巷延伸、露天矿剥离，石油、天然气钻井，修建铁路、公路、桥梁、水库、堤坝、灌渠及防洪等工程的费用。

2. 安装工程费用内容

(1)生产、动力、起重、运输、传动和医疗、实验等各种需要安装的机械设备的装配费用，与设备相连的工作台、梯子、栏杆等设施的工程费用，附属于被安装设备的管线敷设工程费用，以及被安装设备的绝缘、防腐、保温、油漆等工作的材料费和安装费。

(2)为测定安装工程质量，对单台设备进行单机试运转、对系统设备进行系统联动无负荷试运转工作的调试费。

(二)我国现行建筑安装工程费用项目构成

根据住房和城乡建设部、财政部颁布的《关于印发〈建筑安装工程费用项目组成〉的通知》(建标〔2013〕44 号)，我国现行建筑安装工程费用项目按两种不同的方式划分，即按费用构成要素划分和按造价形成划分，其具体构成如图 2.2 所示。

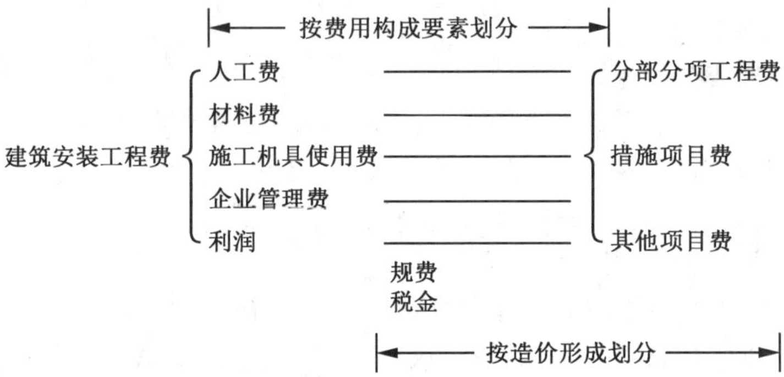

图 2.2 我国现行建筑安装工程费用项目构成

二、按费用构成要素划分建筑安装工程费用项目构成和计算

按照费用构成要素划分，建筑安装工程费包括人工费、材料费(包含工程设备，下同)、施工机具使用费、企业管理费、利润、规费和税金。

(一)人工费

建筑安装工程费中的人工费，是指支付给直接从事建筑安装工程施工作业的生产工人的各项费用。计算人工费的基本要素有两个，即人工工日消耗量和人工日工资单价。

(1)人工工日消耗量，是指在正常施工生产条件下，完成规定计量单位的建筑安装产品所消耗的生产工人的工日数量。它由分项工程所综合的各个工序劳动定额包括的基本用工、其他用工两部分组成。

(2)人工日工资单价，是指直接从事建筑安装工程施工的生产工人在每个法定工作日的工资、津贴及奖金等。

人工费的基本计算公式为：

$$人工费=\sum(工日消耗量\times日工资单价) \tag{2.21}$$

（二）材料费

建筑安装工程费中的材料费，是指工程施工过程中耗费的各种原材料、半成品、构配件、工程设备等的费用，以及周转材料等的摊销、租赁费用。计算材料费的基本要素是材料消耗量和材料单价。

（1）材料消耗量，是指在正常施工生产条件下，完成规定计量单位的建筑安装产品所消耗的各类材料的净用量和不可避免的损耗量。

（2）材料单价，是指建筑材料从其来源地运到施工工地仓库直至出库形成的综合平均单价。它由材料原价、运杂费、运输损耗费、采购及保管费组成，当采用一般计税方法时，材料单价中的材料原价、运杂费等均应扣除增值税进项税额。

材料费的基本计算公式为：

$$材料费=\sum(材料消耗量\times材料单价) \tag{2.22}$$

（3）工程设备，是指构成或计划构成永久工程一部分的机电设备、金属结构设备、仪器装置及其他类似的设备和装置。

（三）施工机具使用费

建筑安装工程费中的施工机具使用费，是指施工作业所发生的施工机械、仪器仪表使用费或其租赁费。

1. 施工机械使用费

施工机械使用费是指施工机械作业发生的使用费或租赁费。构成施工机械使用费的基本要素是施工机械台班消耗量和施工机械台班单价。施工机械台班消耗量是指在正常施工生产条件下，完成规定计量单位的建筑安装产品所消耗的施工机械台班的数量。施工机械台班单价是指折合到每台班的施工机械使用费。施工机械使用费的基本计算公式为：

$$施工机械使用费=\sum(施工机械台班消耗量\times施工机械台班单价) \tag{2.23}$$

施工机械台班单价通常由折旧费、检修费、维护费、安拆费及场外运费、人工费、燃料动力费和其他费用组成。

2. 仪器仪表使用费

仪器仪表使用费是指工程施工所需使用的仪器仪表的摊销及维修费用，与施工机械使用费类似。仪器仪表使用费的基本计算公式为：

$$仪器仪表使用费=\sum(仪器仪表台班消耗量\times仪器仪表台班单价) \tag{2.24}$$

仪器仪表台班单价通常由折旧费、维护费、校验费和动力费组成。

当采用一般计税方法时，施工机械台班单价和仪器仪表台班单价中的相关子项均需扣除增值税进项税额。

（四）企业管理费

1. 企业管理费的内容

企业管理费是指施工企业组织施工生产和经营管理所发生的费用，内容包括：

（1）管理人员工资。它是指按规定支付给管理人员的计时工资、奖金、津贴补贴、加班加点工资及特殊情况下支付的工资等。

(2)办公费。它是指企业管理办公用的文具、纸张、账簿、印刷、邮电、书报、办公软件、现场监控、会议、水电、烧水和集体取暖降温(包括现场临时宿舍取暖降温)等费用。当采用一般计税方法时,办公费中增值税进项税额的扣除原则为:以购进货物适用的相应税率扣减,其中购进自来水、暖气、冷气、图书、报纸、杂志等适用的税率为9%,接受邮政和基础电信服务等适用的税率为9%;接受增值电信服务等适用的税率为6%,其他一般为13%。

(3)差旅交通费。它是指职工因公出差、调动工作的差旅费,住勤补助费,市内交通费和误餐补助费,职工探亲路费,劳动力招募费,职工退休、退职一次性路费,工伤人员就医路费,工地转移费以及管理部门使用的交通工具的油料、燃料等费用。

(4)固定资产使用费。它是指管理和试验部门及附属生产单位使用的属于固定资产的房屋、设备、仪器等的折旧、大修、维修或租赁费。当采用一般计税方法时,固定资产使用费中增值税进项税额的扣除原则为:购入的不动产适用的税率为9%,购入的其他固定资产适用的税率为13%。设备、仪器的折旧、大修、维修或租赁费以购进货物、接受修理修配劳务或租赁有形动产服务适用的税率扣除,均为13%。

(5)工具用具使用费。它是指企业施工生产和管理使用的不属于固定资产的工具、器具、家具、交通工具和检验、试验、测绘、消防用具等的购置、维修和摊销费。当采用一般计税方法时,工具用具使用费中增值税进项税额的扣除原则为:以购进货物或接受修理修配劳务适用的税率扣减,均为13%。

(6)劳动保险和职工福利费。它是指由企业支付的职工退职金、按规定支付给离休干部的经费、集体福利费、夏季防暑降温补贴、冬季取暖补贴、上下班交通补贴等。

(7)劳动保护费。它是指企业按规定发放的劳动保护用品的支出,如工作服、手套、防暑降温饮料以及在有碍身体健康的环境中施工的保健费用等。

(8)检验试验费。它是指施工企业按照有关标准规定,对建筑以及材料、构件和建筑安装物进行一般鉴定、检查所发生的费用,包括自设试验室进行试验所耗用的材料等费用。不包括新结构、新材料的试验费,对构件做破坏性试验及其他特殊要求检验试验的费用和建设单位委托检测机构进行检测的费用,对此类检测发生的费用,由建设单位在工程建设其他费用中列支。但对施工企业提供的具有合格证明的材料进行检测不合格的,该检测费用由施工企业支付。当采用一般计税方法时,检验试验费中增值税进项税额以现代服务业适用的税率6%扣减。

(9)工会经费。它是指企业按《中华人民共和国工会法》规定的全部职工工资总额比例计提的工会经费。

(10)职工教育经费。它是指按职工工资总额的规定比例计提,企业为职工进行专业技术和职业技能培训,专业技术人员继续教育、职工职业技能鉴定、职业资格认定以及根据需要对职工进行各类文化教育所发生的费用。

(11)财产保险费。它是指施工管理用财产、车辆等的保险费用。

(12)财务费。它是指企业为施工生产筹集资金或提供预付款担保、履约担保、职工工资支付担保等所发生的各种费用。

(13)税金。它是指企业按规定缴纳的房产税、非生产性车船使用税、土地使用税、印花税、城市维护建设税、教育费附加、地方教育附加等各项税费。

(14)其他,包括技术转让费、技术开发费、投标费、业务招待费、绿化费、广告费、公证费、法律顾问费、审计费、咨询费、保险费等。

2. 企业管理费的计算方法

企业管理费一般采用取费基数乘以费率的方法计算，取费基数有 3 种，分别是以直接费为计算基础，以人工费和施工机具使用费合计为计算基础及以人工费为计算基础。企业管理费费率计算方法如下：

(1)以直接费为计算基础。

其计算公式为：

$$\text{企业管理费费率}=\frac{\text{生产工人年平均管理费}}{\text{年有效施工天数}\times\text{人工单价}}\times\text{人工费占直接费的比例} \tag{2.25}$$

(2)以人工费和施工机具使用费合计为计算基础。

其计算公式为：

$$\text{企业管理费费率}=\frac{\text{生产工人年平均管理费}}{\text{年有效施工天数}\times(\text{人工单价}+\text{每一台班施工机具使用费})}\times 100\% \tag{2.26}$$

(3)以人工费为计算基础。

其计算公式为：

$$\text{企业管理费费率}=\frac{\text{生产工人年平均管理费}}{\text{年有效施工天数}\times\text{人工单价}}\times 100\% \tag{2.27}$$

工程造价管理机构在确定计价定额中的企业管理费时，应以定额人工费或定额人工费与施工机具使用费之和作为计算基数，其费率根据历年积累的工程造价资料，辅以调查数据确定。

(五)利润

利润是指施工单位从事建筑安装工程施工所获得的盈利，由施工企业根据企业自身需求并结合建筑市场实际自主确定。工程造价管理机构在确定计价定额中的利润时，应以定额人工费、材料费和施工机具使用费之和，或以定额人工费、定额人工费与施工机具使用费之和作为计算基数，其费率根据历年积累的工程造价资料，并结合建筑市场实际、项目竞争情况、项目规模与难易程度等确定，以单位(单项)工程测算，利润在税前建筑安装工程费的比重可按不低于 5%且不高于 7%的费率计算。

(六)规费

1. 规费的内容

规费是指按国家法律、法规规定，由省级政府和省级有关权力部门规定施工单位必须缴纳或计取，应计入建筑安装工程造价的费用，主要包括社会保险费、住房公积金。

(1)社会保险费。它包括以下内容：

①养老保险费，是指企业按照国家规定标准为职工缴纳的基本养老保险费。

②失业保险费，是指企业按照国家规定标准为职工缴纳的失业保险费。

③医疗保险费，是指企业按照国家规定标准为职工缴纳的基本医疗保险费。

④工伤保险费，是指企业按照制定的行业费率为职工缴纳的工伤保险费。

⑤生育保险费，是指企业按照国家规定为职工缴纳的生育保险费，根据“十三五”规划纲要，生育保险与基本医疗保险合并的实施方案已在多个试点城市行政区域进行试点。

(2)住房公积金，是指企业按照国家规定标准为职工缴纳的住房公积金。

2. 规费的计算

社会保险费和住房公积金应以定额人工费为计算基础，根据工程所在地省、自治区、直辖市或行业建设主管部门规定费率计算。其计算公式为：

$$\text{社会保险费和住房公积金} = \sum(\text{工程定额人工费} \times \text{社会保险费和住房公积金费率}) \tag{2.28}$$

其中，社会保险费和住房公积金费率可以每万元发承包价的生产工人人工费和管理人员工资含量与工程所在地规定的缴纳标准综合分析取定。

（七）税金

建筑安装工程费用中的税金就是增值税，按税前造价乘以增值税税率确定。

1. 采用一般计税方法时增值税的计算

当采用一般计税方法时，建筑业增值税税率为 9%。其计算公式为：

$$\text{增值税} = \text{税前造价} \times 9\% \tag{2.29}$$

其中，税前造价为人工费、材料费、施工机具使用费、企业管理费、利润和规费之和，各费用项目均以不包含增值税可抵扣进项税额的价格计算。

2. 采用简易计税方法时增值税的计算

(1)简易计税的适用范围。根据《营业税改征增值税试点实施办法》《营业税改征增值税试点有关事项的规定》以及《关于建筑服务等营改增试点政策的通知》的规定，简易计税方法主要适用于以下几种情况：

①小规模纳税人发生应税行为适用简易计税方法计税。小规模纳税人通常是指纳税人提供建筑服务的年应征增值税销售额未超过 500 万元，并且会计核算不健全，不能按规定报送有关税务资料的增值税纳税人。年应税销售额超过 500 万元但不经常发生应税行为的单位也可选择按照小规模纳税人计税。

②一般纳税人以清包工方式提供的建筑服务，可以选择适用简易计税方法计税。以清包工方式提供建筑服务，是指施工方不采购建筑工程所需的材料或只采购辅助材料，并收取人工费、管理费或者其他费用的建筑服务。

③一般纳税人为甲供工程提供的建筑服务，可以选择适用简易计税方法计税。甲供工程是指全部或部分设备、材料、动力由工程发包方自行采购的建筑工程，其中建筑工程总承包单位为房屋建筑的地基与基础、主体结构提供工程服务，建设单位自行采购全部或部分钢材、混凝土、砌体材料、预制构件的，适用简易计税方法计税。

④一般纳税人为建筑工程老项目提供的建筑服务，可以选择适用简易计税方法计税。建筑工程老项目是指已取得建筑工程施工许可证且建筑工程承包合同注明的开工日期在 2016 年 4 月 30 日前的建筑工程项目，以及未取得建筑工程施工许可证的、建筑工程承包合同注明的开工日期在 2016 年 4 月 30 日前的建筑工程项目。

(2)简易计税的计算方法。当采用简易计税方法时，建筑业增值税税率为 3%。其计算公式为：

$$\text{增值税} = \text{税前造价} \times 3\% \tag{2.30}$$

其中，税前造价为人工费、材料费、施工机具使用费、企业管理费、利润和规费之和，各费用项目均以包含增值税进项税额的含税价格计算。

三、按造价形成划分建筑安装工程费用项目构成和计算

建筑安装工程费按照工程造价形成由分部分项工程费、措施项目费、其他项目费、规费和税金组成。

（一）分部分项工程费

分部分项工程费是指各类专业工程的分部分项工程应予列支的各项费用。各类专业工程的分部分项工程划分遵循国家或行业工程量计算规范的规定。分部分项工程费通常用分部分项工程量乘以综合单价进行计算。其计算公式为：

$$分部分项工程费=\sum(分部分项工程量\times综合单价) \tag{2.31}$$

其中，综合单价包括人工费、材料费、施工机具使用费、企业管理费和利润，以及一定范围的风险费用。

（二）措施项目费

1.措施项目费的构成

措施项目费是指为完成建设工程施工，发生于该工程施工准备和施工过程中的技术、生活、安全、环境保护等方面的费用。措施项目及其包含的内容应遵循各类专业工程的现行国家或行业工程量计算规范。以《房屋建筑与装饰工程工程量计算规范》(GB 50854-2013)中的规定为例，措施项目费可以归纳为以下几项：

(1)安全文明施工费。安全文明施工费是指工程项目施工期间，施工单位为保证安全施工、文明施工和保护现场内外环境等所发生的措施项目费用。通常由环境保护费、文明施工费、安全施工费、临时设施费组成。

①环境保护费，是指施工现场为达到环保部门要求所需要的各项费用。

②文明施工费，是指施工现场文明施工所需要的各项费用。

③安全施工费，是指施工现场安全施工所需要的各项费用。

④临时设施费，是指施工企业为进行建设工程施工必须搭设的生活和生产用的临时建筑物、构筑物和其他临时设施费用，包括临时设施的搭设、维修、拆除、清理费或摊销费等。

各项安全文明施工费的具体内容如表2.1所示。

表2.1　安全文明施工费的具体内容

项目名称	工作内容及包含范围
环境保护	现场施工机械设备降低噪声，防扰民措施费用
	水泥和其他易飞扬细颗粒建筑材料密闭存放或采取覆盖措施等费用
	工程防扬尘洒水费用
	土石方、建筑弃渣外运车辆防护措施费用
	现场污染源的控制、生活垃圾清理外运、场地排水排污措施费用
	其他环境保护措施费用
文明施工	“五牌一图”费用
	现场围挡的墙面美化(包括内外墙粉刷、刷白、标语等)、压顶装饰费用
	现场厕所便槽刷白、贴面砖、水泥砂浆地面或地砖堆砌，建筑物内临时便溺设施费用
	其他施工现场临时设施的装饰装修、美化措施费用
	现场生活卫生设施费用
	符合卫生要求的饮水设备、淋浴、消毒等设施费用
	生活用洁净燃料费用

续表

项目名称	工作内容及包含范围
文明施工	防煤气中毒、防蚊虫叮咬等措施费用
	施工现场操作场地的硬化费用
	现场绿化费用、治安综合治理费用
	现场配备医药保健器材、物品费用和急救人员培训费用
	现场工人的防暑降温、电风扇、空调等设备及用电费用
	其他文明施工措施费用
安全施工	安全资料、特殊作业专项方案的编制，安全施工标志的购置及安全宣传费用
	“三宝”(安全帽、安全带、安全网)、“四口”(楼梯口、电梯井口、通道口、预留洞口)、“五临边”(阳台周边、楼板围边、屋面围边、槽坑围边、卸料平台两侧)、水平防护架、垂直防护架、外架封闭等防护费用
	施工安全用电的费用，包括配电箱三级配电、两级保护装置要求、外电防护措施费用
	起重机、塔吊等起重设备(含井架、门架)及外用电梯的安全防护措施(含警示标志)及卸料平台的临边防护、层间安全门、防护棚等设施费用
	建筑工地起重机械的检验检测费用
	施工机具防护棚及其围栏的安全保护设施费用
	施工安全防护通道费用
	工人的安全防护用品、用具购置费用
	消防设施与消防器材的配置费用
	电气保护、安全照明设施费
	其他安全防护措施费用
临时设施	施工现场采用彩色、定型钢板，砖、混凝土砌块等围挡的安砌、维修、拆除费用
	施工现场临时建筑物、构筑物的搭设、维修、拆除，如临时宿舍、办公室、食堂、厨房、厕所、诊疗所、临时文化福利用房、临时仓库、加工场、搅拌台、临时简易水塔、水池等费用
	施工现场临时设施的搭设、维修、拆除，如临时供水管道、临时供电管线、小型临时设施等费用
	施工现场规定范围内临时简易道路铺设，临时排水沟、排水设施安砌、维修、拆除费用
	其他临时设施搭设、维修、拆除费用

(2)夜间施工增加费。夜间施工增加费是指因夜间施工所发生的夜班补助费、夜间施工降效、夜间施工照明设备摊销及照明用电等措施费用。它通常包括以下内容：

①夜间固定照明灯具和临时可移动照明灯具的设置、拆除费用。

②夜间施工时，施工现场交通标志、安全标牌、警示灯的设置、移动、拆除费用。

③夜间照明设备摊销及照明用电、施工人员夜班补助、夜间施工劳动效率降低等费用。

(3)非夜间施工照明费。非夜间施工照明费是指为保证工程施工正常进行，在地下室等特殊施工部位施工时所采用的照明设备的安拆、维护及照明用电等费用。

(4)二次搬运费。二次搬运费是指因施工管理需要或因场地狭小等原因，导致建筑材料、设备等不能一次搬运到位，必须发生的二次或以上搬运所需的费用。

(5)冬雨(风)季施工增加费。冬雨(风)季施工增加费是指因冬雨(风)季天气原因导致施工效率降低加大投入而增加的费用,以及为确保冬雨(风)季施工质量和安全而采取的保温、防雨等措施所需的费用。通常包括以下内容:

①冬雨(风)季施工时增加的临时设施(防寒保温、防雨、防风设施)的搭设、拆除费用。

②冬雨(风)季施工时,对砌体、混凝土等采用的特殊加温、保温和养护措施费用。

③冬雨(风)季施工时,施工现场的防滑处理、对影响施工的雨雪的清除费用。

④冬雨(风)季施工时增加的临时设施、施工人员的劳动保护用品、冬雨(风)季施工劳动效率降低等费用。

(6)地上、地下设施,建筑物的临时保护设施费。在工程施工过程中,对已建成的地上、地下设施和建筑物进行的遮盖、封闭、隔离等必要保护措施所发生的费用。

(7)已完工程及设备保护费。竣工验收前,对已完工程及设备采取的覆盖、包裹、封闭、隔离等必要保护措施所发生的费用。

(8)脚手架费。脚手架费是指施工需要的各种脚手架搭、拆、运输费用以及脚手架购置费的摊销(或租赁)费用。它通常包括以下内容:

①施工时可能发生的场内、场外材料搬运费用。

②搭、拆脚手架、斜道、上料平台费用。

③安全网的铺设费用。

④拆除脚手架后材料的堆放费用。

(9)混凝土模板及支架(撑)费。混凝土施工过程中需要的各种钢模板、木模板、支架等的支拆、运输费用及模板、支架的摊销(或租赁)费用。它通常包括以下内容:

①混凝土施工过程中需要的各种模板制作费用。

②模板安装、拆除、整理堆放及场内外运输费用。

③清理模板黏结物及模内杂物、刷隔离剂等费用。

(10)垂直运输费。垂直运输费是指现场所用材料、机具从地面运至相应高度以及施工人员上下工作面等所发生的运输费用。通常包括以下内容:

①垂直运输机械的固定装置、基础制作、安装费。

②行走式垂直运输机械轨道的铺设、拆除、摊销费。

(11)超高施工增加费。当单层建筑物檐口高度超过 20 米,多层建筑物超过 6 层时,可计算超高施工增加费。它通常包括以下内容:

①建筑物超高引起的人工工效降低以及由于人工工效降低引起的机械降效费。

②高层施工用水加压水泵的安装、拆除及工作台班费。

③通信联络设备的使用及摊销费。

(12)大型机械设备进出场及安拆费。机械整体或分体自停放场地运至施工现场或由一个施工地点运至另一个施工地点,所发生的机械进出场运输和转移费用及机械在施工现场进行安装、拆卸所需的人工费、材料费、机械费、试运转费和安装所需的辅助设施费用。它通常由安拆费和进出场费组成:

①安拆费包括施工机械、设备在现场进行安装、拆卸所需人工、材料、机械和试运转费用,以及机械辅助设施的折旧、搭设、拆除等费用。

②进出场费包括施工机械、设备整体或分体自停放地点运至施工现场或由一施工地点运至另一施工地点所发生的运输、装卸、辅助材料等费用。

(13)施工排水、降水费。施工排水、降水费是指将施工期间有碍施工作业和影响工程质量的水排到施工场地以外,以及防止在地下水位较高的地区开挖深基坑出现基坑浸水,地基承载力下降,在动水压力作用下还可能引起流砂、管涌和边坡失稳等现象而必须采取有效的降水和排水措施的费用。该项费用由成井和排水、降水两个独立的费用项目组成:

①成井。成井的费用主要包括:a. 准备钻孔机械、埋设护筒、钻机就位、泥浆制作、固壁、成孔、出渣、清孔等费用;b. 对接上、下井管(滤管),焊接,安防,下滤料,洗井,连接试抽等费用。

②排水、降水。排水、降水的费用主要包括:a. 管道安装、拆除,场内搬运等费用;b. 抽水、值班、降水设备维修等费用。

(14)其他。根据项目的专业特点或所在地区不同,可能出现其他的措施项目,如工程定位复测费和特殊地区施工增加费等。

2. 措施项目费的计算

按照有关专业工程量计算规范规定,措施项目分为应予计量的措施项目和不宜计量的措施项目两类。

(1)应予计量的措施项目。与分部分项工程费的计算方法基本相同。其计算公式为:

$$措施项目费=\sum(措施项目工程量\times综合单价) \tag{2.32}$$

不同的措施项目工程量的计算单位是不同的,分列如下:

①脚手架费通常按照建筑面积或垂直投影面积以“m^2”计算。

②混凝土模板及支架(撑)费通常按照模板与现浇混凝土构件的接触面积以“m^2”计算。

③垂直运输费可根据不同情况用两种方法进行计算:a. 按照建筑面积以“m^2”为单位计算;b. 按照施工工期日历天数以“天”为单位计算。

④超高施工增加费通常按照建筑物超高部分的建筑面积以“m^2”为单位计算。

⑤大型机械设备进出场及安拆费通常按照机械设备的使用数量以“台次”为单位计算。

⑥施工排水、降水费分两个不同的独立部分计算:a. 成井费用通常按照设计图示尺寸以钻孔深度以“m”计算;b. 排水、降水费用通常按照排、降水日历天数以“昼夜”计算。

(2)不宜计量的措施项目。对于不宜计量的措施项目,通常用计算基数乘以费率的方法予以计算。

①安全文明施工费。其计算公式为:

$$安全文明施工费=计算基数\times安全文明施工费费率(\%) \tag{2.33}$$

其中,计算基数应为定额基价(定额分部分项工程费+定额中可以计量的措施项目费)、定额人工费或定额人工费与施工机具使用费之和,其费率由工程造价管理机构根据各专业工程的特点综合确定。

②其余不宜计量的措施项目,包括夜间施工增加费,非夜间施工照明费,二次搬运费,冬雨(风)季施工增加费,地上、地下设施,建筑物的临时保护设施费,已完工程及设备保护费等。其计算公式为:

$$措施项目费=计算基数\times措施项目费费率(\%) \tag{2.34}$$

其中,计算基数应为定额人工费或定额人工费与定额施工机具使用费之和,其费率由工程造价管理机构根据各专业工程特点和调查资料综合分析后确定。

(三)其他项目费

1. 暂列金额

暂列金额是指建设单位在工程量清单中暂定并包括在工程合同价款中的一笔款项。暂列金额用于施工合同签订时尚未确定或者不可预见的所需材料、工程设备、服务的采购，施工中可能发生的工程变更、合同约定调整因素出现时的工程价款调整以及发生的索赔、现场签证确认等的费用。

暂列金额由建设单位根据工程特点，按有关计价规定估算，施工过程中由建设单位掌握使用、扣除合同价款调整后如有余额，归建设单位。

2. 暂估价

暂估价是指招标人在工程量清单中提供的用于支付必然发生但暂时不能确定价格的材料、工程设备的单价以及专业工程的金额。

暂估价中的材料、工程设备暂估单价根据工程造价信息或参照市场价格估算，计入综合单价；专业工程暂估价分不同专业，按有关计价规定估算。暂估价在施工中按照合同约定再加以调整。

3. 计日工

计日工是指在施工过程中，施工单位完成建设单位提出的工程合同范围以外的零星项目或工作，按照合同中约定的单价计价形成的费用。计日工由建设单位和施工单位按施工过程中形成的有效签证来计价。

4. 总承包服务费

总承包服务费是指总承包人为配合、协调建设单位进行的专业工程发包，对建设单位自行采购的材料、工程设备等进行保管以及施工现场管理、竣工资料汇总整理等服务所需的费用。

总承包服务费由建设单位在最高投标限价中根据总包范围和有关计价规定编制，施工单位投标时自主报价，施工过程中按签约合同价执行。

（四）规费和税金

规费和税金的构成和计算与按费用构成要素划分建筑安装工程费用项目组成部分是相同的。

四、国外建筑安装工程费用的构成

（一）费用构成

国外的建筑安装工程费用一般是在建筑市场上通过招投标方式确定的。国外建筑安装工程费用的构成可用图 2.3 表示。建筑安装工程费用的高低受建筑产品供求关系影响较大，通常包括以下内容。

1. 直接工程费的构成

（1）人工费。国外一般工程施工的工人按技术要求划分为高级技工、熟练工、半熟练工和壮工。当工程价格采用平均工资计算时，要按各类工人总数的比例进行加权计算。人工费应该包括工资、加班费、津贴、招雇解雇费等。

（2）材料费。材料费主要包括以下内容：

①材料原价，是指在当地材料市场中采购的材料的采购价，包括材料出厂价和采购供销手续费等，或进口材料到达当地海港的交货价。

②运杂费，是指在当地采购的材料从采购地点至工程施工现场的短途运输费、装卸费，或进口材料从当地海港运至工程施工现场的运输费、装卸费。

③税金。在当地采购的材料，采购价格中已经包括税金；进口材料的税金则为工程所在国的进口关税和手续费等。

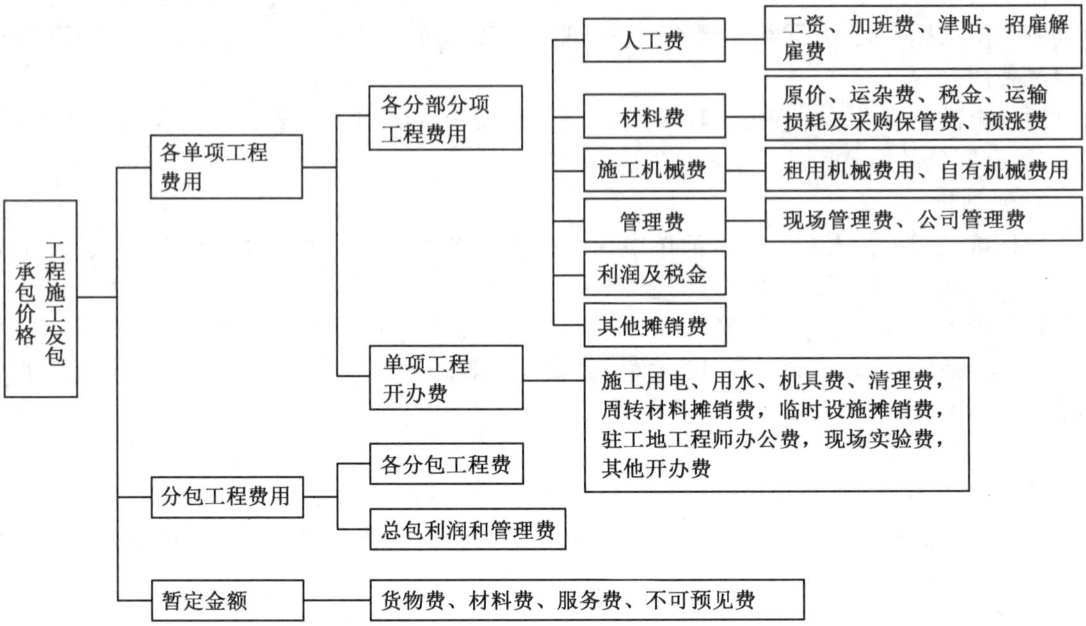

图 2.3 国外建筑安装工程费用的构成

④运输损耗及采购保管费。

⑤预涨费，是指根据当地材料价格年平均上涨率和施工年数，按材料原价、运杂费、税金之和的一定比例计算的费用。

⑥施工机械费。施工机械费包括自有机械费用与租用机械费用。大型自有机械台时单价，一般由每台时应摊折旧费、应摊维修费、台时消耗的能源和动力费、台时应摊的驾驶工人工资以及工程机械设备险投保费、第三者责任险投保费等组成。如使用租赁施工机械时，其费用则包括租赁费、租赁机械的进出场费等。

2. 管理费

管理费包括工程现场管理费(占整个管理费的 20%～30%)和公司管理费(占整个管理费的 70%～80%)。管理费除了包括与我国施工管理费构成相似的管理人员工资、管理人员辅助工资、办公费、差旅交通费、固定资产使用费、生活设施使用费、工具用具使用费、劳动保护费、检验试验费以外，还含有业务经费。业务经费包括：

(1)广告宣传费。

(2)交际费，如日常接待饮料、宴请及礼品费等。

(3)业务资料费。如购买投标文件、文件及资料复印费等。

(4)业务所需手续费。施工企业参加投标时，必须由银行开具投标保函；在中标后必须由银行开具履约保函，在收到业主的工程预付款以前，必须由银行开具预付款保函，在工程竣工后，必须由银行开具质量或维修保函。在开具以上保函时，银行要收取一定的担保费。

(5)代理人费用和佣金。施工企业为争取中标或为加强收取工程款，在工程所在地(所在国)寻找代理人或签订代理合同，因而付出的佣金和费用。

(6)保险费，包括建筑安装工程一切险投保费、第三者责任险投保费等。

(7)向银行贷款的利息。

在许多国家,施工企业的业务经费往往是管理费中所占比例最大的一项,占整个管理费的30%～38%。

3. 利润及税金

国际市场上,施工企业的利润一般为成本的10%～15%,也有的管理费与利润合取,为直接费的30%左右。具体工程的利润率要根据具体情况,如工程难易、现场条件、工期长短、竞争对手的情况等随行就市确定,税金主要是指单独列项的增值税。

4. 开办费

在许多国家,开办费一般是在各分部分项工程造价的前面按单项工程分别单独列出,单项工程建筑安装工程量越大,开办费在工程价格中的比例就越小;反之,开办费比例就越大。一般开办费占工程价格的10%～20%。开办费包括的内容因国家和工程的不同而异,大致包括以下内容:

(1)施工用水、用电费。施工用水费,按实际打井、抽水、送水发生的费用估算,也可以按占直接费的比率估计;施工用电费,按实际需要的电费或自行发电费估算,也可按占直接费的比率估算。

(2)工地清理费及完工后清理费,建筑物烘干费,临时围墙、安全信号、防护用品的费用,以及恶劣气候条件下的工程防护费、污染费、噪声费,其他法定的防护费用。

(3)周转材料费,如脚手架、模板的摊销费等。

(4)临时设施费,包括生活用房、生产用房、临时通信、室外工程(包括道路、停车场、围墙、给排水管道、输电线路等)的费用,可按实际需要计算。

(5)驻工地工程师的现场办公室及所需设备的费用。现场材料试验及所需设备的费用,一般在招标文件的技术规范中有明确的面积、质量标准及设备清单等要求,如要求配备一定的服务人员或实验助理人员,则其工资费用也需计入。

(6)其他,包括工人现场福利费及安全费、职工交通费、日常气候报表费、现场道路及进出场道路修筑及维护费、恶劣天气下的工程保护措施费、现场保卫设施费等。

5. 暂定金额

暂定金额是指包括在合同中,供工程任何部分的施工或提供货物、材料、设备或服务、不可预料事件所使用的一项金额,这项金额只有在工程师批准后才能动用。

6. 分包工程费

(1)分包工程费,包括分包工程的直接工程费、管理费和利润。

(2)总包利润和管理费,是指分包单位向总包单位交纳的总包管理费、其他服务费和利润。

(二)费用的组成形式和分摊比例

1. 组成形式

上述组成造价的各项费用体现在承包人投标报价中有3种形式:组成分部分项工程单价、单独列项、分摊进单价。

(1)组成分部分项工程单价。由于人工费、材料费和机械费直接消耗在分部分项工程上,在费用和分部分项工程之间存在着直观的对应关系,所以人工费、材料费和机械费组成分部分项工程单价,单价与工程量相乘得出分部分项工程价格。

(2)单独列项。开办费中的项目有临时设施,为业主提供的办公和生活设施、脚手架等费用,经常在工程量清单的开办费部分单独分项报价。这种方式适用于不直接消耗在某个分部分项工程上,无法与分部分项工程直接对应,但是对完成工程建设必不可少的费用。

(3)分摊进单价。承包人总部管理费、利润和税金,以及开办费中的项目经常以一定的比例分摊进单价。

需要注意的是,开办费项目在单独列项和分摊进单价这两种方式中采用哪一种,要根据招标文件和计算规则的要求而定,有的计算规则包括的开办费项目比较齐全,有的计算规则包括的开办费项目比较少。例如英国的 NRM2 计算规则的开办费项目就比较齐全,而同样比较有影响的《建筑工程量计算原则(国际通用)》就没有专门的开办费用部分,要求把开办费都分摊进分部分项工程单价。

2. 分摊比例

(1)固定比例。税金和政府收取的各项管理费的比例是工程所在地政府规定的费率,承包人不能随意变动。

(2)浮动比率。总部管理费和利润的比例由承包人自行确定,承包人根据自身经营状况、工程具体情况等投标策略确定。一般来讲,这个比例在一定范围内是浮动变化的,不同的工程项目、不同的时间和地点,承包人对总部管理费和利润的预期值都不会相同。

(3)测算比例。开办费的比例需要详细测算,首先计算出需要分摊的项目金额,然后计算分摊金额与分部分项工程价格的比例。

(4)公式法。可参考下列公式分摊:

$$A=a(1+k_1)(1+k_2)(1+k_3) \tag{2.35}$$

其中,A 为分摊后的分部分项工程单价,a 为分摊前的分部分项工程单价,k_1 为开办费项目的分摊比例,k_2 为总部管理费和利润的分摊比例,k_3 为税率。

第四节 工程建设其他费用的构成和计算

工程建设其他费用是指建设期发生的与土地使用权取得、全部工程项目建设以及未来生产经营有关的,除工程费用、预备费、增值税、建设期融资费用、流动资金以外的费用。

政府有关部门对建设项目管理监督所发生的并由其部门财政支出的费用,不得列入相应建设项目的工程造价。

一、建设单位管理费

(一)建设单位管理费的内容

建设单位管理费是指项目建设单位从项目筹建之日起至办理竣工财务决算之日止发生的管理性质的支出,包括工作人员薪酬及相关费用、办公费、办公场地租用费、差旅交通费、劳动保护费、工具用具使用费、固定资产使用费、招募生产工人费、技术图书资料费(含软件)、业务招待费、竣工验收费和其他管理性质开支。

(二)建设单位管理费的计算

建设单位管理费按照工程费用之和(包括设备工器具购置费和建筑安装工程费用)乘以建设单位管理费费率计算。其计算公式为:

$$\text{建设单位管理费}=\text{工程费用}\times\text{建设单位管理费费率} \tag{2.36}$$

实行代建制管理的项目,计列代建管理费等同建设单位管理费,不得同时计列建设单位管理费,委托第三方行使部分管理职能的,支付的管理费或咨询费列入技术服务费项目。

二、用地与工程准备费

用地与工程准备费是指取得土地与工程建设施工准备所发生的费用，包括土地使用费和补偿费、场地准备费、临时设施费等。

（一）土地使用费和补偿费

建设用地的取得，实质是依法获取国有土地的使用权，根据《中华人民共和国土地管理法》《中华人民共和国土地管理法实施条例》《中华人民共和国城市房地产管理法》规定，获取国有土地使用权的基本方法有两种：一是出让方式，二是划拨方式，建设用地取得的基本方式还可能包括转让和租赁方式。土地使用权出让是指国家以土地所有者的身份将土地使用权在一定年限内让与土地使用者，并由土地使用者向国家支付土地使用权出让金的行为；土地使用权转让是指土地使用者将土地使用权再转移的行为，包括出售、交换和赠与；土地使用权租赁是指国家将国有土地出租给使用者使用，使用者支付租金的行为，是土地使用权出让方式的补充，但对于经营性房地产开发用地，不实行租赁。

建设用地如通过行政划拨方式取得，必须承担征地补偿费用或对原用地单位或个人的拆迁补偿费用；若通过市场机制取得，则不但需承担以上费用，而且必须向土地所有者支付有偿使用费，即土地出让金。

1. 征地补偿费

征地补偿费由以下内容构成：

（1）土地补偿费。土地补偿费是对农村集体经济组织因土地被征用而造成的经济损失的一种补偿。土地补偿费归农村集体经济组织所有。征收农用地的土地补偿费标准由省、自治区、直辖市通过制定公布区片综合地价确定，并至少每 3 年调整或者重新公布一次。大中型水利、水电工程建设征收土地的补偿费标准和移民安置办法，由国务院另行规定。

（2）青苗补偿费和地上附着物补偿费。青苗补偿费是因征地时对其正在生长的农作物受到损害而做出的一种赔偿。在农村实行承包责任制后，农民自行承包土地的青苗补偿费应付给本人。属于集体种植的青苗补偿费可纳入当年集体收益。凡在协商征地方案后抢种的农作物、树木等，一律不予补偿。地上附着物是指房屋、水井、树木、涵洞、桥梁、公路、水利设施、林木等地面建筑物、构筑物、附着物等，如附着物产权属个人，则该项补助费付给个人。地上附着物和青苗等的补偿标准由省、自治区、直辖市制定。对其中的农村村民住宅应当按照先补偿后搬迁、居住条件有改善的原则，尊重农村村民意愿，采取重新安排宅基地建房、提供安置房或者货币补偿等方式给予公平、合理的补偿，并对因征收造成的搬迁、临时安置等费用予以补偿，保障农村村民居住的权利和合法的住房财产权益。

（3）安置补助费。安置补助费应支付给被征地单位和安置劳动力的单位，作为劳动力安置与培训的支出，以及作为不能就业人员的生活补助。征收农用地的安置补助费标准由省、自治区、直辖市通过制定公布区片综合地价确定，并至少每 3 年调整或者重新公布一次。县级以上地方人民政府应当将被征地农民纳入相应的养老等社会保障体系，被征地农民的社会保障费用主要用于符合条件的被征地农民的养老保险等社会保险缴费补贴，依据省、自治区、直辖市规定的标准单独列支。

（4）耕地开垦费和森林植被恢复费。国家实行占用耕地补偿制度，非农业建设经批准占用耕地的，按照“占多少，垦多少”的原则，由占用耕地的单位负责开垦与所占用耕地数量和质量相当的耕地；没有条件开垦或者开垦的耕地不符合要求的，应当按照省、自治区、直辖市的规定缴纳耕地开垦费，专款用于开垦新的耕地。涉及占用森林草原的还应列支森林植被恢复费用。

(5)生态补偿费与压覆矿产资源补偿费。生态补偿费是指建设项目对水土保持等生态造成影响所发生的除工程费用之外补救或者补偿的费用；压覆矿产资源补偿费是指项目工程对被其压覆的矿产资源利用造成影响所发生的补偿费用。

(6)其他补偿费。其他补偿费是指建设项目涉及的对房屋、市政、铁路、公路、管道、通信、电力、河道、水利、厂区、林区、保护区、矿区等不附属于建设用地但与建设项目相关的建筑物、构筑物或设施的拆除、迁建补偿、搬迁运输补偿等费用。

2. 拆迁补偿费用

在城镇规划区内国有土地上实施房屋拆迁，拆迁人应当对被拆迁人给予补偿、安置。

(1)拆迁补偿金。补偿方式可以实行货币补偿，也可以实行房屋产权调换。

货币补偿的金额，根据被拆迁房屋的区位、用途、建筑面积等因素，以房地产市场评估价格确定。具体办法由省、自治区、直辖市人民政府制定。

实行房屋产权调换的，拆迁人与被拆迁人按照计算得到的被拆迁房屋的补偿金额和所调换房屋的价格，结清产权调换的差价。

(2)迁移补偿费，包括征用土地上的房屋及附属构筑物、城市公共设施等拆除、迁建补偿费、搬迁运输费，企业单位因搬迁造成的减产、停工损失补贴费、拆迁管理费等。

拆迁人应当对被拆迁人或者房屋承租人支付搬迁补助费，对于在规定的搬迁期限届满前搬迁的，拆迁人可以付给提前搬家奖励费；在过渡期限内，被拆迁人或者房屋承租人自行安排住处的，拆迁人应当支付临时安置补助费；被拆迁人或者房屋承租人使用拆迁人提供的周转房的，拆迁人不支付临时安置补助费。

迁移补偿费的标准由省、自治区、直辖市人民政府规定。

3. 土地出让金

以出让等有偿使用方式取得国有土地使用权的建设单位，按照国务院规定的标准和办法缴纳土地使用权出让金等土地有偿使用费和其他费用后，方可使用土地。土地使用权出让金为用地单位向国家支付的土地所有权收益，出让金标准一般参考城市基准地价并结合其他因素制定。基准地价是指在城镇规划区范围内，对不同级别的土地或者土地条件相当的均质地域，按照商业、居住、工业等用途分别评估的，并由市、县以上人民政府公布的国有土地使用权的平均价格。

在有偿出让和转让土地时，政府对地价不做统一规定，但应坚持以下原则：地价对目前的投资环境不产生大的影响；地价与当地的社会经济承受能力相适应且地价要考虑已投入的土地开发费用、土地市场供求关系、土地用途、所在区类、容积率和使用年限等，有偿出让和转让使用权，要向土地受让者征收契税；转让土地如有增值，要向转让者征收土地增值税；土地使用者每年应按规定的标准缴纳土地使用费，土地使用权出让或转让，应先由地价评估机构进行价格评估后，再签订土地使用权出让和转让合同。

土地使用权出让合同约定的使用年限届满，土地使用者需要继续使用土地的，应当至迟于届满前一年申请续期，除根据社会公共利益需要收回该幅土地的，应当予以批准。经批准准予续期的，应当重新签订土地使用权出让合同，依照规定支付土地使用权出让金。

(二)场地准备费及临时设施费

1. 场地准备费及临时设施费的内容

(1)建设项目场地准备费是指为使工程项目的建设场地达到开工条件，由建设单位组织进行的场地平整等准备工作而发生的费用。

(2)建设单位临时设施费是指建设单位为满足施工建设需要而提供的未列入工程费用的临时水、电、路、信、气、热等工程和临时仓库等建(构)筑物的建设、维修、拆除、摊销费用或租赁费用,以及货场、码头租赁等费用。

2. 场地准备费及临时设施费的计算

(1)场地准备及临时设施应尽量与永久性工程统一考虑。建设场地的大型土石方工程应计入工程费用中的总图运输费用。

(2)新建项目的场地准备费和临时设施费应根据实际工程量估算,或按工程费用的比例计算。改扩建项目一般只计拆除清理费。其计算公式为:

$$\text{场地准备费及临时设施费}=\text{工程费用}\times\text{费率}+\text{拆除清理费} \tag{2.37}$$

(3)发生拆除清理费时可按新建同类工程造价或主材费、设备费的比例计算。凡可回收材料的拆除工程采用以料抵工方式冲抵拆除清理费。

(4)此项费用不包括已列入建筑安装工程费用中的施工单位临时设施费用。

三、市政公用配套设施费

市政公用配套设施费是指使用市政公用配套设施的工程项目,按照项目所在地政府有关规定建设或缴纳的市政公用设施建设配套费用。

市政公用配套设施可以是界区外配套的水、电、路、信等,包括绿化、人防等配套设施。

四、工程咨询服务费

工程咨询服务费是指建设单位在项目建设全过程中委托咨询机构提供经济、技术、法律等服务所需的费用。工程咨询服务费包括可行性研究费、专项评价费、勘察设计费、监理费、研究试验费、特殊设备安全监督检验费、招标代理费、设计评审费、技术经济标准使用费、工程造价咨询费、竣工图编制费、BIM技术服务费及其他咨询费。按照国家发改委《关于进一步放开建设项目专业服务价格的通知》(发改价格〔2015〕299号)的规定,工程咨询服务费应实行市场调节价。

(一)可行性研究费

可行性研究费是指在工程项目投资决策阶段,对有关建设方案、技术方案或生产经营方案进行的技术经济论证,以及编制、评审可行性研究报告等所需的费用,包括编制项目建议书所需的费用、预可行性研究费、可行性研究费等。

(二)专项评价费

专项评价费是指建设单位按照国家规定委托相关单位开展专项评价及有关验收工作所发生的费用。专项评价费包括环境影响评价费、安全预评价费、职业病危害预评价费、地质灾害危险性评价费、水土保持评价费、压覆矿产资源评价费、节能评估费、危险与可操作性分析及安全完整性评价费以及其他专项评价费。

1. 环境影响评价费

环境影响评价费是指在工程项目投资决策过程中,对其进行环境污染或影响评价所需的费用,包括编制环境影响报告书(含大纲)、环境影响报告表和评估等所需的费用,以及建设项目竣工验收阶段环境保护验收调查和环境监测、编制环境保护验收报告的费用。

2. 安全预评价费

安全预评价费是指为预测和分析建设项目存在的危害因素种类和危险危害程度，提出先进、科学、合理可行的安全技术和管理对策，而编制评价大纲、编写安全评价报告书和评估等所需的费用。

3. 职业病危害预评价费

职业病危害预评价费是指建设项目因可能产生职业病危害，而编制职业病危害预评价书、职业病危害控制效果评价书和评估所需的费用。

4. 地质灾害危险性评价费

地质灾害危险性评价费是指在灾害易发区对建设项目可能诱发的地质灾害和建设项目本身可能遭受的地质灾害危险程度的预测评价，编制评价报告书和评估所需的费用。

5. 水土保持评价费

水土保持评价费是指对建设项目在生产建设过程中可能造成水土流失进行预测，编制水土保持方案和评估所需的费用。

6. 压覆矿产资源评价费

压覆矿产资源评价费是指对需要压覆重要矿产资源的建设项目，编制压覆重要矿产评价和评估所需的费用。

7. 节能评估费

节能评估费是指对建设项目的能源利用是否科学合理进行分析评估，并编制节能评估报告以及评估所发生的费用。

8. 危险与可操作性分析及安全完整性评价费

危险与可操作性分析及安全完整性评价费是指对应用于生产具有流程性工艺特征的新建、改建、扩建项目进行工艺危害分析和对安全仪表系统的设置水平及可靠性进行定量评估所发生的费用。

9. 其他专项评价费

根据国家法律法规及建设项目所在省、自治区、直辖市人民政府有关规定，以及行业规定需进行的其他专项评价、评估、咨询所需的费用。如重大投资项目社会稳定风险评估费、防洪评价费、交通影响评价费等。

（三）勘察设计费

1. 勘察费

勘察费是指勘察人根据发包人的委托，收集已有资料、现场踏勘、制定勘察纲要、进行勘察作业，以及编制工程勘察文件和岩土工程设计文件等所收取的费用。

2. 设计费

设计费是指设计人根据发包人的委托，提供编制建设项目初步设计文件、施工图设计文件、非标准设备设计文件等服务所收取的费用。

（四）监理费

监理费是指建设单位委托监理机构开展工程建设监理工作或设备监造服务所需的费用。

（五）研究试验费

研究试验费是指为建设项目提供或验证设计参数、数据、资料等进行必要的研究试验，以及设计规定在建设过程中必须进行试验、验证所需的费用，包括自行或委托其他部门的专题研究、试验所需人工费、材料费、试验设备及仪器使用费等。这项费用按照设计单位根据本工程项目的需要提出的研究试验内容和要求计算，在计算时要注意不应包括以下项目：

(1)应由科技三项费用(即新产品试制费、中间试验费和重要科学研究补助费)开支的项目。

(2)应在建筑安装费用中列支的施工企业对建筑材料、构件和建筑物进行一般鉴定、检查所发生的费用及技术革新的研究试验费。

(3)应由勘察设计费或工程费用中开支的项目。

(六)特殊设备安全监督检验费

特殊设备安全监督检验费是指对在施工现场安装的列入国家特种设备范围内的设备(设施)进行检验检测和监督检查所发生的应列入项目开支的费用。

特种设备包括锅炉、压力容器、压力管道、消防设备、燃气设备、起重设备、电梯、安全阀等特殊设备和设施。

(七)招标代理费

招标代理费是指建设单位委托招标代理机构进行招标服务工作所需的费用。

(八)设计评审费

设计评审费是指建设单位委托相关机构对设计文件进行评审所需的费用，包括初步设计文件和施工图设计文件等的评审费用。

(九)技术经济标准使用费

技术经济标准使用费是指建设项目投资确定与计价、费用控制过程中使用相关技术经济标准使发生的费用。

(十)工程造价咨询费

工程造价咨询费是指建设单位委托工程造价咨询机构开展造价咨询工作所需的费用。

(十一)竣工图编制费

竣工图编制费是指建设单位委托相关机构编制竣工图所需的费用。

(十二)BIM 技术服务费及其他咨询费

BIM 技术服务费是指建设单位委托相关机构构造建筑信息模型(BIM)所需的技术应用费用。其他咨询费是指与建设项目相关的其他咨询费用。

五、建设期计列的生产经营费

建设期计列的生产经营费是指为达到生产经营条件在建设期发生或将要发生的费用，包括专利及专有技术使用费、联合试运转费、生产准备费等。

(一)专利及专有技术使用费

专利及专有技术使用费是指在建设期内为取得专利、专有技术、商标权、商誉、特许经营权等发生的费用。

1. 专利及专有技术使用费的主要内容

(1)工艺包费、设计及技术资料费、有效专利、专有技术使用费、技术保密费和技术服务费等。

(2)商标权、商誉和特许经营权费。

(3)软件费等。

2. 专利及专有技术使用费的计算

在专利及专有技术使用费的计算时应注意以下问题：

(1)按专利使用许可协议和专有技术使用合同的规定计列。

(2)专有技术的界定应以省、部级鉴定批准为依据。

(3)项目投资中只计需在建设期支付的专利及专有技术使用费。协议或合同规定在生产期支付的使用费应在生产成本中核算。

(4)一次性支付的商标权、商誉及特许经营权费按协议或合同规定计列。协议或合同规定在生产期支付的商标权或特许经营权费应在生产成本中核算。

(二)联合试运转费

联合试运转费是指新建或新增加生产能力的工程项目,在交付生产前按照设计文件规定的工程质量标准和技术要求,对整个生产线或装置进行负荷联合试运转所发生的费用净支出(试运转支出大于收入的差额部分费用)。试运转支出包括试运转所需原材料、燃料及动力消耗、低值易耗品、其他物料消耗、工具用具使用费、机械使用费、联合试运转人员工资、施工单位参加试运转人员工资、专家指导费,以及必要的工业炉烘炉费等;试运转收入包括试运转期间的产品销售收入和其他收入。联合试运转费不包括应由设备安装工程费用开支的调试及试车费用,以及在试运转中暴露出来的因施工原因或设备缺陷等发生的处理费用。

(三)生产准备费

1. 生产准备费的内容

生产准备费是指在建设期内,建设单位为保证项目正常生产所做的提前准备工作所发生的费用,包括人员培训、提前进厂费,以及投产使用必备的办公、生活家具用具及工器具等的购置费用。它具体包括:

(1)人员培训及提前进厂费,包括自行组织培训或委托其他单位培训的人员工资、工资性补贴、职工福利费、差旅交通费、劳动保护费、学习资料费等。

(2)为保证初期正常生产(或营业、使用)所必需的生产办公、生活家具用具购置费等。

2. 生产准备费的计算

(1)新建项目按设计定员为基数计算,改扩建项目按新增设计定员为基数计算:

$$\text{生产准备费}=\text{设计定员}\times\text{生产准备费指标(元/人)} \tag{2.38}$$

(2)可采用综合的生产准备费指标进行计算,也可按费用内容的分类指标计算。

六、工程保险费

工程保险费是指为转移工程项目建设的意外风险,在建设期内对建筑工程、安装工程、机械设备和人身安全进行投保而发生的费用,包括建筑安装工程一切险、引进设备财产保险和人身意外伤害险等。不同的建设项目可根据工程特点选择投保险种。

根据不同的工程类别,分别以其建筑、安装工程费乘以建筑、安装工程保险费费率计算。民用建筑(住宅楼、综合性大楼、商场、旅馆、医院、学校)的工程保险费取费标准一般占建筑工程费的2‰~4‰;其他建筑(工业厂房、仓库、道路、码头、水坝、隧道、桥梁、管道等)的工程保险费取费标准一般占建筑工程费的3‰~6‰;安装工程(农业、工业、机械、电子、电器、纺织、矿山、石油、化学及钢铁工业、钢结构桥梁)的工程保险费取费标准一般占建筑工程费的3‰~6‰。

七、税金

税金是指按财政部《基本建设项目建设成本管理规定》(财建〔2016〕504号),统一归纳计列的城镇土地使用税、耕地占用税、契税、车船税、印花税等除增值税外的税金。

第五节　预备费和建设期利息的计算

一、预备费

预备费是指在建设期内因各种不可预见因素的变化而预留的可能增加的费用，包括基本预备费和价差预备费。

（一）基本预备费

1. 基本预备费的内容

基本预备费是指投资估算或工程概算阶段预留的，由于工程实施中不可预见的工程变更及洽商、一般自然灾害处理、地下障碍物处理、超规超限设备运输等而可能增加的费用，又称为工程建设不可预见费。基本预备费一般由以下 4 个部分构成：

（1）工程变更及洽商。在批准的初步设计范围内，技术设计、施工图设计及施工过程中所增加的工程费用；设计变更、工程变更、材料代用、局部地基处理等所增加的费用。

（2）一般自然灾害处理。一般自然灾害处理是指一般自然灾害造成的损失和预防自然灾害所采取的措施费用。实行工程保险的工程项目，该费用应适当降低。

（3）不可预见的地下障碍物处理的费用。

（4）超规超限设备运输增加的费用。

2. 基本预备费的计算

基本预备费以工程费用和工程建设其他费用两者之和为计取基础，乘以基本预备费费率进行计算。其计算公式为：

基本预备费＝（工程费用＋工程建设其他费用）×基本预备费费率　　(2.39)

基本预备费费率的取值应执行国家及有关部门的规定。

（二）价差预备费

1. 价差预备费的内容

价差预备费是指为在建设期内利率、汇率或价格等因素的变化而预留的可能增加的费用，亦称为价格变动不可预见费。价差预备费的内容包括人工、设备、材料、施工机具的价差费，建筑安装工程费，工程建设其他费用调整及利率、汇率调整等增加的费用。

2. 价差预备费的测算方法

价差预备费一般根据国家规定的投资综合价格指数，以估算年份价格水平的投资额为基数，采用复利方法计算。其计算公式为：

$$PF=\sum_{t=1}^{n} I_t[(1+f)^m(1+f)^{0.5}(1+f)^{t-1}-1] \tag{2.40}$$

其中，PF 为价差预备费；n 为建设期年份数；I_t 为建设期中第 t 年的静态投资计划额，包括工程费用、工程建设其他费用及基本预备费；f 为年涨价率（年涨价率，政府部门有规定的按规定执行，没有规定的由可行性研究人员预测）；m 为建设前期年限（从编制估算到开工建设，单位：年）。

【例 2.3】 某建设项目建安工程费 5 000 万元，设备购置费 3 000 万元，工程建设其他费用为 2 000 万元，已知基本预备费费率为 5%，项目建设前期年限为 1 年，建设期为 3 年，各年投资计划额为：第一年完成投资 20%，第二年 60%，第三年 20%。年均投资价格上涨率为 6%，求该建设项目建设期间价差预备费。

解：基本预备费＝(5 000＋3 000＋2 000)×5%＝500(万元)

静态投资＝5 000＋3 000＋2 000＋500＝10 500(万元)

建设期第一年完成投资＝10 500×20%＝2 100(万元)

第一年涨价预备费为：$PF_1=I_1[(1+f)(1+f)^{0.5}-1]=191.8$(万元)

第二年完成投资＝10 500×60%＝6 300(万元)

第二年涨价预备费为：$PF_2=I_2[(1+f)(1+f)^{0.5}(1+f)-1]=987.9$(万元)

第三年完成投资＝10 500×20%＝2 100(万元)

第三年涨价预备费为：$PF_3=I_3[(1+f)(1+f)^{0.5}(1+f)^2-1]=475.1$(万元)

所以，该项目建设期间价差预备费为：

$PF=191.8+987.9+475.1=1\ 654.8$(万元)

二、建设期利息

建设期利息主要是指在建设期内发生的为工程项目筹措资金的融资费用及债务资金利息。

建设期利息的计算，根据建设期资金用款计划，在总贷款分年均衡发放的前提下，可按当年借款在年中支用考虑，即当年借款按半年计息，上年借款按全年计息。其计算公式为：

$$q_j=\left(P_{j-1}+\frac{1}{2}A_j\right)\cdot i \tag{2.41}$$

其中，q_j 为建设期第 j 年应计利息，P_{j-1} 为建设期第 $j-1$ 年年末累计贷款本金与利息之和，A_j 为建设期第 j 年贷款金额，i 为年利率。

利用国外贷款的利息计算中，年利率应综合考虑贷款协议中向贷款方加收的手续费、管理费、承诺费，以及国内代理机构向贷款方收取的转贷费、担保费和管理费等。

【例 2.4】 某新建项目，建设期为 3 年，分年均衡进行贷款，第一年贷款 300 万元，第二年贷款 600 万元，第三年贷款 400 万元，年利率为 12%，建设期内利息只计息不支付，求该项目建设期利息。

解：在建设期，各年利息计算如下：

$q_1=\frac{1}{2}A_1\cdot i=\frac{1}{2}\times300\times12\%=18$(万元)

$q_2=\left(P_1+\frac{1}{2}A_2\right)\cdot i=\left(300+18+\frac{1}{2}\times600\right)\times12\%=74.16$(万元)

$q_3=\left(P_2+\frac{1}{2}A_3\right)\cdot i=\left(318+600+74.16+\frac{1}{2}\times400\right)\times12\%=143.06$(万元)

该项目建设期利息＝$q_1+q_2+q_3=18+74.16+143.06=235.22$(万元)

第三章

工程建设定额

第一节　工程计价原理及方法

一、工程计价基本原理

（一）利用函数关系对拟建项目的造价进行类比匡算

当一个建设项目还没有具体的图样和工程量清单时，需要利用产出函数对建设项目投资进行匡算。在微观经济学中把过程的产出和资源的消耗这两者之间的关系称为产出函数。在建筑工程中，产出函数建立了产出的总量或规模与各种资源投入（比如人力、材料、机具等）之间的关系。因此，对某一特定的产出，可以通过对各投入参数赋予不同的值，从而找到一个最低的生产成本。房屋建筑面积的大小和消耗的人工之间的关系就是产出函数的一个例子。

投资的匡算经常基于某个表明设计能力或者形体尺寸的变量，比如建筑面积、公路的长度、工厂的生产能力等。在这种类比估算方法下尤其要注意规模对造价的影响。项目的造价并不总是和规模大小呈线性关系，典型的规模经济或规模不经济都会出现。因此，要慎重选择合适的产出函数，寻找规模和经济有关的经验数据。例如，生产能力指数法就是利用生产能力与投资额间的关系函数来进行投资估算的方法。

（二）分部组合计价原理

如果一个建设项目的设计方案已经确定，常用的是分部组合计价法。任何一个建设项目都可以分解为一个或几个单项工程，任何一个单项工程都是由一个或几个单位工程所组成。作为单位工程的各类建筑工程和安装工程仍然是一个比较复杂的综合实体，还需要进一步分解。单位工程可以按照结构部位、路段长度及施工特点或施工任务分解为分部工程。分解成分部工程后，从工程计价的角度，还需要把分部工程按照不同的施工方法、材料、工序及路段长度等，加以更为细致的分解，划分为更为简单细小的部分，即分项工程。按照计价需要，将分项工程进一步分解或适当组合，就可以得到基本构造单元。

工程计价的基本原理是项目的分解和价格的组合。即将建设项目自上而下细分至最基本的构造单元（假定的建筑安装产品），采用适当的计量单位计算其工程量，以及当时当地的工程单价，然后计算各基本构造单元的价格，再对费用按照类别进行组合汇总，最后计算出相应工程造价。其计算公式为：

$$\begin{matrix}\text{分部分项工程费}\\ \text{(或单价措施项目费)}\end{matrix} = \sum [\text{基本构造单元工程量(定额项目或清单项目)} \times \text{相应单价}] \tag{3.1}$$

工程计价可分为工程计量和工程组价两个环节。

1. 工程计量

工程计量工作包括工程项目的划分和工程量的计算。

(1)单位工程基本构造单元的确定，即划分工程项目。编制工程概预算时，主要是按照工程定额进行项目的划分；编制工程量清单时主要是按照清单工程量计算规范规定的清单项目进行划分。

(2)工程量的计算就是按照工程项目的划分和工程量计算规则，就不同的设计文件对工程实物量进行计算。工程实物量是计价的基础，不同的计价依据有不同的计算规则规定。目前，工程量计算规则包括两大类：

①各类工程定额规定的计算规则。

②各专业工程量计算规范附录中规定的计算规则。

2. 工程组价

工程组价包括工程单价的确定和工程总价的计算。

(1)工程单价是指完成单位工程基本构造单元的工程量所需要的基本费用。工程单价包括工料单价和综合单价。

①工料单价仅包括人工、材料、机具使用费，是各种人工消耗量、各种材料消耗量、各类施工机具台班消耗量与其相应单价的乘积。其计算公式为：

$$\text{工料单价} = \sum (\text{人、材、机消耗量} \times \text{人、材、机单价}) \tag{3.2}$$

②综合单价除包括人工、材料、机具使用费外，还包括可能分摊在单位工程基本构造单元上的费用。根据我国现行有关规定，又可以分成清单综合单价(不完全综合单价)与全费用综合单价(完全综合单价)两种。清单综合单价除包括人工、材料、机具使用费外，还包括企业管理费、利润和风险因素；全费用综合单价除包括人工、材料、机具使用费外，还包括企业管理费、利润、规费和税金。

综合单价根据国家、地区、行业定额或企业定额消耗量和相应生产要素的市场价格，以及定额或市场的取费费率来确定。

(2)工程总价是指按规定的程序或办法逐级汇总形成的相应工程造价。根据计算程序的不同，分为实物量法和单价法。

①实物量法。实物量法是依据图纸和相应计价定额的项目划分(即工程量计算规则)，先计算出分部分项工程量，然后套用消耗量定额计算人、材、机等要素的消耗量，再根据各要素的实际价格及各项费率汇总形成相应工程造价的方法。

②单价法。单价法包括综合单价法和工料单价法。

a. 综合单价法。若采用全费用综合单价(完全综合单价)，首先依据相应工程量计算规范规定的工程量计算规则计算工程量，并依据相应的计价依据确定综合单价，然后用工程量乘以综合单价，并汇总即可得出分部分项工程及单价措施项目费，之后再按相应的办法计算总价措施项目费、其他项目费，汇总后形成相应工程造价。我国现行的《建设工程工程量清单计价规范》(GB 50500-2013)中规定的清单综合单价属于不完全综合单价，当把规费和税金计入不完全综合单价后即形成完全综合单价。

b. 工料单价法。首先依据相应计价定额的工程量计算规则计算工程量；其次依据定额的人、材、机消耗量和预算单价，计算工料单价；再用工程量乘以工料单价，汇总可得分部分项工程人、材、机费合计；最后按照相应的取费程序计算其他各项费用，汇总后形成相应的工程造价。

二、工程计价依据

我国的工程造价管理体系可分为工程造价管理的相关法律法规体系、工程造价管理标准体系、工程定额体系和工程计价信息体系 4 个主要部分。法律法规是实施工程造价管理的制度依据和重要前提；工程造价管理的标准是在法律法规要求下，规范工程造价管理的核心技术要求；工程定额通过提供国家、行业、地方定额的参考性依据和数据，指导企业的定额编制，起到规范管理和科学计价的作用；工程计价信息是市场经济体制下，进行造价信息传递和形成造价成果文件的重要支撑。从工程造价管理体系的总体架构看，前两项工程造价管理的相关法律法规体系、工程造价管理标准体系属于工程造价宏观管理的范畴，后两项工程定额体系、工程计价信息体系主要用的是工程计价，属于工程造价微观管理的范畴。工程造价管理体系中的工程造价管理标准体系、工程定额体系和工程计价信息体系是工程计价的主要依据。

三、工程计价基本程序

(一)工程概预算编制的基本程序

工程概预算的编制是应用计价定额或指标对建筑产品价格进行计价的活动。如果用工料单价法进行概预算编制，就应按概算定额或预算定额的定额子目，逐项计算工程量，套用概预算定额(或单位估价表)的工料单价确定直接费(包括人工费、材料费、施工机具使用费)，然后按规定的取费标准确定间接费(包括企业管理费、规费)，再计算利润和税金，经汇总后即为工程概预算价格。工程概预算编制的基本程序如图 3.1 所示。

工程概预算价格的形成过程，就是依据概预算定额所确定的消耗量乘以定额单价或市场价，经过不同层次的计算形成相应造价的过程，工程概预算编制公式如下：

(1)
$$\text{每一计量单位建筑产品的基本构造单元(假定建筑安装产品)的工料单价} = \text{人工费} + \text{材料费} + \text{施工机具使用费} \tag{3.3}$$

式中：

$$\text{人工费} = \sum(\text{人工工日数量} \times \text{人工单价}) \tag{3.4}$$

$$\text{材料费} = \sum(\text{材料消耗量} \times \text{材料单价}) + \text{工程设备费} \tag{3.5}$$

$$\text{施工机具使用费} = \sum(\text{施工机械台班消耗量} \times \text{施工机械台班单价}) + \sum(\text{仪器仪表台班消耗量} \times \text{仪器仪表台班单价}) \tag{3.6}$$

(2)
$$\text{单位建筑安装工程直接费} = \sum(\text{假定建筑安装产品工程量} \times \text{工料单价}) \tag{3.7}$$

(3)
$$\text{单位建筑安装工程概预算造价} = \text{单位建筑安装工程直接费} + \text{间接费} + \text{利润} + \text{税金} \tag{3.8}$$

(4)
$$\text{单项工程概预算造价} = \sum \text{单位建筑安装工程概预算造价} + \sum \text{单价工程设备及工器具购置费} \tag{3.9}$$

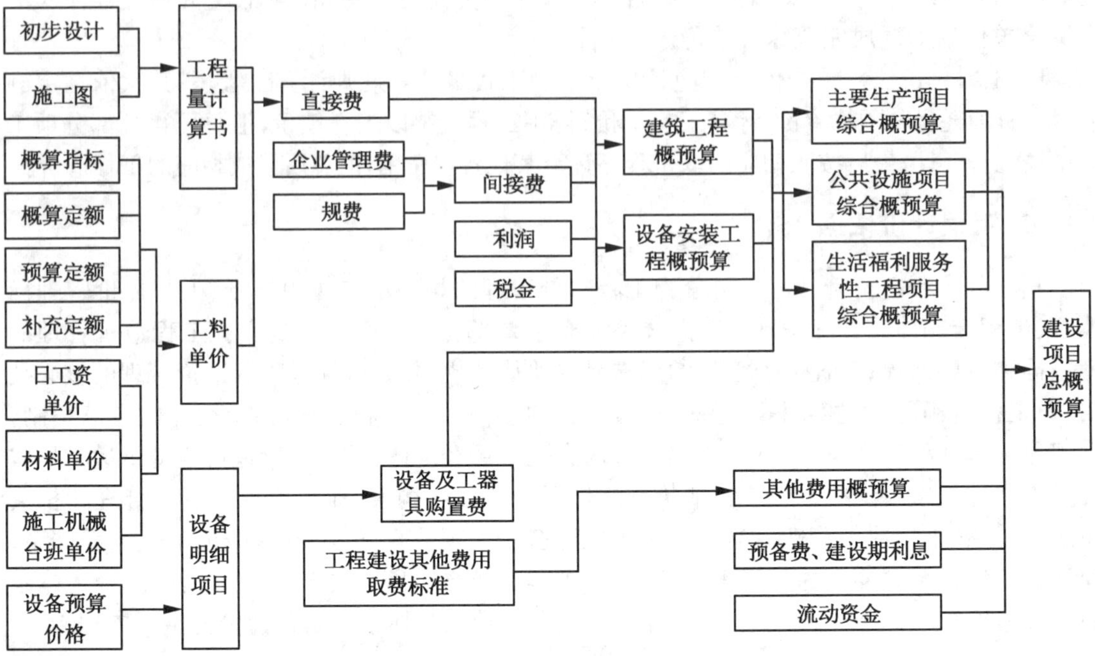

图 3.1　工料单价法下工程概预算编制程序示意图

(5)　$$建设项目概预算造价 = \sum 单项工程概预算造价 + 预备费 + 工程建设其他费用 + 建设期利息 + 流动资金 \qquad (3.10)$$

若采用全费用综合单价法进行概预算编制，单位工程概预算的编制程序将更加简单，只需将概算定额或预算定额子目对应项目的工程量乘以其全费用综合单价汇总而成即可，然后可以用公式(3.9)和公式(3.10)计算单项工程概预算造价以及建设项目概预算造价。

(二)工程量清单计价的基本程序

工程量清单计价的过程可以分为工程量清单的编制和工程量清单的应用两个阶段，工程量清单的编制程序如图 3.2 所示，工程量清单的应用过程如图 3.3 所示。

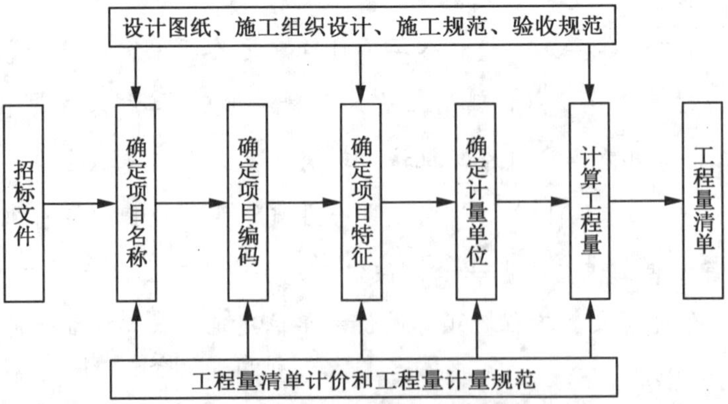

图 3.2　工程量清单的编制程序

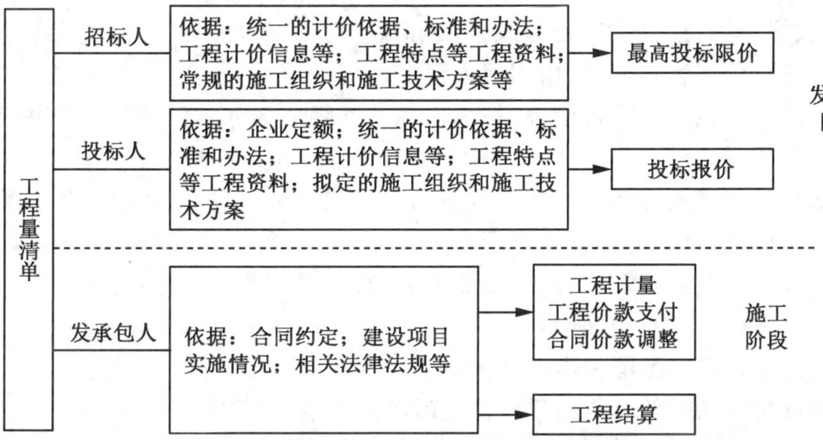

图 3.3　工程量清单的应用过程

工程量清单计价的基本原理可以描述为：按照工程量清单计价规范规定，在各相应专业工程工程量计算规范规定的清单项目设置和工程量计算规则基础上，针对具体工程的设计图纸和施工组织设计计算出各个清单项目的工程量，再根据规定的方法计算出综合单价，并汇总各清单合价得出工程总价。

(1) 分部分项工程费 $=\sum$(分部分项工程量 $\times$ 相应分部分项工程综合单价)　(3.11)

(2)　措施项目费 $=\sum$ 各措施项目费　(3.12)

(3)　其他项目费 $=$ 暂列金额 $+$ 暂估价 $+$ 计日工 $+$ 总承包服务费　(3.13)

(4)　单位工程造价 $=$ 分部分项工程费 $+$ 措施项目费 $+$ 其他项目费 $+$ 规费 $+$ 税金　(3.14)

(5)　单项工程造价 $=\sum$ 单位工程造价　(3.15)

(6)　建筑项目总造价 $=\sum$ 单项工程造价　(3.16)

上述公式中，综合单价是指完成一个规定清单项目所需的人工费、材料和工程设备费、施工机具使用费和企业管理费、利润以及一定范围内的风险费用。风险费用是隐含于已标价工程量清单综合单价中，用于化解发承包双方在工程合同中约定的风险内容和范围的费用。

工程量清单计价活动涵盖施工招标、合同管理以及竣工交付全过程，主要包括编制招标工程量清单、最高投标限价、投标报价、确定合同价、工程计量与价款支付、合同价款的调整、工程结算和工程计价纠纷处理等活动。

四、工程量清单计价方法

按照工程量清单计价的一般原理，工程量清单应是载明建设工程项目名称、项目特征、计量单位和工程数量等的明细清单，而项目设置应伴随着建设项目的进展不断细化。根据《住房城乡建设部关于进一步推进工程造价管理改革的指导意见》(建标〔2014〕142 号)的要求，清单计价方式应满足“完善工程项目划分，建立多层级工程量清单，形成以清单计价规范和各专(行)业工程量计算规范配套使用的清单规范体系，满足不同设计深度、不同复杂程度、不同承包方式及不同管理需求下工程计价的需要”的原则。但由于我国目前使用的建设工程工程量清单计价规范主要用于施工图完成后进行发包的阶段，故将工程量清单的项目设置分为分部分项工程项目、措施项目、其他项目以及规费和税金项目四大类。工程量清单又可分为招标工程量清单和已标价工程量清单，由招标人根据国家标准、招标文件、设计文件以及施工现场实际情况编制的称为招标工程量清单，作为投标文件组成部分的已标明价格并经承包人确认的称为已标价工程量清单。招标工程量清单应由具有编制能力的招标人或受其委托的工程造价咨询人或招标代理人编制。采用工程量清单方式招标，招标工程量清单必须作为招标文件的组成部分，其准确性和完整性由招标人负责。招标工程量清单应以单位(项)工程为单位编制，由分部分项工程项目清单、措施项目清单、其他项目清单、规费项目、税金项目清单组成。

(一)工程量清单计价的范围和作用

工程量清单计价方法是随着我国建设领域市场化改革的不断深入，自2003年起在全国开始推广的一种计价方法。其实质在于突出自由市场形成工程交易价格的本质，在招标人提供统一工程量清单的基础上，各投标人进行自主竞价，由招标人择优选择形成最终的合同价格。在这种计价方法下，合同价格更加能够体现市场交易的真实水平，并且能够更加合理地对合同履行过程中可能出现的各种风险进行合理分配，提升承发包双方的履约效率。

1. 工程量清单计价的适用范围

工程量清单计价适用于建设工程发承包及其实施阶段的计价活动。使用国有资金投资的建设工程发承包，必须采用工程量清单计价；非国有资金投资的建设工程，宜采用工程量清单计价；不采用工程量清单计价的建设工程，应执行清单计价规范中除工程量清单等专门性规定外的其他规定。

国有资金投资的项目包括全部使用国有资金(含国家融资资金)投资或国有资金投资为主的工程建设项目。

(1)国有资金投资的工程建设项目。

①使用各级财政预算资金的项目。

②使用纳入财政管理的各种政府性专项建设资金的项目。

③使用国有企事业单位自有资金，并且国有资产投资者实际拥有控制权的项目。

(2)国家融资资金投资的工程建设项目。

①使用国家发行债券所筹资金的项目。

②使用国家对外借款或者担保所筹资金的项目。

③使用国家政策性贷款的项目。

④国家授权投资主体融资的项目。

⑤国家特许的融资项目。

(3)国有资金(含国家融资资金)为主的工程建设项目是指国有资金占投资总额50%以上，或虽不足50%但国有投资者实质上拥有控股权的工程建设项目。

2. 工程量清单计价的作用

(1)提供一个平等的竞争条件。采用施工图预算来投标报价，由于设计图纸的缺陷，不同施工企业的人员理解不一，计算出的工程量也不同，报价就更相去甚远，也容易产生纠纷。而工程量清单报价就为投标者提供了一个平等竞争的条件，相同的工程量由企业根据自身的实力来填报不同的单价，投标人的这种自主报价，使得企业的优势体现到投标报价中，可在一定程度上规范建筑市场秩序，确保工程质量。

(2)满足市场经济条件下竞争的需要。招投标过程就是竞争的过程,招标人提供工程量清单,投标人根据自身情况确定综合单价,利用单价与工程量逐项计算每个项目的合价,再分别填入工程量清单表内,最后计算出投标总价。单价成了决定性的因素,定高了不能中标,定低了又要承担过大的风险。单价的高低直接取决于企业管理水平和技术水平的高低,这种局面促成了企业整体实力的竞争,有利于我国建设市场的快速发展。

(3)有利于提高工程计价效率,能真正实现快速报价。采用工程量清单计价方式,避免了传统计价方式下,招标人与投标人在工程量计算上的重复工作,各投标人以招标人提供的工程量清单为统一平台,结合自身的管理水平和施工方案进行报价,促进了各投标人企业定额的完善和工程造价信息的积累和整理,体现了现代工程建设中快速报价的要求。

(4)有利于工程款的拨付和工程价款的最终结算。中标后,业主要与中标单位签订施工合同,中标价就是确定合同价的基础,投标清单上的单价就成了拨付工程款的依据,业主根据施工企业完成的工程量,可以很容易地确定进度款的拨付额;工程竣工后,根据设计变更、工程量增减等,业主也很容易确定工程的最终造价,可在某种程度上减少业主与施工单位之间的纠纷。

(5)有利于业主对投资的控制。采用施工图预算形式,业主对因设计变更、工程量的增减所引起的工程造价变化不敏感,往往等到竣工结算时才知道这些对项目投资的影响有多大,但此时常常为时已晚。而采用工程量清单报价的方式则可对投资变化一目了然,在要进行设计变更时,能马上知道它对工程造价的影响,业主就能根据投资情况来决定是否变更或进行方案比较,以决定最恰当的处理方法。

(二)分部分项工程项目清单

分部分项工程项目清单必须载明项目编码、项目名称、项目特征、计量单位和工程量。分部分项工程项目清单必须根据各专业工程工程量计算规范规定的项目编码、项目名称、项目特征、计量单位和工程量计算规则进行编制,其格式如表 3.1 所示。在分部分项工程项目清单的编制过程中,由招标人负责前 6 项内容填列,金额部分在编制最高投标限价或投标报价时填列。

表 3.1　　分部分项工程和单价措施项目清单与计价表

工程名称:　　　　标段:　　　　第　页　共　页

序号	项目编码	项目名称	项目特征	计量单位	工程量	金额(元)		
						综合单价	合价	其中:暂估价
本页小计								
合　计								

注:为计取规费等的使用,可在表中增设"其中:定额人工费"。

1. 项目编码

项目编码是分部分项工程和措施项目清单名称的阿拉伯数字标识,清单项目编码以五级编码设置。用 12 位阿拉伯数字表示,一、二、三、四级编码为全国统一,即 1～9 位应按工程量计算规范附录的规定设置；第五级即 10～12 位为清单项目编码，应根据报建工程的工程量清单项目名称设置，不得有重号，这三位清单项目编码由招标人针对招标工程项目具体编制，并应自 001 起顺序编制。

各级编码代表的含义如下：

(1)第一级为专业工程代码(分二位)；

(2)第二级为附录分类顺序码(分二位)；

(3)第三级为分部工程顺序码(分二位)；

(4)第四级为分项工程项目名称顺序码(分三位)；

(5)第五级为工程量清单项目名称顺序码(分三位)。

以房屋建筑与装饰工程为例，项目编码结构如图 3.4 所示。

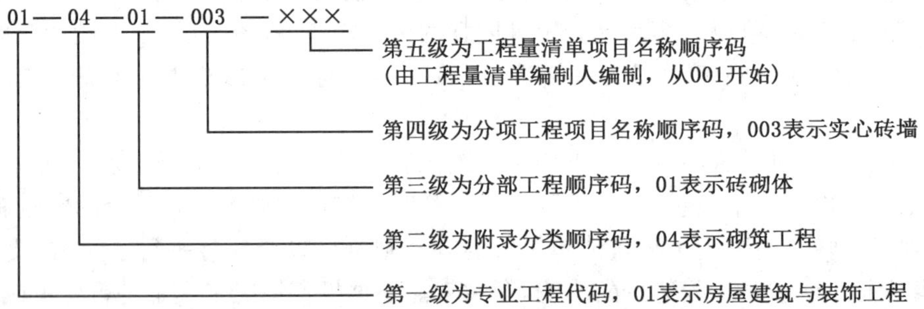

图 3.4 工程量清单项目编码结构

当同一标段(或合同段)的一份工程量清单中含有多个单位工程且工程量清单是以单位工程为编制对象时，在编制工程量清单时应特别注意对项目编码 10～12 位的设置不得有重码的规定，例如一个标段(或合同段)的工程量清单中含有 3 个单位工程，每一单位工程中都有项目特征相同的实心砖墙砌体，在工程量清单中又需反映 3 个不同单位工程的实心砖墙砌体工程量时，则第一个单位工程的实心砖墙的项目编码应为 010401003001，第二个单位工程的实心砖墙的项目编码应为 010401003002，第三个单位工程的实心砖墙的项目编码应为 010401003003，并分别列出各单位工程实心砖墙的工程量。

2. 项目名称

分部分项工程项目清单的项目名称应按各专业工程工程量计算规范附录的项目名称结合拟建工程的实际确定。表 3.1 中的“项目名称”为分项工程项目名称，是形成分部分项工程项目清单项目名称的基础，即在编制分部分项工程项目清单时，以表 3.1 中的分项工程项目名称为基础，考虑该项目的规格、型号、材质等特征要求，结合拟建工程的实际情况，使其工程量清单项目名称具体化、细化，以反映影响工程造价的主要因素。例如“门窗工程”中“特种门”应区分“冷藏门”“冷冻闸门”“保温门”“变电室门”“隔音门”“防射线门”“人防门”“金库门”等。清单项目名称应表达详细、准确，各专业工程量计算规范中的分项工程项目名称如有缺陷，招标人应作补充，并报当地工程造价管理机构(省级)备案。

3. 项目特征

项目特征是构成分部分项工程项目、措施项目自身价值的本质特征。项目特征是对项目的准确描述，是确定一个清单项目综合单价不可缺少的重要依据，是区分清单项目的依据，是履行合同义务的基础。分部分项工程项目清单的项目特征应按各专业工程工程量计算规范附录中规定的项目特征，结合技术规范、标准图集、施工图纸，按照工程结构、使用材质及规格或安装位置等，予以详细而准确的表述和说明。凡项目特征中未描述到的其他独有特征，由清单编制人视项目具体情况确定，以准确描述清单项目为准。

在各专业工程工程量计算规范附录中还有关于各清单项目“工程内容”的描述。工程内容是指完成清单项目可能发生的具体工作和操作程序，但应注意的是，在编制分部分项工程项目清单时，工程内容通常无须描述，因为在工程量计算规范中，工程量清单项目与工程量计算规则、工程内容有一一对应的关系，当采用工程量计算规范这一标准时，工程内容均有规定。

4. 计量单位

计量单位应采用基本单位，除各专业另有特殊规定外均按以下单位计量：

(1)以重量计算的项目，吨或千克(t 或 kg)；

(2)以体积计算的项目，立方米(m^3)；

(3)以面积计算的项目，平方米(m^2)；

(4)以长度计算的项目，米(m)；

(5)以自然计量单位计算的项目，个、套、块、樘、组、台……

(6)没有具体数量的项目，宗、项……

各专业有特殊计量单位的，再另外加以说明。当计量单位有两个或两个以上时，应根据所编工程量清单项目的特征要求，选择最适宜表现该项目特征并方便计量的单位。实际工作中，应选择最适宜、最方便计量和组价的单位来表示。

工程计量单位的有效位数应遵守下列规定：

(1)以吨为单位，应保留三位小数，第四位小数四舍五入。

(2)以“m”“m^3”“m^2”“kg”为单位，应保留两位小数，第三位小数四舍五入。

(3)以“个”“项”等为单位，应取整数。

5. 工程数量的计算

工程数量主要通过工程量计算规则计算得到。工程量计算规则是指对清单项目工程量的计算规定。除另有说明外，所有清单项目的工程量应以实体工程量为准，并以完成后的净值计算；投标人投标报价时，应在单价中考虑施工中的各种损耗和需要增加的工程量。

根据现行工程量清单计价与工程量计算规范的规定，工程量计算规则可以分为房屋建筑与装饰工程、仿古建筑工程、通用安装工程、市政工程、园林绿化工程、构筑物工程、矿山工程、城市轨道交通工程、爆破工程九大类。

以房屋建筑与装饰工程为例，工程量计算规范中规定的分类项目包括土石方工程，地基处理与边坡支护工程，桩基础工程，砌筑工程，混凝土及钢筋混凝土工程，金属结构工程，木结构工程，门窗工程，屋面及防水工程，保温、隔热、防腐工程，楼地面装饰工程，墙、柱面装饰与隔断、幕墙工程，天棚工程，油漆、涂料、裱糊工程，其他装饰工程，拆除工程，措施项目等，分别制定了它们的项目设置和工程量计算规则。

随着工程建设中新材料、新技术、新工艺等的不断涌现，工程量计算规范附录所列的工程量清单项目不可能包含所有项目，在编制工程量清单时，当出现工程量计算规范附录中未包括的清单项目时，编制人应作补充。在编制补充项目时应注意以下 3 个方面：

(1)补充项目的编码应按工程量计算规范的规定确定。具体做法如下：补充项目的编码由工程量计算规范的代码与B和3位阿拉伯数字组成，并应从001起按顺序编制，例如房屋建筑与装饰工程如需补充项目，则其编码应从01B001起按顺序编制，同一招标工程的项目不得重码。

(2)在工程量清单中应附补充项目的项目名称、项目特征、计量单位、工程量计算规则和工作内容。

(3)将编制的补充项目报省级或行业工程造价管理机构备案。

(三)措施项目清单

1. 措施项目列项

措施项目是指为完成工程项目施工，发生于该工程施工准备和施工过程中的技术、生活、安全、环境保护等方面的项目。

措施项目清单应根据相关专业现行工程量计算规范的规定编制，并应根据拟建工程的实际情况列项。

2. 措施项目清单的格式

(1)措施项目清单的类别

措施项目费用的发生与使用时间、施工方法或者两个以上的工序相关，如安全文明施工，夜间施工，非夜间施工照明，二次搬运，冬雨(风)季施工，地上、地下设施和建筑物的临时保护设施，已完工程及设备保护等。但有些措施项目则是可以计算工程量的项目，如脚手架工程，混凝土模板及支架(撑)，垂直运输，超高施工增加，大型机械设备进出场及安拆，施工排水、降水等，这类措施项目按照分部分项工程项目清单的方式采用综合单价计价，更有利于措施费的确定和调整。措施项目中可以计算工程量的项目(单价措施项目)宜采用分部分项工程项目清单的方式编制，列出项目编码、项目名称、项目特征、计量单位和工程量(见表3.1)；不能计算工程量的项目(总价措施项目)，以"项"为计量单位进行编制(见表3.2)。

表3.2　　总价措施项目清单与计价表

工程名称：　　　　标段：　　　　第　页　共　页

序号	项目编码	项目名称	计算基础	费率(%)	金额(元)	调整费率(%)	调整后金额(元)	备注
		安全文明施工费						
		夜间施工增加费						
		二次搬运费						
		冬雨(风)季施工增加费						
		已完工程及设备保护费						
		……						
合计								

编制人(造价人员)：　　　　复核人(造价工程师)：

注："计算基础"中安全文明施工费可为"定额基价""定额人工费"或"定额人工费+定额施工机具使用费"，其他项目可为"定额人工费"或"定额人工费+定额施工机具使用费"。按施工方案计算的措施项目费，若无"计算基础"和"费率"的数值，也可只填"金额"数值，但应在备注栏说明施工方案出处或计算方法。

(2)措施项目清单的编制依据。措施项目清单的编制需考虑多种因素，除工程本身的因素外，还涉及水文、气象、环境、安全等因素。措施项目清单应根据拟建工程的实际情况列项。若出现工程量计算规范中未列的项目，可根据工程实际情况补充。

措施项目清单的编制依据主要有：

①施工现场情况、地勘水文资料、工程特点。

②常规施工方案。

③与建设工程有关的标准、规范、技术资料。

④拟定的招标文件。

⑤建设工程设计文件及相关资料。

(四)其他项目清单

其他项目清单是指除分部分项工程项目清单、措施项目清单所包含的内容以外，因招标人的特殊要求而发生的与拟建工程有关的其他费用项目和相应数量的清单。工程建设标准的高低、工程的复杂程度、工程的工期长短、工程的组成内容、发包人对工程管理的要求等都直接影响其他项目清单的具体内容，其他项目清单包括暂列金额、暂估价[包括材料(工程设备)暂估单价、专业工程暂估价]、计日工、总承包服务费。其他项目清单宜按照表 3.3 的格式编制，出现未包含在表格中内容的项目，可根据工程实际情况补充。

表 3.3　　其他项目清单与计价汇总表

工程名称：　　　　标段：　　　　第　页　共　页

序号	项目名称	金额(元)	结算金额(元)	备注
1	暂列金额			明细详见表 3.4
2	暂估价			
2.1	材料(工程设备)暂估单价/结算价			明细详见表 3.5
2.2	专业工程暂估价/结算价			明细详见表 3.6
3	计日工			明细详见表 3.7
4	总承包服务费			明细详见表 3.8
合计				

注：材料(工程设备)暂估单价进入清单项目综合单价，此处不汇总。

1. 暂列金额

暂列金额是招标人在工程量清单中暂定并包括在合同价款中的一笔款项。暂列金额用于工程合同签订时尚未确定或者不可预见的所需材料、工程设备、服务的采购、施工中可能发生的工程变更、合同约定调整因素出现时的合同价款调整以及发生的索赔、现场签证确认等的费用。不管采用何种合同形式，其理想的标准是，一份合同的价格就是其最终的竣工结算价格，或者至少两者应尽可能接近。我国规定对政府投资工程实行概算管理，经项目审批部门批复的设计概算是工程投资控制的刚性指标，即使商业性开发项目也有成本的预先控制问题，否则，无法相对准确地预测投资的收益和科学合理地进行投资控制。但工程建设自身的特性决定了工程的设计需要根据工程进展不断地进行优化和调整，业主需求可能随工程建设进展出现变化，工程建设过程还会存在一些不能预见、不能确定的因素。消化这些因素必然影响合同价格的调整，暂列金额正是因这类不可避免的价格调整而设立的，以便达到合理确定和有效控制工程造价的目标。设立暂列金额并不能保证合同结算价格就不会再出现超过合同价格的情况，是否超出合同价格完全取决于工程量清单编制人对暂列金额预测的准确性，以及工程建设过程是否出现了其他事先未预测到的事件。

暂列金额应根据工程特点，按有关计价规定估算。暂列金额可按照表 3.4 的格式列示。

表 3.4　　暂列金额明细表

工程名称：　　　　标段：　　　　第　页　共　页

序号	项目名称	计量单位	暂列金额(元)	备注
1				
2				
3				
…				
合计				

注：此表由招标人填写。如不能详列，也可只列暂列金额总额，投标人应将上述暂列金额计入投标总价中。

2. 暂估价

暂估价是指招标人在工程量清单中提供的用于支付必然发生但暂时不能确定价格的材料、工程设备的单价以及专业工程的金额，包括材料暂估单价、工程设备暂估单价和专业工程暂估价；暂估价类似于 FIDIC 合同条款中的 Prime Cost Items，是在招标阶段预见肯定要发生，只是因为标准不明确或者需要由专业承包人完成，暂时无法确定价格，暂估价数量和拟用项目应当结合工程量清单中的“暂估价表”予以补充说明。为方便合同管理，需要纳入分部分项工程项目清单综合单价中的暂估价应只是材料、工程设备暂估单价，以方便投标人组价。

专业工程的暂估价一般应是综合暂估价，包括人工费、材料费、施工机具使用费、企业管理费和利润，不包括规费和税金。总承包招标时，专业工程设计深度往往是不够的，一般需要交由专业设计人员设计，在国际社会，出于对提高可建造性的考虑，一般由专业承包人负责设计，以发挥其专业技能和专业施工经验的优势。这类专业工程交由专业分包人完成在国际工程施工中有良好实践，目前在我国工程建设领域也已经比较普遍。公开透明地合理确定这类暂估价的实际金额的最佳途径，就是通过施工总承包人与工程建设项目招标人共同组织的招标。

暂估价中的材料、工程设备暂估单价应根据工程造价信息或参照市场价格估算，列出明细表；专业工程暂估价应分不同专业，按有关计价规定估算，列出明细表。暂估价可按照表 3.5、表 3.6 的格式列示。

表 3.5　**材料(工程设备)暂估单价及调整表**

工程名称：　　　　标段：　　　　第　页　共　页

序号	材料(工程设备)名称、规格、型号	计量单位	数量		暂估(元)		确认(元)		差额(元)		备注
			暂估	确认	单价	合价	单价	合价	单价	合价	
合计											

注：此表由招标人填写暂估单价，并在备注栏说明暂估价的材料、工程设备拟用在哪些清单项目上，投标人应将上述材料、工程设备暂估单价计入工程量清单综合单价报价中。

表 3.6　**专业工程暂估价及结算价表**

工程名称：　　　　标段：　　　　第　页　共　页

序号	工程名称	工程内容	暂估金额(元)	结算金额(元)	差额±(元)	备注
合计						

注：此表暂估金额由招标人填写，投标人应将暂估金额计入投标总价中。结算时按合同约定结算金额填写。

3. 计日工

在施工过程中，承包人完成发包人提出的工程合同范围以外的零星项目或工作，按合同中约定的单价计价的一种方式，计日工是为了解决现场发生的零星工作的计价而设立的。国际上常见的标准合同条款中，大多数都设立了计日工(Daywork)计价机制，计日工对完成零星工作所消耗的人工工日、材料数量、施工机具台班进行计量，并按照计日工表中填报的适用项目的单价进行计价支付。计日工适用的所谓零星项目或工作一般是指合同约定之外的或者因变更而产生的、工程量清单中没有相应项目的额外工作，尤其是那些难以事先商定价格的额外工作。

计日工应列出项目名称、计量单位和暂估数量。计日工可按照表 3.7 的格式列示。

表 3.7　**计日工表**

工程名称：　　　　标段：　　　　第　页　共　页

编号	项目名称	单位	暂定数量	实际数量	综合单价(元)	合价(元)	
						暂定	实际
一	人工						
1							
2							
…							
人工小计							

续表

编号	项目名称	单位	暂定数量	实际数量	综合单价（元）	合价（元）	
						暂定	实际
二	材料						
1							
2							
…							
材料小计							
三	施工机具						
1							
2							
…							
施工机具小计							
企业管理费和利润							
总计							

注：此表项目名称、暂定数量由招标人填写。编制最高投标限价时，单价由招标人按有关计价规定确定；投标时，单价由投标人自主报价，按暂定数量计算合价计入投标总价中。结算时，按发承包双方确认的实际数量计算合价。

4. 总承包服务费

总承包服务费是指总承包人为配合协调发包人进行的专业工程发包，对发包人自行采购的材料、工程设备等进行保管以及施工现场管理、竣工资料汇总整理等服务所需的费用。招标人应预计该项费用并按投标人的投标报价向投标人支付该项费用。

总承包服务费应列出服务项目及其内容等。总承包服务费按照表 3.8 的格式列示。

表 3.8 **总承包服务费计价表**

工程名称： 标段： 第 页 共 页

序号	项目名称	项目价值（元）	服务内容	计算基础	费率（%）	金额（元）
1	发包人发包专业工程					
2	发包人提供材料					
…						
	合计	—	—		—	

注：此表项目名称、服务内容由招标人填写，编制最高投标限价时，费率及金额由招标人按有关计价规定确定；投标时，费率及金额由投标人自主报价，计入投标总价中。

（五）规费、税金项目清单

规费项目清单应按照下列内容列项：社会保险费，包括养老保险费、失业保险费、医疗保险费、工伤保险费、生育保险费；住房公积金；出现计价规范中未列的项目，应根据省级政府或省级有关部门的规定列项。

税金项目主要是指增值税。出现计价规范未列的项目，应根据税务部门的规定列项。

规费、税金项目计价表如表 3.9 所示。

表 3.9　　规费、税金项目计价表

工程名称：　　　　标段：　　　　第　页　共　页

序号	项目名称	计算基础	计算基数	计算费率(%)	金额(元)
1	规费	定额人工费			
1.1	社会保险费	定额人工费			
(1)	养老保险费	定额人工费			
(2)	失业保险费	定额人工费			
(3)	医疗保险费	定额人工费			
(4)	工伤保险费	定额人工费			
(5)	生育保险费	定额人工费			
1.2	住房公积金	定额人工费			
2	税金(增值税)	人工费＋材料费＋施工机具使用费＋企业管理费＋利润＋规费			
合计					

编制人(造价人员)：　　　　复核人(造价工程师)：

(六)各级工程造价的汇总

各个工程量清单编制好后，将其合计进行汇总，就形成相应单位工程的造价。根据所处计价阶段的不同，单位工程造价汇总表可分为单位工程最高投标限价汇总表、单位工程投标报价汇总表和单位工程竣工结算汇总表，单位工程最高投标限价/投标报价汇总表如表 3.10 所示，单位工程竣工结算汇总表如表 3.11 所示。

各单位工程相应造价汇总后，形成单项工程及建设项目的工程造价。

表 3.10　　单位工程最高投标限价/投标报价汇总表

工程名称：　　　　标段：　　　　第　页　共　页

序号	汇总内容	金额(元)	其中:暂估价(元)
1	分部分项工程		
1.1			
1.2			
1.3			
1.4			
1.5			
2	措施项目		—

续表

序号	汇总内容	金额(元)	其中:暂估价(元)
2.1	其中:安全文明施工费		—
3	其他项目		—
3.1	其中:暂列金额		—
3.2	其中:专业工程暂估价		—
3.3	其中:计日工		—
3.4	其中:总包服务费		—
4	规费		—
5	税金		—
最高投标限价/投标报价合计=1+2+3+4+5			

注:本表适用于单位工程最高投标限价或投标报价的汇总。如无单位工程划分,单项工程也使用本表汇总。

表 3.11　　单位工程竣工结算汇总表

工程名称:　　标段:　　第　页　共　页

序号	汇总内容	金额(元)
1	分部分项工程	
1.1		
1.2		
1.3		
1.4		
1.5		
1.6		
…		
2	措施项目	
2.1	其中:安全文明施工费	
3	其他项目	
3.1	其中:专业工程结算价	
3.2	其中:计日工	
3.3	其中:总包服务费	
3.4	其中:索赔与现场签证	
4	规费	
5	税金	
竣工结算总价合计=1+2+3+4+5		

注:如无单位工程划分,单项工程也使用本表汇总。

第二节　工程定额概述

一、工程建设定额概念

工程定额是完成规定计量单位的合格建筑安装产品所消耗资源的数量标准。工程定额是一个综合概念，是建设工程造价计价和管理中各类定额的总称，包括许多种类的定额，可以按照不同的原则和方法对它进行分类。

二、工程建设定额特点

（一）科学性

工程建设定额的科学性包括两重含义。一重含义是指工程建设定额和生产力发展水平相适应，反映工程建设中生产消费的客观规律；另一重含义，是指工程建设定额管理在理论、方法和手段上适应现代科学技术和信息社会发展的需要。

工程建设定额的科学性，第一表现在用科学的态度制定定额，尊重客观实际，力求定额水平合理；第二表现在制定定额的技术方法上，利用现代科学管理的成就，形成一套系统、完整、在实践中行之有效的方法；第三表现在定额制定和贯彻的一体化。制定是为了提供贯彻的依据，贯彻是为了实现管理的目标，也是对定额的信息反馈。

（二）系统性

工程建设定额是相对独立的系统，它是由多种定额结合而成的有机的整体。它的结构复杂，有鲜明的层次，有明确的目标。

工程建设定额的系统性是由工程建设的特点决定的。按照系统论的观点，工程建设就是庞大的实体系统。工程建设定额是为这个实体系统服务的，因而工程建设本身的多种类、多层次就决定了以它为服务对象的工程建设定额的多种类、多层次。从整个国民经济来看，进行固定资产生产和再生产的工程建设，是一个有多项工程集合体的整体。其中包括农林水利、轻纺、机械、煤炭、电力、石油、冶金、化工、建材工业、交通运输、邮电工程，以及商业物资、文化、卫生、体育、社会福利和住宅工程等。这些工程的建设都有严格的项目划分，如建设项目、单项工程、单位工程、分部分项工程；在计划和实施过程中有严密的逻辑阶段，如规划、可行性研究、设计、施工、竣工交付使用，以及投入使用后的维修。与此相适应，必然形成工程建设定额的多种类、多层次。

（三）统一性

工程建设定额的统一性，主要是由国家对经济发展的有计划的宏观调控职能决定的。为了使国民经济按照既定的目标发展，就需要借助某些标准、定额、参数等，对工程建设进行规划、组织、调节、控制。而这些标准、定额、参数必须在一定的范围内是一种统一的尺度，才能实现上述职能，才能利用它对项目的决策、设计方案、投标报价、成本控制进行比选和评价。

工程建设定额的统一性按照其影响力和执行范围来看，有全国统一定额、地区统一定额和行业统一定额等；按照定额的制定、颁布和贯彻使用来看，有统一的程序、统一的原则、统一的要求和统一的用途。

（四）权威性

工程建设定额具有很大的权威性，这种权威性在一些情况下具有经济法规性质。权威性反映统一的意志和统一的要求，也反映信誉和信赖程度以及反映定额的严肃性。工程建设定额权威性的客观基础是定额的科学性，只有科学的定额才具有权威。但是在社会主义市场经济条件下，它必然涉及各有关方面的经济关系和利益关系。赋予工程建设定额以一定的权威性，就意味着在规定的范围内，对于定额的使用者和执行者来说，不论主观上愿意不愿意，都必须按定额的规定执行。在当前市场不规范的情况下，赋予工程建设定额以权威性是十分重要的。但是，在竞争机制引入工程建设的情况下，定额的水平必然受市场供求状况的影响，从而在执行中可能产生定额水平的浮动。

应该指出的是，在社会主义市场经济条件下，对定额的权威性不应该绝对化。定额毕竟是主观对客观的反映，定额的科学性会受到人们认识的局限。与此相关，定额的权威性也会受到削弱核心的挑战。更为重要的是，随着投资体制的改革和投资主体多元化格局的形成，随着企业经营机制的转换，它们都可以根据市场的变化和自身的情况，自主地调整自己的决策行为。因此在这里，一些与经营决策有关的工程建设定额的权威性特征就弱化了。

（五）稳定性与时效性

工程建设定额中的任何一种定额都是一定时期技术发展和管理水平的反映，因而在一段时间内都表现出稳定的状态。稳定的时间有长有短，一般在5～10年。保持定额的稳定性是维护定额的权威性所必需的，更是有效的贯彻定额所必需的。但是工程建设定额的稳定性是相对的。当生产力向前发展了，定额就会与已经发展了的生产力不相适应。这样，这原有的作用就会逐步减弱以致消失，需要重新编制或修订，因此定额具有时效性。

三、工程建设定额分类

（一）按定额反映的生产要素消耗内容分类

1. 劳动消耗定额

劳动消耗定额简称劳动定额（也称为人工定额），是在正常的施工技术和组织条件下，完成规定计量单位合格的建筑安装产品所消耗的人工工日的数量标准。劳动定额的主要表现形式是时间定额，但同时也表现为产量定额。时间定额与产量定额互为倒数。

2. 材料消耗定额

材料消耗定额简称材料定额，是指在正常的施工技术和组织条件下，完成规定计量单位合格的建筑安装产品所消耗的原材料、成品、半成品、构配件、燃料，以及水、电等动力资源的数量标准。

3. 机械消耗定额

机械消耗定额是以一台机械一个工作班为计量单位，所以又称为机械台班定额。机械消耗定额是指在正常的施工技术和组织条件下，完成规定计量单位合格的建筑安装产品所消耗的施工机械台班的数量标准。机械消耗定额的主要表现形式是机械时间定额，同时也以产量定额表现。

（二）按定额的编制程序和用途分类

1. 施工定额

施工定额是完成一定计量单位的某一施工过程或基本工序所需消耗的人工、材料和机械台班数量标准。施工定额是施工企业（建筑安装企业）组织生产和加强管理在企业内部使用的一种定额，属于企业定额的性质。施工定额是以某一施工过程或基本工序作为研究对象，表示生产产品数量与生产要素消耗综合关系编制的定额。为了适应生产和管理的需要，施工定额的项目划分很细，是工程定额中分项最细、定额子目最多的一种定额，也是工程定额中的基础性定额。

2. 预算定额

预算定额是在正常的施工条件下，完成一定计量单位合格分项工程和结构构件所需消耗的人工、材料、施工机械台班数量及其费用标准。预算定额是一种计价性定额。从编制程序上看，预算定额是以施工定额为基础综合扩大编制的，同时它也是编制概算定额的基础。

3. 概算定额

概算定额是完成单位合格扩大分项工程或扩大结构构件所需消耗的人工、材料和施工机械台班的数量及其费用标准，是一种计价性定额。概算定额是编制扩大初步设计概算、确定建设项目投资额的依据。概算定额的项目划分粗细，与扩大初步设计的深度相适应，一般是在预算定额的基础上综合扩大而成的，每一综合分项概算定额都包含了数项预算定额。

4. 概算指标

概算指标是以单位工程为对象，反映完成一个规定计量单位建筑安装产品的经济消耗指标。概算指标是概算定额的扩大与合并，是以更为扩大的计量单位来编制的。概算指标的内容包括人工、机械台班、材料定额 3 个基本部分，同时还列出了各结构分部的工程量及单位建筑工程(以体积计或面积计)的造价，是一种计价性定额。

5. 投资估算指标

投资估算指标是以建设项目、单项工程、单位工程为对象，反映建设总投资及其各项费用构成的经济指标。它是在项目建议书和可行性研究阶段编制投资、估算、计算投资需要量时使用的一种定额，它的概略程度与可行性研究阶段相适应。投资估算指标往往根据历史的预、决算资料和价格变动等资料编制，但其编制基础仍然离不开预算定额、概算定额。

上述各种定额的相互关系参见表 3.12。

表 3.12　各种定额间关系的比较

项目	施工定额	预算定额	概算定额	概算指标	投资估算指标
对象	施工过程或基本工序	分项工程和结构构件	扩大的分项工程或扩大的结构构件	单位工程	建设项目、单项工程、单位工程
用途	编制施工预算	编制施工图预算	编制扩大初步设计概算	编制初步设计概算	编制投资估算
项目划分	最细	细	较粗	粗	很粗
定额水平	平均先进	平均	平均	平均	平均
定额性质	生产性定额	计价性定额	计价性定额	计价性定额	计价性定额

(三)按定额涉及的专业不同分类

由于工程建设涉及众多的专业，不同的专业所含的内容也不同，因此就确定人工、材料和机械台班消耗数量标准的工程定额来说，也需按不同的专业分别进行编制和执行。

1. 建筑工程定额

按专业对象分为建筑及装饰工程定额、房屋修缮工程定额、市政工程定额、铁路工程定额、公路工程定额、矿山井巷工程定额等。

2. 安装工程定额

按专业对象分为电气设备安装工程定额、机械设备安装工程定额、热力设备安装工程定额、通信设备安装工程定额、化学工业设备安装工程定额、工业管道安装工程定额、工艺金属结构安装工程定额等。

(四)按定额主编单位和管理权限分类

1. 全国统一定额

全国统一定额是由国家建设行政主管部门综合全国工程建设中技术和施工组织管理的情况编制,并在全国范围内适用的定额。

2. 行业统一定额

行业统一定额是考虑到各行业部门专业工程技术特点,以及施工生产和管理水平编制的。一般只在本行业和相同专业性质的范围内使用。

3. 地区统一定额

地区统一定额包括省、自治区、直辖市定额。地区统一定额主要是考虑地区性特点和全国统一定额水平作适当调整和补充编制的。

4. 企业定额

企业定额是施工单位根据本企业的施工技术、机械装备和管理水平编制的人工、施工机械台班和材料等的消耗标准。企业定额在企业内部使用,是企业综合素质的一个标志。企业定额水平一般应高于国家现行定额,才能满足生产技术发展、企业管理和市场竞争的需要。在工程量清单计价方式下,企业定额作为施工企业进行建设工程投标报价的计价依据,正发挥着越来越大的作用。

5. 补充定额

补充定额是指随着设计、施工技术的发展,在现行定额不能满足需要的情况下,为了补充缺陷所编制的定额。补充定额只能在指定的范围内使用,可以作为以后修订定额的基础。

上述各种定额虽然适用于不同的情况和用途,但它们是一个互相联系的、有机的整体,在实际工作中配合使用。

第三节 施工定额

一、施工定额概述

施工定额是以同一性质的施工过程、施工工序作为研究对象,表示生产产品数量与时间消耗综合关系的定额。施工定额的项目划分很细,是工程建设定额中分项最细、定额子目最多的一种定额,也是工程建设定额中的基础性定额。

施工定额包括劳动定额、材料消耗定额和机械台班使用定额三部分。

(一)劳动定额

劳动定额是指在先进合理的施工组织和技术措施的条件下,完成合格的单位建筑安装产品所需要消耗的人工数量。它通常以劳动时间(工日或工时)来表示。劳动定额是施工定额的主要内容,主要表示生产效率的高低、劳动力的合理运用、劳动力和产品的关系,以及劳动力的配备情况。

（二）材料消耗定额

材料消耗定额是指在节约合理地使用材料的条件下，完成合格的单位建筑安装产品所必需消耗的材料数量，主要用于计算各种材料的用量，其计量单位为 kg、m 等。

（三）机械台班使用定额

机械台班使用定额分为机械时间定额和机械产量定额两种。机械时间定额是指在正确的施工组织与合理地使用机械设备的条件下，施工机械完成合格的单位产品所需的时间，其计量单位通常以台班或台时来表示。在单位时间内，施工机械完成合格的产品数量则称为机械产量定额。

二、施工定额的编制原则

（一）平均先进原则

平均先进原则是指在正常的施工条件下，大多数生产者经过努力能够达到和超过定额水平。施工定额的编制应能够反映比较成熟的先进技术和先进经验，有利于降低工料消耗，提高企业管理水平，达到鼓励先进、勉励中间、鞭策落后的水平。

（二）简明适用性原则

简明适用性原则是指施工定额设置应简单明了，便于查阅，计算要满足劳动组织分工、经济责任与核算个人生产成本的劳动报酬的需要。

（三）以专家为主编制定额的原则

施工定额的编制要求有一支经验丰富、技术与管理知识全面、有一定政策水平的专家队伍，可以保证编制施工定额的延续性、专业性和实践性。

（四）坚持实事求是、动态管理的原则

施工定额应本着实事求是的原则，结合企业经营管理的特点，确定工料机各项消耗的数量，对影响造价较大的主要常用项目，要多考虑施工组织设计、先进的工艺，从而使定额在运用上更贴近实际、技术上更先进、经济上更合理，使工程单价真实反映企业的个别成本。

（五）量价分离，及时采用新技术、新结构、新材料、新工艺等原则。

企业施工定额的编制还要注意量价分离，独立资产，遵循党的二十大报告中提出的“完善科技创新体系”，广泛采用新技术、新结构、新材料、新工艺，充分发挥科技在施工中的先导作用。

三、施工定额的作用

(1)据以进行工料分析，编制人工、材料、机械设备需要量计划。

(2)据以编制施工预算、施工组织设计和施工作业计划。

(3)加强施工管理，开展班组核算，签发施工任务和定额领料。

(4)据以实行按劳分配，计算劳动报酬。

四、施工定额编制原理

（一）施工过程的分解

1. 施工过程的含义

施工过程就是在建设工地范围内所进行的生产过程，其最终目的是要建造、恢复、改建、移动或拆除工业、民用建筑物和构筑物的全部或一部分。

建筑安装施工过程与其他物质生产过程一样，也包括生产力三要素，即劳动者、劳动对象、劳动工具。也就是说，施工过程是由不同工种、不同技术等级的建筑安装工人完成的，并且必须有一定的劳动对象——建筑材料、半成品、构件、配件等，使用一定的劳动工具——手动工具、小型机具和机械等。

每个施工过程的结束，获得了一定的产品，这种产品或者是改变了劳动对象的外表形态、内部结构或性质(由于制作和加工的结果)，或者是改变了劳动对象在空间的位置(由于运输和安装的结果)。

2. 施工过程分类

对施工过程的细致分析，使我们能够更深入地确定施工过程各个工序组成的必要性及其顺序的合理性，从而正确制定各个工序所需要的工时消耗。

根据施工过程组织上的复杂程度，可以将其分解为工序、工作过程和综合工作过程。

(1)工序是在组织上不可分割的，在操作过程中技术上属于同类的施工过程。工序的特征是:工作者不变，劳动对象、劳动工具和工作地点也不变。在工作中如有一项改变，那就说明已经由一项工序转入另一项工序了。如钢筋制作，它由平直钢筋、钢筋除锈、切断钢筋、弯曲钢筋等工序组成。

在编制施工定额时，工序是基本的施工过程，是主要的研究对象。测定定额时只需分解和标定到工序为止。如果进行某项先进技术或新技术的工时研究，就要分解到操作甚至动作为止，从中研究可加以改进操作或节约工时。

工序可以由一个人来完成，也可以由小组或施工队内的几名工人协同完成;可以手动完成，也可以由机械操作完成。在机械化的施工工序中，还可以包括由工人自己完成的各项操作和由机器完成的工作两部分。

(2)工作过程是由同一工人或同一小组所完成的在技术操作上相互有机联系的工序的总合体。其特点是人员编制不变、工作地点不变，而材料和工具则可以变换。例如，砌墙和勾缝，抹灰和粉刷。

(3)综合工作过程是同时进行的，在组织上有机地联系在一起，并且最终能获得一种产品的施工过程的总和。例如，砌砖墙这一综合工作过程，由调制砂浆、运砂浆、运砖、砌墙等工作过程构成，它们在不同的空间同时进行，在组织上有直接联系，最终形成的共同产品是一定数量的砖墙。

(二)工时研究

研究施工中的工作时间最主要的目的是确定施工的时间定额和产量定额，其前提是对工作时间按其消耗性质进行分类，以便研究工时消耗的数量及其特点。

工作时间指的是工作班延续时间，例如，8 小时工作制的工作时间就是 8h，午休时间不包括在内。对工作时间消耗的研究，可以分为两个系统进行，即工人工作时间的消耗和施工机械工作时间的消耗。

1. 工人工作时间消耗的分类

工人在工作班内消耗的工作时间，按其消耗的性质，基本可以分为两大类:必须消耗的工作时间和损失时间。工人工作时间的一般分类如图 3.5 所示。

(1)必须消耗的工作时间是指工人在正常施工条件下，为完成一定合格产品(工作任务)所消耗的时间，是制定定额的主要依据，包括有效工作时间、休息时间和不可避免中断时间的消耗。

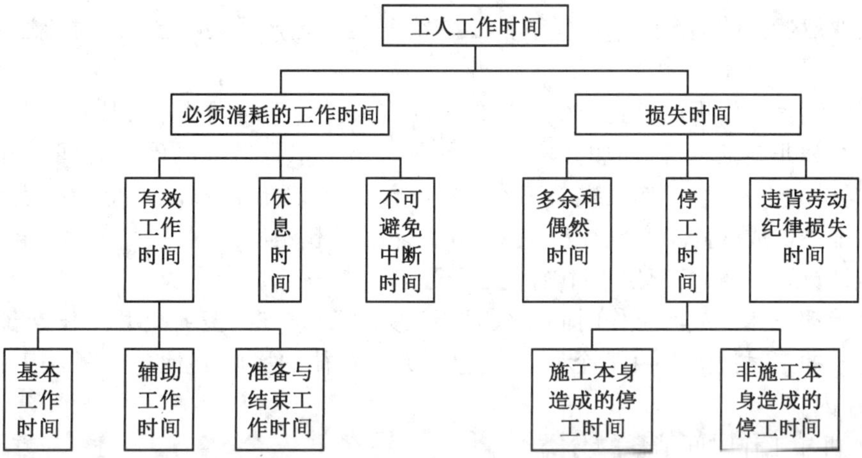

图 3.5　工人工作时间的一般分类

①有效工作时间是从生产效果来看与产品生产直接有关的时间消耗，其中包括基本工作时间、辅助工作时间、准备与结束工作时间的消耗。

a. 基本工作时间是工人完成能生产一定产品的施工工艺过程所消耗的时间。通过这些工艺过程可以使材料改变外形，如钢筋煨弯等；可以使预制构配件安装组合成型；也可以改变产品外部及表面的性质，如粉刷、油漆等。基本工作时间所包括的内容依工作性质各不相同。基本工作时间的长短和工作量大小成正比。

b. 辅助工作时间是指为保证基本工作能顺利完成所消耗的时间。在辅助工作时间里，不能使产品的形状大小、性质或位置发生变化。辅助工作时间的结束，往往就是基本工作时间的开始。辅助工作一般是手工操作，但如果在机手并动的情况下，辅助工作是在机械运转过程中进行的，为避免重复则不应再计辅助工作时间的消耗。辅助工作时间长短与工作量大小有关。

c. 准备与结束工作时间是执行任务前或任务完成后所消耗的工作时间，如工作地点、劳动工具和劳动对象的准备工作时间与工作结束后的整理工作时间等。准备和结束工作时间的长短与所担负的工作量大小无关，但往往和工作内容有关。这项时间消耗可以分为班内的准备与结束工作时间和任务的准备与结束工作时间。其中任务的准备与结束工作时间是在一批任务的开始与结束时产生的，如熟悉图纸、准备相应的工具、事后清理场地等，通常不反映在每一个工作班里。

②休息时间是工人在工作过程中为恢复体力所必需的短暂休息和生理需要的时间消耗。这种时间是为了保证工人精力充沛地进行工作，所以在定额时间中必须进行计算。休息时间的长短与劳动性质、劳动条件、劳动强度和劳动危险性等密切相关。

③不可避免中断时间是由于施工工艺特点引起的工作中断所必需的时间，与施工过程工艺特点有关的工作中断时间，应包括在定额时间内，但应尽量缩短此项时间消耗。

(2)损失时间是与产品生产无关，而与施工组织和技术上的缺点有关，与工人在施工过程中的个人过失或某些偶然因素有关的时间消耗。损失时间包括由多余和偶然工作、停工、违背劳动纪律所引起的工时损失。

①多余工作是工人进行了任务以外而又不能增加产品数量的工作，如重新施工质量不合格的工程、多余工作的工时损失，一般都是由于工程技术人员和工人的差错而引起的，因此，不

应计入定额时间中。偶然工作也是工人在任务外进行的工作，但能够获得一定产品，如抹灰工不得不补上偶然遗留的墙洞等。由于偶然工作能获得一定产品，拟定定额时要适当考虑它的影响。

②停工时间是工作班内停止工作造成的工时损失。停工时间按其性质可分为施工本身造成的停工时间和非施工本身造成的停工时间两种。施工本身造成的停工时间，是由于施工组织不善、材料供应不及时、工作面准备工作做得不好、工作地点组织不良等情况引起的停工时间。非施工本身造成的停工时间，是由于停电等外因引起的停工时间。前一种情况在拟定定额时不应该计算，后一种情况定额中则应给予合理的考虑。

③违背劳动纪律造成的工作时间损失是指工人迟到、早退、擅自离开工作岗位、工作时间内怠工等造成的工时损失。由于个别工人违背劳动纪律而影响其他工人无法工作的时间损失，也包括在内。

2. 施工机械工作时间消耗的分类

在机械化施工过程中，对工作时间消耗的分析和研究，除了要对工人工作时间的消耗进行分类研究之外，还需要分类研究施工机械工作时间的消耗。

施工机械工作时间的消耗，按其性质也分为必须消耗的工作时间和损失时间两大类，如图3.6所示。

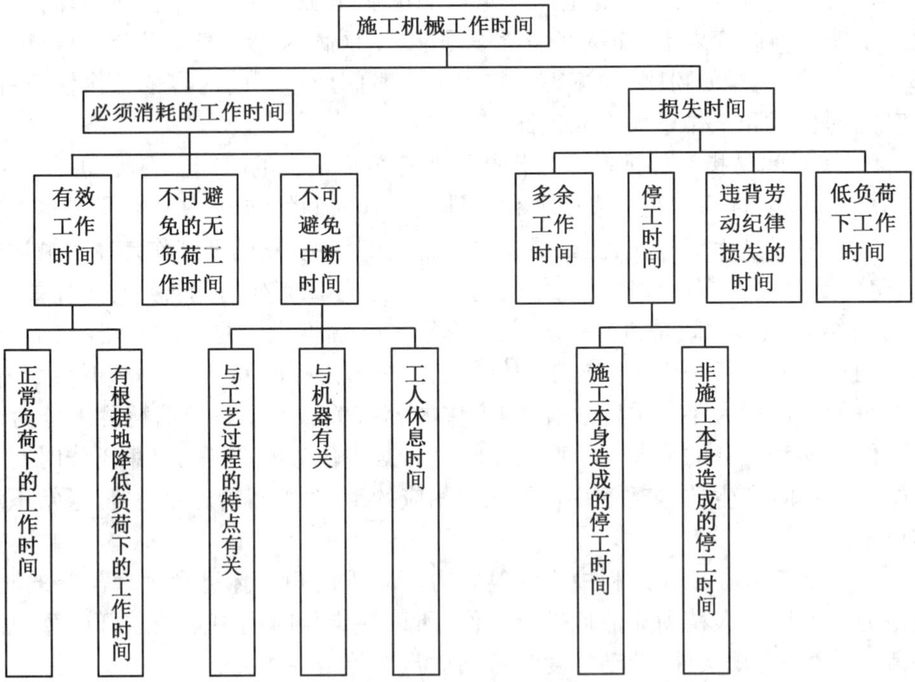

图3.6 施工机械工作时间的一般分类

(1)在必须消耗的工作时间里，包括有效工作时间、不可避免的无负荷工作时间和不可避免中断时间的消耗。

①有效工作时间的消耗中又包括正常负荷下和有根据地降低负荷下的工时消耗。

a. 正常负荷下的工作时间是机器在与机器说明书规定的额定负荷相符的情况下进行工作的时间。

b. 有根据地降低负荷下的工作时间是在个别情况下由于技术上的原因，机器在低于其计算负荷下工作的时间。例如，汽车运输重量轻而体积大的货物时，不能充分利用汽车的载重吨位因而不得不降低其计算负荷。

②不可避免的无负荷工作时间是由施工过程的特点和机械结构的特点造成的机械无负荷工作时间。例如，筑路机在工作区末端调头等，就属于此项工作时间的消耗。

③不可避免中断工作时间是与工艺过程的特点、机器的使用和保养、工人休息有关的中断时间。

a. 与工艺过程的特点有关的不可避免中断工作时间，有循环的和定期的两种。循环的不可避免中断，是在机器工作的每一个循环中重复一次。如汽车装货和卸货时的停车；定期的不可避免中断，是经过一定时期重复一次，例如把灰浆泵由一个工作地点转移到另一工作地点时的工作中断。

b. 与机器有关的不可避免中断工作时间是由于工人进行准备与结束工作或辅助工作时，机器停止工作而引起的中断工作时间，它是与机器的使用与保养有关的不可避免中断时间。

c. 工人休息时间前面已经做了说明。这里要注意的是，应尽量利用与工艺过程有关的和与机器有关的不可避免中断时间进行休息，以充分利用工作时间。

(2)损失的工作时间包括多余工作时间、停工时间、违背劳动纪律损失时间和低负荷下工作时间的消耗。

①机器的多余工作时间，一是机器进行任务内和工艺过程内未包括的工作而延续的时间，如工人没有及时供料而使机器空运转的时间；二是机械在负荷下所做的多余工作，如混凝土搅拌机搅拌混凝土时超过规定搅拌时间，即属于多余工作时间。

②机器的停工时间，按其性质也可分为施工本身造成和非施工本身造成的停工。前者是由于施工组织得不好而引起的停工现象，如由于未及时供给机器燃料而引起的停工。后者是由于气候条件所引起的停工现象，如暴雨时压路机的停工。上述停工中延续的时间，均为机器的停工时间。

③违背劳动纪律引起的机器的时间损失是指由于工人迟到、早退或擅离岗位等原因引起的机器停工时间。

④低负荷下的工作时间是由于工人或技术人员的过错所造成的施工机械在降低负荷的情况下工作的时间。例如，工人装车的砂石数量不足引起的汽车在降低负荷的情况下工作所延续的时间。此项工作时间不能作为计算时间定额的基础。

(三)计时观察法

1. 概述

计时观察法是研究工作时间消耗的一种技术测定方法。它以研究工时消耗为对象，以观察测时为手段，通过密集抽样和粗放抽样等技术进行直接的时间研究。计时观察法以现场观察为主要技术手段，所以也称为现场观察法。

2. 作用

计时观察法能够把现场工时消耗情况和施工组织技术条件联系起来加以考察，它不仅能为制订定额提供基础数据，而且能为改善施工组织管理、改善工艺过程和操作方法、消除不合理的工时损失和进一步挖掘生产潜力提供技术根据，计时观察法的局限性，是考虑人的因素不够。

3. 种类

对施工过程进行观察、测时，计算实物和劳务产量，记录施工过程所处的施工条件和确定影响工时消耗的因素，是计时观察法的3项主要内容和要求。计时观察法种类很多，最主要的有测时法、写实记录法和工作日写实法3种。

4. 未来

随着信息技术的发展，计时观察法的基本原理不变，但可采用更为先进的技术手段进行观测。例如，通过物联网智能设备实时采集施工现场数据，借助大数据分析技术，形成准确动态的资源消耗量、实物产量、劳务产出等数据。

五、施工定额的编制方法

(一)确定人工定额消耗量的基本方法

时间定额和产量定额是人工定额的两种表现形式。拟定出时间定额，也就可以计算出产量定额。

在全面分析各种影响因素的基础上，通过计时观察资料，我们可以获得定额的各种必须消耗时间。将这些时间进行归纳，有的是经过换算，有的是根据不同的工时规范附加，最后把各种定额时间加以综合和类比就是整个工作过程的人工消耗的时间定额。

1. 确定工序作业时间

根据计时观察资料的分析和选择，我们可以获得各种产品的基本工作时间和辅助工作时间，将这两种时间合并，可以称为工序作业时间。它是各种因素的集中反映，决定着整个产品的定额时间。

(1)拟定基本工作时间。基本工作时间在必须消耗的工作时间中占的比重最大。在确定基本工作时间时，必须细致、精确。基本工作时间消耗一般应根据计时观察资料来确定。其做法是，首先确定工作过程每一组成部分的工时消耗，然后综合计算出工作过程的工时消耗，如果组成部分的产品计量单位和工作过程的产品计量单位不符，就需先求出不同计量单位的换算系数，计算进行产品计量单位的换算，再相加，求得工作过程的工时消耗。

①各组成部分与最终产品单位一致时的基本工作时间计算。此时，单位产品基本工作时间就是施工过程各个组成部分作业时间的总和。其计算公式为：

$$T_1=\sum_{i=1}^{n}t_i \tag{3.17}$$

其中，T_1 为单位产品基本工作时间，t_i 为各组成部分的基本工作时间，n 为各组成部分的个数。

②各组成部分单位与最终产品单位不一致时的基本工作时间计算。此时，各组成部分基本工作时间应分别乘以相应的换算系数。其计算公式为：

$$T_1=\sum_{i=1}^{n}k_i\times t_i \tag{3.18}$$

其中，k_i 为对应于 t_i 的换算系数。

【例3.1】 砌砖墙勾缝的计量单位是平方米，但若将勾缝作为砌砖墙施工过程的一个组成部分对待，即将勾缝时间按砌墙厚度按砌体体积计算，设每平方米墙面所需的勾缝时间为10分钟，试求各种不同墙厚每立方米砌体所需的勾缝时间。

解：(1)一砖厚的砖墙，其每立方米砌体墙面面积的换算系数为$\frac{1}{0.24}=4.17(m^2)$

则每立方米砌体所需的勾缝时间是：4.17×10＝41.7(min)

(2)标准砖规格为240mm×115mm×53mm，灰缝宽10mm，故一砖半墙的厚度＝0.24＋0.115＋0.01＝0.365(m)

一砖半厚的砖墙，其每立方米砌体墙面面积的换算系数为$\frac{1}{0.365}=2.74(m^2)$

则每立方米墙体所需的勾缝时间是：2.74×10＝27.4(min)

2. 拟定辅助工作时间

辅助工作时间的确定方法与基本工作时间相同。如果在计时观察时不能取得足够的资料，也可采用工时规范或经验数据来确定。如具有现行的工时规范，可以直接利用工时规范中规定的辅助工作时间的百分比来计算，举例见表3.13。

表3.13　　木作工程各类辅助工作时间的百分率参考表

工作项目	占工序作业时间(%)	工作项目	占工序作业时间(%)
磨刨刀	12.3	磨线刨	8.3
磨槽刨	5.9	锉锯	8.2
磨凿子	3.4	—	—

(二)确定规范时间

规范时间内容包括工序作业时间以外的准备与结束时间、不可避免中断时间以及休息时间。

1. 确定准备与结束工作时间

准备与结束工作时间分为班内和任务两种。任务的准备与结束时间通常不能集中在某一个工作日中，而要采取分摊计算的方法，分摊在单位产品的时间定额里。

如果在计时观察资料中不能取得足够的准备与结束时间的资料，也可根据工时规范或经验数据来确定。

2. 确定不可避免中断时间

在确定不可避免中断时间的定额时，必须注意由工艺特点所引起的不可避免中断才可列入工作过程的时间定额。

不可避免中断时间需要根据测时资料通过整理分析获得，也可以根据经验数据或工时规范，以占工作日的百分比表示此项工时消耗的时间定额。

3. 拟定休息时间

休息时间应根据工作班作息制度、经验资料、计时观察资料，以及对工作的疲劳程度做全面分析来确定。同时，应考虑尽可能利用不可避免中断时间作为休息时间。

规范时间均可利用工时规范或经验数据确定，常用的参考数据如表3.14所示。

表3.14　　准备与结束时间、休息时间、不可避免中断时间占工作班时间的百分率参考表

序号	时间分类 工种	准备与结束时间占工作班时间(%)	休息时间占工作班时间(%)	不可避免中断时间占工作班时间(%)
1	材料运输及材料加工	2	13～16	2
2	人力土方工程	3	13～16	2
3	架子工程	4	12～15	2

续表

序号	时间分类 工种	准备与结束时间占工作班时间(%)	休息时间占工作班时间(%)	不可避免中断时间占工作班时间(%)
4	砖石工程	6	10～13	4
5	抹灰工程	6	10～13	3
6	手工木作工程	4	7～10	3
7	机械木作工程	3	4～7	3
8	模板工程	5	7～10	3
9	钢筋工程	4	7～10	4
10	现浇混凝土工程	6	10～13	3
11	预制混凝土工程	4	10～13	2
12	防水工程	5	25	3
13	油漆玻璃工程	3	4～7	2
14	钢制品制作及安装工程	4	4～7	2
15	机械土方工程	2	4～7	2
16	石方工程	4	13～16	2
17	机械打桩工程	6	10～13	3
18	构件运输及吊装工程	6	10～13	3
19	水暖电气工程	5	7～10	3

4. 拟定定额时间

确定的基本工作时间、辅助工作时间、准备与结束工作时间、不可避免中断时间与休息时间之和，就是劳动定额的时间定额。根据时间定额可计算出产量定额，时间定额和产量定额互成倒数。

利用工时规范，可以计算劳动定额的时间定额。其计算公式如下：

$$\text{规范时间}=\text{准备与结束工作时间}+\text{不可避免中断时间}+\text{休息时间} \tag{3.19}$$

$$\text{工序作业时间}=\text{基本工作时间}+\text{辅助工作时间} \tag{3.20}$$

$$\text{定额时间}=\frac{\text{工序作业时间}}{1-\text{规范时间}(\%)} \tag{3.21}$$

【例 3.2】 通过计时观察资料得知，人工挖二类土的 1 立方米基本工作时间为 6 小时，辅助工作时间占工序作业时间的 2%，准备与结束工作时间、不可避免中断时间、休息时间分别占工作日的 3%、2%、18%。求该人工挖二类土的时间定额是多少？

解：基本工作时间＝6h＝0.75(工日/m^3)

工序作业时间＝0.75÷(1－2%)＝0.765(工日/m^3)

时间定额＝0.765÷(1－3%－2%－18%)＝0.994(工日/m^3)

(三)确定材料定额消耗量的基本方法

1. 材料的分类

合理确定材料消耗定额，必须研究和区分材料在施工过程中的类别。

(1)根据材料消耗的性质划分。施工中材料的消耗可分为必须消耗的材料和损失的材料两种。

必须消耗的材料，是指在合理用料的条件下生产合格产品所需消耗的材料，包括直接用于建筑和安装工程的材料、不可避免的施工废料、不可避免的材料损耗。

必须消耗的材料属于施工正常消耗，是确定材料消耗定额的基本数据。其中，直接用于建筑和安装工程的材料，编制材料净用量定额；不可避免的施工废料和材料损耗，编制材料损耗定额。

(2)根据材料消耗与工程实体的关系划分。施工中的材料可分为实体材料和非实体材料两类。

①实体材料是指直接构成工程实体的材料，包括工程直接性材料和辅助性材料。工程直接性材料主要是指一次性消耗、直接用于工程构成建筑物或结构本体的材料，如钢筋混凝土柱中的钢筋、水泥、砂、碎石等；辅助性材料主要是指虽也是施工过程中一次性消耗，却并不构成建筑物或结构本体的材料，如土石方爆破工程中所需的炸药、引信、雷管等。直接性材料用量大，辅助性材料用量少。

②非实体材料是指在施工中必须使用但又不能构成工程实体的施工措施性材料，非实体材料主要是指周转性材料，如模板、脚手架、支撑等。

2. 确定材料消耗量的基本方法

确定实体材料的净用量定额和材料损耗定额的计算数据，是通过现场技术测定、实验室试验、现场统计和理论计算等方法获得的。

(1)现场技术测定法，又称为观测法，是根据对材料消耗过程的观测，通过完成产品数量和材料消耗量的计算，而确定各种材料消耗定额的一种方法。现场技术测定法主要适用于确定材料损耗量，因为该部分数值用统计法或其他方法较难得到，通过现场观测，还可以区别出哪些是可以避免的损耗，哪些是难以避免的损耗，明确定额中不应列入可以避免的损耗。

(2)实验室试验法，主要用于编制材料净用量定额。通过试验，能够对材料的结构、化学成分和物理性能，以及按强度等级控制的混凝土、砂浆、沥青、油漆等配比做出科学的结论，给编制材料消耗定额提供有技术根据的、比较精确的计算数据。这种方法的优点是能更深入、更详细地研究各种因素对材料消耗的影响，其缺点在于无法估计到施工现场某些因素对材料消耗量的影响。

(3)现场统计法，是以施工现场积累的分部分项工程使用材料数量、完成产品数量、完成工作原材料的剩余数量等统计资料为基础，经过整理分析，获得材料消耗的数据。这种方法比较简单易行，但也有缺陷：一是该方法一般只能确定材料总消耗量，不能确定必须消耗的材料和损失量；二是其准确程度受到统计资料和实际使用材料的影响。因而其不能作为确定材料净用量定额和材料损耗定额的依据，只能作为编制定额的辅助性方法使用。

(4)理论计算法，是根据施工图和建筑构造要求，用理论计算公式计算出产品的材料净用量的方法。这种方法较适合于不易产生损耗，且容易确定废料的材料消耗量的计算。

①标准砖墙材料用量计算。

每立方米砖墙的用砖数和砌筑砂浆的用量可用下列理论计算公式计算各自的净用量。

用砖数：

$$A=\frac{1}{\text{墙厚}\times(\text{砖长}+\text{灰缝})\times(\text{砖厚}+\text{灰缝})}\times k \tag{3.22}$$

其中，k 为墙厚的砖数×2。

砂浆用量：

$$B=1-\text{砖数}\times\text{每块砖体积} \tag{3.23}$$

材料的损耗一般以损耗率表示。材料损耗率可以通过观测法或现场统计法确定。材料损耗率及材料总消耗量的计算通常采用以下公式：

$$损耗率=\frac{损耗量}{净用量}\times 100\% \tag{3.24}$$

$$总消耗量=净用量+损耗量=净用量\times(1+损耗率) \tag{3.25}$$

【例 3.3】 计算 $1m^3$ 标准砖一砖外墙砌体砖数和砂浆的净用量。

解：$砖净用量=\frac{1}{0.24\times(0.24+0.01)\times(0.053+0.01)}\times 1\times 2=529(块)$

$砂浆净用量=1-529\times(0.24\times 0.115\times 0.053)=0.226(m^3)$

②块料面层的材料用量计算。

每 $100m^2$ 面层块料数量、灰缝及结合层材料用量计算公式如下：

$$100m^2 块料净用量=\frac{100}{(块料长+灰缝宽)\times(块料宽+灰缝宽)} \tag{3.26}$$

$$100m^2 灰缝材料净用量=[100-(块料长\times 块料宽\times 100m^2 块料用量)]\times 灰缝深 \tag{3.27}$$

$$结合层材料用量=100m^2\times 结合层厚度 \tag{3.28}$$

【例 3.4】 用 1∶1 水泥砂浆贴 150mm×150mm×5mm 瓷砖墙面，结合层厚度为 10mm，试计算每 $100m^2$ 瓷砖墙面中瓷砖和砂浆的消耗量（灰缝宽为 2mm）。假设瓷砖损耗率为 1.5%，砂浆损耗率为 1%，则 $100m^2$ 瓷砖墙面中瓷砖和砂浆的消耗量分别是多少？

解：$每 100m^2 瓷砖墙面中瓷砖的净用量=\frac{100}{(0.15+0.002)\times(0.15+0.002)}=4\ 328.25(块)$

$每 100m^2 瓷砖墙面中瓷砖的总消耗量=4\ 328.25\times(1+1.5\%)=4\ 393.17(块)$

$每 100m^2 瓷砖墙面中结合层砂浆净用量=100\times 0.01=1(m^3)$

$每 100m^2 瓷砖墙面中灰缝砂浆净用量=[100-(4\ 328.25\times 0.15\times 0.15)]\times 0.005=0.013(m^3)$

$每 100m^2 瓷砖墙面中水泥砂浆总消耗量=(1+0.013)\times(1+1\%)=1.02(m^3)$

（四）确定施工机具台班定额消耗量的基本方法

施工机具台班定额消耗量包括施工机械台班定额消耗量和仪器仪表台班定额消耗量，二者的确定方法大体相同，本部分主要介绍确定施工机械台班定额消耗量的基本方法。

1. 确定机械 1h 纯工作正常生产率

机械纯工作时间，就是指机械的必需消耗时间，机械 1h 纯工作正常生产率，就是在正常施工组织条件下，具有必需的知识和技能的技术工人操纵机械 1h 的生产率。

根据机械工作特点的不同，机械 1h 纯工作正常生产率的确定方法也有所不同。

(1)对于循环动作机械，确定机械纯工作 1h 正常生产率的计算公式如下：

$$\begin{matrix}机械一次循环的\\正常延续时间\end{matrix}=\sum\left(\begin{matrix}循环各组成部分\\正常延续时间\end{matrix}\right)-交叠时间 \tag{3.29}$$

$$机械纯工作 1h 循环次数=\frac{60\times 60(s)}{一次循环的正常延续时间} \tag{3.30}$$

$$\begin{matrix}机械纯工作 1h\\正常生产率\end{matrix}=\begin{matrix}机械纯工作 1h\\正常循环次数\end{matrix}\times\begin{matrix}一次循环生产\\的产品数量\end{matrix} \tag{3.31}$$

(2)对于连续动作机械，确定机械纯工作 1h 正常生产率要根据机械的类型和结构特征，以及工作过程的特点来进行。其计算公式如下：

$$连续动作机械纯工作1h正常生产率=\frac{工作时间内生产的产品数量}{工作时间(h)}\times 100\% \quad (3.32)$$

工作时间内的产品数量和工作时间的消耗，要通过多次现场观察和考虑机械说明书等有关资料来取得数据。

2. 确定施工机械的时间利用系数

确定施工机械的时间利用系数，是指机械在一个台班内的纯工作时间与工作班延续时间之比。机械的时间利用系数和机械在工作班内的工作状况有着密切的关系。所以，要确定机械的时间利用系数，首先要拟定机械工作班的正常工作状况，保证合理利用工时。机械时间利用系数的计算公式如下：

$$\begin{matrix}机械时间\\利用系数\end{matrix}=\frac{机械在一个工作班内纯工作时间}{一个工作班延续时间(8h)} \quad (3.33)$$

3. 计算施工机械台班定额

计算施工机械台班定额是编制机械定额工作的最后一步。在确定了机械工作正常条件、机械1h纯工作正常生产率和机械时间利用系数之后，采用下列公式计算施工机械的产量定额：

$$\begin{matrix}施工机械台班\\产量定额\end{matrix}=\begin{matrix}机械1h纯工作\\正常生产率\end{matrix}\times\begin{matrix}工作班纯\\工作时间\end{matrix} \quad (3.34)$$

或

$$\begin{matrix}施工机械台班\\产量定额\end{matrix}=\begin{matrix}机械1h纯工作\\正常生产率\end{matrix}\times\begin{matrix}工作班\\延续时间\end{matrix}\times\begin{matrix}机械时间\\利用系数\end{matrix} \quad (3.35)$$

$$施工机械时间定额=\frac{1}{机械台班产量定额指标} \quad (3.36)$$

【例3.5】 某工程现场采用出料容量500L的混凝土搅拌机，每一次循环中，装料、搅拌、卸料、中断需要的时间分别为1min、3min、1min、1min，机械时间利用系数为0.9，求该机械的台班产量定额。

解：该搅拌机一次循环的正常延续时间=1+3+1+1=6(min)=0.1(h)

该搅拌机纯工作1h循环次数=10(次)

该搅拌机纯工作1h正常生产率=10×500=5 000(L)=5(m^3)

该搅拌机台班产量定额=5×8×0.9=36(m^3/台班)

第四节　预算定额

一、预算定额的概念及作用

1. 预算定额的概念

预算定额，是指在正常的施工条件下，完成一定计量单位合格分项工程和结构构件所需消耗的人工、材料、机械台班数量及相应费用标准。预算定额是工程建设中一项重要的技术经济文件，是编制施工图预算的主要依据，是确定和控制工程造价的基础。

2. 预算定额的作用

(1)预算定额是编制施工图预算的主要依据，施工图设计一经确定，工程预算造价主要受预算定额水平和人工、材料及机械台班的价格的影响。

(2)预算定额可以作为编制施工组织设计的参考依据,根据预算定额,能够计算出施工中各项资源的需要量,为有计划地组织材料采购和预制件加工,劳动力和施工机具的调配提供计算依据。

(3)预算定额可以作为确定合同价款、拨付工程进度款及办理工程结算的参考性基础,按照施工图进行工程发包时,合同价款的确定及施工过程中的工程结算等都需要按照施工图纸进行计价,预算定额是施工图预算的主要编制依据,也为上述计价工作提供支持。

(4)预算定额可以作为施工单位经济活动分析的依据,预算定额规定的物化劳动和劳动消耗指标可以作为施工单位生产中允许消耗的最高标准。施工单位可以预算定额为依据,进行技术革新,提高劳动生产率和管理效率,以提高自身竞争力。

(5)预算定额是编制概算定额的基础,概算定额是在预算定额基础上综合扩大编制的。利用预算定额作为编制依据,不但可以节省编制工作的大量人力、物力和时间,收到事半功倍的效果,而且可以使概算定额在水平上与预算定额保持一致,保证计价工作的连贯性。

二、预算定额的编制原则、依据

(一)预算定额的编制原则

为保证预算定额的质量,充分发挥预算定额的作用,在编制预算定额中应遵循以下原则:

1. 按社会平均水平确定预算定额的原则

预算定额是确定和控制建筑安装工程造价的主要依据。因此,它必须遵照价值规律的客观要求,即按生产过程中所消耗的社会必要劳动时间确定定额水平。所以预算定额的平均水平,是在正常的施工条件下,合理的施工组织和工艺条件、平均劳动熟练程度和劳动强度下,完成单位分项工程基本构造要素所需要的劳动时间。

2. 简明适用的原则

一是指在编制预算定额时,对于那些主要的、常用的、价值量大的项目,分项工程划分宜细;次要的、不常用的、价值量相对较小的项目则可以划分得粗一些。二是指预算定额要项目齐全。要注意补充那些因采用新技术、新结构、新材料而出现的新的定额项目。如果项目不全,缺项多,就会使计价工作缺少充足、可靠的依据。三是要求合理确定预算定额的计算单位,简化工程量的计算,尽可能地避免同一种材料用不同的计量单位和一量多用,尽量减少定额附注和换算系数。

(二)预算定额的编制依据

(1)现行劳动定额和施工定额。预算定额是在现行劳动定额和施工定额的基础上编制的。预算定额中人工、材料、机械台班消耗水平,需要根据劳动定额或施工定额取定;预算定额计量单位的选择,也要以施工定额为参考,从而保证两者的协调和可比性,减轻预算定额的编制工作量,缩短编制时间。

(2)现行设计规范、施工及验收规范,质量评定标准和安全操作规程。

(3)具有代表性的典型工程施工图及有关标准图。对这些图纸进行仔细分析研究,并计算出工程数量,以作为编制定额时选择施工方法确定定额含量的依据。

(4)新技术、新结构、新材料和先进的施工方法等。这类资料是调整定额水平和增加新的定额项目所必需的依据。

(5)有关科学实验、技术测定和统计、经验资料。这类工程是确定定额水平的重要依据。

(6)现行的预算定额、材料预算价格及有关文件规定等,包括过去定额编制过程中积累的基础资料，也是编制预算定额的依据和参考。

（三）预算定额消耗量的编制方法

以施工定额为基础编制预算定额时，预算定额人工、材料、机械台班消耗指标的确定，先按施工定额的分项逐项计算出消耗指标，再按预算定额的项目加以综合确定。但是，这种综合不是简单的合并和相加，而是需要在综合过程中增加两种定额之间适当的水平差。

人工、材料和机械台班消耗量指标应根据定额编制原则和要求，采用理论与实际相结合、图纸计算与施工现场测算相结合、编制人员与现场工作人员相结合等方法进行计算和确定。

1. 预算定额中人工工日消耗量的计算

预算定额中的人工工日消耗量可以有两种确定方法：一种是以劳动定额为基础确定；另一种是以现场观察测定资料为基础计算，主要用于遇到劳动定额缺项时的人工工日消耗量确定。

预算定额中人工工日消耗量是指在正常施工条件下，生产单位合格产品所必需消耗的人工工日数量，是由分项工程所综合的各个工序劳动定额包括的基本用工、其他用工两部分组成的。

(1)基本用工。基本用工是指完成一定计量单位的分项工程或结构构件的各项工作过程的施工任务必须消耗的技术工种用工。按技术工种相应劳动定额工时定额计算，以不同工种列出定额工日。基本用工包括：

①完成定额计量单位的主要用工，按综合取定的工程量和相应劳动定额进行计算。其计算公式为：

$$\text{基本用工}=\sum(\text{综合取定的工程量}\times\text{劳动定额})\tag{3.37}$$

例如工程实际中的砖基础，有1砖厚、1砖半厚、2砖厚等之分，用工各不相同，在预算定额中由于不区分厚度，需要按照统计的比例，加权平均得出综合的人工消耗。

②按劳动定额规定应增(减)计算的用工量。由于预算定额是在施工定额子目的基础上综合扩大的，包括的工作内容较多，施工的工效视具体部位而不一样，所以需要另外增加人工消耗，而这种人工消耗也可以列入基本用工内。

(2)其他用工。其他用工是辅助基本用工消耗的工日，包括超运距用工、辅助用工和人工幅度差用工。

①超运距用工。超运距是指劳动定额中已包括的材料、半成品场内水平搬运距离与预算定额所考虑的现场材料，半成品堆放地点到操作地点的水平运输距离之差。其计算公式为：

$$\text{超运距}=\text{预算定额取定运距}-\text{劳动定额已包括的运距}\tag{3.38}$$

$$\text{超运距用工}=\sum(\text{超运距材料数量}\times\text{时间定额})\tag{3.39}$$

需要指出，实际工程现场运距超过预算定额取定运距时，可另行计算现场二次搬运费。

②辅助用工。辅助用工即技术工种劳动定额内不包括而在预算定额内又必须考虑的用工。如机械土方工程配合用工、材料加工(筛砂、洗石、淋化石膏)、电焊点火用工等。其计算公式为：

$$\text{辅助用工}=\sum(\text{材料加工数量}\times\text{相应的加工劳动定额})\tag{3.40}$$

③人工幅度差用工。人工幅度差用工即预算定额与劳动定额的差额，主要是指在劳动定额中未包括，而在正常施工情况下不可避免但又很难准确计量的用工和各种工时损失，内容包括：

a. 各工种间的工序搭接及交叉作业相互配合或影响所发生的停歇用工；

b. 施工过程中，移动临时水电线路而造成的影响工人操作的时间；

c. 工程质量检查和隐蔽工程验收工作而影响工人操作的时间；

d. 同一现场内单位工程之间因操作地点转移而影响工人操作的时间；

e. 工序交接时对前一工序不可避免的修整用工；

f. 施工中不可避免的其他零星用工。

人工幅度差用工计算公式为：

$$人工幅度差用工=(基本用工+辅助用工+超运距用工)\times人工幅度差系数 \tag{3.41}$$

人工幅度差系数一般为 10%～15%。在预算定额中，人工幅度差的用工量列入其他用工量中。

2. 预算定额中材料消耗量的计算

材料消耗量计算方法主要有：

(1)凡有标准规格的材料，按规范要求计算定额计量单位的耗用量，如砖、防水卷材、块料面层等。

(2)凡设计图纸标注尺寸及下料要求的按设计图纸尺寸计算材料净用量，如门窗制作用材料、枋、板料等。

(3)换算法。各种胶结、涂料等材料的配合比用料，可以根据要求条件换算，得出材料用量。

(4)测定法，包括实验室试验法和现场测定法，是指各种强度等级的混凝土及砌筑砂浆配合比的耗用原材料数量的计算，须按照规范要求试配，经过试压合格以后并经过必要的调整后得出的水泥、砂子、石子、水的用量。对新材料、新结构又不能用其他方法计算定额消耗用量时，须用现场测定法来确定。

3. 预算定额中机械台班消耗量的计算

预算定额中机械台班消耗量是指在正常施工条件下，生产单位合格产品(分部分项工程或结构构件)必须消耗的某种型号施工机械的台班数量。下面主要介绍机械台班消耗量的计算。

(1)根据施工定额确定机械台班消耗量的计算。这种方法是指用施工定额中机械台班产量加机械台班幅度差计算预算定额的机械台班消耗量。

机械台班幅度差是指在施工定额中所规定的范围内没有包括，而在实际施工中又不可避免产生的影响机械或使机械停歇的时间。其内容包括：

①施工机械转移工作面及配套机械相互影响损失的时间；

②在正常施工条件下，机械在施工中不可避免的工序间歇；

③工程开工或收尾时工作量不饱满所损失的时间；

④检查工程质量影响机械操作的时间；

⑤临时停机、停电影响机械操作的时间；

⑥机械维修引起的停歇时间。

综上所述，预算定额机械台班消耗量按下式计算：

$$\begin{matrix}预算定额机械\\台班消耗量\end{matrix}=\begin{matrix}施工定额机械\\台班消耗量\end{matrix}\times(1+机械幅度差系数) \tag{3.42}$$

【例 3.6】 已知某挖土机挖土，一次正常循环工作时间是 40s；每次循环平均挖土量为 0.3m³，机械时间利用系数为 0.8，机械幅度差系数为 25%，求该机械挖土方 1 000m³ 的预算定额机械台班消耗量。

解：机械纯工作 1h 循环次数＝3 600÷40＝90(次/台时)

机械纯工作 1h 正常生产率＝90×0.3＝27(m³/台时)

施工机械台班产量定额＝27×8×0.8＝172.8(m³/台班)

施工机械台班时间定额＝1÷172.8＝0.005 79(台班/m³)

预算定额机械耗用台班 $=0.005\ 79\times(1+25\%)=0.007\ 24$(台班/$m^3$)

挖土方 1 000m^3 的预算定额机械台班消耗量 $=1\ 000\times0.007\ 24=7.24$(台班)

(2)以现场测定资料为基础确定机械台班消耗量，如遇到施工定额缺项者，则需要依据单位时间完成的产量测定。

(四)预算定额示例

中华人民共和国住房和城乡建设部于 2015 年组织修订了《房屋建筑与装饰工程消耗量定额》(TY01-31-2015)。该定额按施工顺序分部工程划章，按分项工程划节，按结构、材质品种、机械类型、使用要求不同划项。该定额共 17 章，包括土石方工程，地基处理与边坡支护工程，桩基工程，砌筑工程，混凝土及钢筋混凝土工程，金属结构工程，木结构工程，门窗工程，屋面及防水工程，保温、隔热、防腐工程，楼地面装饰工程，墙、柱面装饰与隔断、幕墙工程，天棚工程，油漆、涂料、裱糊工程，其他装饰工程，拆除工程，措施项目。

预算定额的说明包括定额总说明以及分章说明，项目表是定额手册的主要部分，定额编号按章项确定。表 3.15 为单面清水砖墙定额项目表的示例。

表 3.15　　　　单面清水砖墙定额项目表

工作内容：调、运、铺砂浆，运、砌砖，安放木砖、垫块。　　　　计量单位：10m^3

定额编号				4-2	4-3	4-4	4-5	4-6
项目				单面清水砖墙				
				1/2 砖	3/4 砖	1 砖	1 砖半	2 砖及 2 砖以上
名称			单位	消耗量				
人工	合计工日		工日	17.096	16.599	13.881	12.895	12.125
	其中	普工	工日	4.600	4.401	3.545	3.216	2.971
		一般技工	工日	10.711	10.455	8.859	8.296	7.846
		高级技工	工日	1 785	1.743	1.477	1.383	1.308
材料	烧结煤矸石普通砖 240×115×53		千块	5.585	5.456	5.337	5.290	5.254
	干混砌筑砂浆 DM M10		m^3	1.978	2.163	2.313	2.440	2.491
	水		m^3	1.130	1.100	1.060	1.070	1.060
	其他材料费		%	0.180	0.180	0.180	0.180	0.180
机械	干混砂浆罐式搅拌机		台班	0.198	0.217	0.232	0.244	0.249

(五)预算定额基价编制

预算定额基价就是预算定额分项工程或结构构件的单价，我国现行各省预算定额基价的表达内容不尽统一。有的定额基价只包括人工费、材料费和施工机具使用费，即工料单价；也有的定额基价包括了直接费以外的管理费、利润的清单综合单价，即不完全综合单价项；也有的定额基价还包括了规费、税金在内的全费用综合单价，即完全综合单价。不同内容的定额基价如表 3.16～表 3.18 所示。

表 3.16　　某预算定额基价表(工料单价)　　单位:$10m^3$

定额编号				3-1		3-2		3-3	
项目				砖基础		混水砖墙			
						1/2 砖		3/4 砖	
				数量	合价	数量	合价	数量	合价
基价(元)				2 036.50		2 382.93		2 353.03	
其中	人工费(元)			495.18		845.88		824.88	
	材料费(元)			1 513.46		1 514.01		1 502.98	
	机具使用费(元)			27.86		23.04		25.17	
名称		单位	单价(元)	数量					
综合工日		工日	42.00	11.790	495.180	20.140	845.880	19.640	824.880
材料	水泥砂浆 M5	m^3	—	—	—	(1.950)	—	(2.130)	—
	水泥砂浆 M10	m^3	—	(2.360)	—	—	—	—	—
	标准砖	千块	230.00	5.236	1 204.280	5.641	1 297.430	5.510	1 267.300
	水泥 32.5 级	kg	0.32	649.000	207.680	409.500	131.040	447.300	143.136
	中砂	m^3	37.15	2.407	89.420	1.989	73.891	2.173	80.727
	水	m^3	3.85	3.137	12.077	3.027	11.654	3.075	11.839
机械	灰浆搅拌机 200L	台班	70.89	0.393	27.860	0.325	23.040	0.355	25.166

表 3.17 **某预算定额基价表(清单综合单价)**

工作内容:(1)砖基础:运料、调铺砂浆、清理基槽坑、砌砖等。

(2)砖柱:清理地槽、运料、调铺砂浆、砌砖。

单位:m^3

定额编号					4-1		4-2	
项目					砖基础			
					直形		圆、弧形	
					数量	合计	数量	合计
综合单价(元)					406.25		429.85	
其中	人工费(元)				98.40		115.62	
	材料费(元)				263.38		263.38	
	机具使用费(元)				5.89		5.89	
	管理费(元)				26.07		30.38	
	利润(元)				12.51		14.58	
名称			单位	单位(元)	数量			
二类工			工日	82.00	1.20	98.40	1.41	115.62
材料	4135500	标准砖 240×115×53	百块	42.00	5.22	219.24	5.22	219.24
	80010104	水泥砂浆 M5	m^3	180.37	0.242	43.65	0.242	43.65
	80010105	水泥砂浆 M7.5	m^3	182.23	(0.242)	(44.10)	(0.242)	(44.10)
	80010106	水泥砂浆 M10	m^3	191.53	(0.242)	(46.35)	(0.242)	(46.35)
	80050104	混和砂浆 M5	m^3	193.00				
	80050105	混和砂浆 M7.5	m^3	195.20				
	80050106	混和砂浆 M10	m^3	199.56				
	31150101	水	m^3	4.70	0.104	0.49	0.104	0.49
机械	99050503	灰浆搅拌机拌筒容量 200L	台班	122.64	0.048	5.89	0.048	5.89

表 3.18 **某预算定额基价表（全费用综合单价）**

工作内容：调、运、铺砂浆，运、砌砖，安放木砖、垫块。 单位：$10m^3$

定额编号			4-2	4-3	4-4	4-5	4-6
项　目			单面清水砖墙				
			1/2 砖	3/4 砖	1 砖	1 砖半	2 砖及 2 砖以上
基价（元）			6 113.80	6 008.64	5 403.73	5 201.64	5 031.42
其中	人工费		2 194.72	2 134.64	1 792.75	1 669.76	1 573.05
	材料费		1 971.07	1 967.12	1 959.69	1 969.10	1 967.88
	机具使用费		39.09	42.84	45.80	48.17	49.15
	其他措施费		89.91	87.46	73.37	68.33	64.32
	安全文明施工费		195.42	190.10	159.47	148.51	139.81
	管理费		402.79	391.84	328.71	306.11	288.17
	利润		275.14	267.66	224.53	209.10	196.85
	规费		242.30	235.72	197.74	184.14	173.35
	税金		703.36	691.26	621.67	598.42	578.84
名称	单位	单价（元）	数量				
综合人工	工日	—	(17.29)	(16.82)	(14.11)	(13.14)	(12.37)
烧结煤矸石普通砖 240×115×53	千块	287.50	5.585	5.456	5.337	5.290	5.254
干混砌筑砂浆 DM M10	m^3	180.00	1.978	2.163	2.313	2.440	2.491
水	m^3	5.13	1.130	1.100	1.060	1.070	1.060
其他材料费	%	—	0.180	0.180	0.180	0.180	0.180
干混砂浆罐式搅拌机公称储量 20 000L	台班	197.40	0.198	0.217	0.232	0.244	0.249

预算定额基价的编制方法，以工料单价为例，就是工料机的消耗量和工料机单价的结合过程。其中，人工费是由预算定额中每一分项工程各种用工数乘以地区人工工日单价之和算出；材料费是由预算定额中每一分项工程的各种材料消耗量乘以地区相应材料预算价格之和算出；机具使用费是由预算定额中每一分项工程的各种机械台班消耗量乘以地区相应施工机械台班预算价格之和，以及仪器仪表使用费汇总后算出。上述单价均为不含增值税进项税额的价格。

以基价为工料单价为例，分项工程预算定额基价的计算公式为：

$$\text{分项工程预算定额基价}=\text{人工费}+\text{材料费}+\text{机具使用费} \tag{3.43}$$

其中：

$$\text{人工费}=\sum(\text{现行预算定额中各种人工工日用量}\times\text{人工日工资单价}) \tag{3.44}$$

$$\text{材料费}=\sum(\text{现行预算定额中各种材料耗用量}\times\text{相应材料单价}) \tag{3.45}$$

$$\text{机具使用费}=\sum(\text{现行预算定额中机械台班用量}\times\text{机械台班单价})+\sum(\text{仪器仪表台班用量}\times\text{仪器仪表台班单价}) \tag{3.46}$$

【例 3.7】 某预算定额基价的编制过程(见表 3.16)，其中定额子目 3-1 的定额基价计算过程为：

定额人工费＝42×11.790＝495.18(元)

定额材料费＝230×5.236＋0.32×649.000＋37.15×2.407＋3.85×3.137＝1 513.46(元)

定额机具使用费＝70.89×0.393＝27.86(元)

定额基价＝495.18＋1 513.46＋27.86＝2 036.50(元)

预算定额基价是根据现行定额和当地的价格水平编制的，具有相对的稳定性，在预算定额中列出的“预算价值”或“基价”，应视作该定额编制时的工程单价。为了适应市场价格的变动，在编制施工图预算时，应根据调价系数或指数等对定额基价进行修正，修正后的定额基价乘以根据图纸计算出来的工程量，就可以获得符合实际市场情况的人工、材料、机具费用。或者只使用预算定额的人、材、机消耗量，人、材、机单价采用市场价格信息进行计价。

1. 定额基价中人工费的确定

人工日工资单价是指施工企业平均技术熟练程度的生产工人在每工作日(国家法定工作时间内)按规定从事施工作业应得的日工资总额。合理确定人工工日单价是正确计算人工费和工程造价的前提和基础。人工日工资单价组成内容包括：

(1)计时工资或计件工资，是指按计时工资标准和工作时间或对已做工作按计件单价支付给个人的劳动报酬。

(2)奖金，是指对超额劳动和增收节支支付给个人的劳动报酬。如节约奖、劳动竞赛奖等。

(3)津贴补贴，是指为了补偿职工特殊或额外的劳动消耗和因其他原因支付给个人的津贴，以及为了保证职工工资水平不受物价影响支付给个人的物价补贴。如流动施工津贴、特殊地区施工津贴、高温(寒)作业临时津贴、高空津贴等。

(4)加班加点工资，是指按规定支付的在法定节假日工作的加班工资和在法定日工作时间外延时工作的加点工资。

(5)特殊情况下支付的工资，是指根据国家法律、法规和政策规定，因病、工伤、产假、计划生育假、婚丧假、事假、探亲假、定期休假、停工学习、执行国家或社会义务等原因按计时工资标准或计时工资标准的一定比例支付的工资。

2. 定额基价中材料费的确定

材料费是指施工过程中耗费的原材料、辅助材料、构配件、零件、半成品或成品、工程设备的费用。其内容包括：

(1)材料原价，是指材料的出厂价或商家供应价格。进口材料的原价按有关规定计算。

工程设备是指构成或计划构成永久工程一部分的机电设备、金属结构设备、仪器装置及其他类似的设备和装置。

当同一种材料因材料来源地、供应渠道不同而有几种原价时，应根据不同来源地的供应数量及不同的单价计算出加权平均原价。其计算公式为：

$$\text{加权平均运杂费}=\frac{K_1T_1+K_2T_2+\cdots+K_nT_n}{K_1+K_2+\cdots+K_n} \tag{3.47}$$

其中，$K_1,K_2,\cdots,K_n$ 为不同地点的供应量或各不同使用地点的需要量；$T_1,T_2,\cdots,T_n$ 为各不同运距的运费。

(2)材料运杂费，是指材料自来源地运至工地仓库或指定堆放地点所发生的全部费用。

当同一种材料有若干个来源地，材料运杂费应根据运输里程、运输方式、运输条件供应量的比例加权平均的方法计算。其计算公式为：

$$\text{加权平均运杂费}=\frac{K_1T_1+K_2T_2+\cdots+K_nT_n}{K_1+K_2+\cdots+K_n} \tag{3.48}$$

其中，$K_1,K_2,\cdots,K_n$ 为不同地点的供应量或各不同使用地点的需要量；$T_1,T_2,\cdots,T_n$ 为各不同运距的运费。

(3)运输损耗费，是指材料在运输装卸过程中不可避免的损耗。其计算公式为：

运输损耗费=(材料原价+材料运杂费)×相应材料损耗率 (3.49)

(4)采购及保管费，是指为组织采购、供应和保管材料过程中所需要的各项费用，包括采购费、仓储费、工地保管费、仓储损耗。其计算公式为：

采购及保管费=(材料原价+材料运杂费+运输损耗费)×采购及保管费费率 (3.50)

综上所述：

$$\text{材料费}=\sum(\text{材料消耗量}\times\text{材料单价})+\text{工程设备费} \tag{3.51}$$

材料预算单价=[(材料原价+材料运杂费)×(1+运输损耗率)]×(1+采购保管费费率)

(3.52)

【例 3.8】 某建设项目材料(适用 13%增值税税率)从两个地方采购，其采购量及有关费用如表 3.19 所示，求该工地水泥的单价(表中原价、运杂费均为含税价格，且材料采用“两票制”支付方式)。

表 3.19　材料采购信息

采购处	采购量(t)	原价(元/t)	运杂费(元/t)	运输损耗率(%)	采购及保管费费率(%)
来源一	300	340	20	0.5	3.5%
来源二	200	350	15	0.4	

解：应将含税的原价和运杂费调整为不含税价格，具体计算过程如表 3.20 所示。

表 3.20　材料价格信息不含税价格处理

采购处	采购量(t)	原价(元/t)	原价(不含税)(元/t)	运杂费(元/t)	运杂费(不含税)(元/t)	运输损耗率(%)	采购及保管费费率(%)
来源一	300	340	340÷1.13=300.88	20	20÷1.09=18.35	0.5	3.5
来源二	200	350	350÷1.13=309.73	15	15÷1.09=13.76	0.4	

$$加权平均原价=\frac{300\times300.88+200\times309.73}{300+200}=304.42(元/t)$$

$$加权平均运杂费=\frac{300\times18.35+200\times13.76}{300+200}=16.51(元/t)$$

来源一的运输损耗费＝(300.88＋18.35)×0.5%＝1.60(元/t)

来源二的运输损耗费＝(309.73＋13.76)×0.4%＝1.29(元/t)

$$加权平均运输损耗费=\frac{300\times1.60+200\times1.29}{300+200}=1.48(元/t)$$

材料单价＝(304.42＋16.51＋1.48)×(1＋3.5%)＝333.69(元/t)

3. 定额基价中机械费的确定

机械费是指施工作业所发生的施工机械的使用费或其租赁费。其计算公式为：

$$施工机械使用费=\sum(施工机械台班消耗量\times机械台班单价) \tag{3.53}$$

其中，机械台班单价是指一台施工机械在正常运转条件下一个台班内所需分摊和开支的全部费用，每台班按8小时工作制计算。

$$\begin{aligned}机械台班单价=&台班折旧费+台班大修理费+台班经常修理费+台班安拆费及场外运费\\&+台班人工费+台班燃料动力费+台班税费\end{aligned} \tag{3.54}$$

(1)台班折旧费。它是指施工机械在规定的使用年限内，陆续收回其原值及购置资金的时间价值。

(2)台班大修理费。它是指施工机械按规定的大修理间隔台班进行必要的大修理，以恢复其正常功能所需的费用。

(3)台班经常修理费。它是指施工机械除大修理以外的各级保养和临时故障排除所需的费用。它包括为保障机械正常运转所需替换设备与随机配备工具附具的摊销和维护费用、机械运转中日常保养所需润滑与擦拭的材料费用及机械停滞期间的维护和保养费用等。

(4)台班安拆费及场外运费。安拆费是指施工机械(大型机械除外)在现场进行安装与拆卸所需的人工、材料、机械和试运转费用以及机械辅助设施的折旧、搭设、拆除等费用；场外运费是指施工机械整体或分体自停放地点运至施工现场或由一施工地点运至另一施工地点的运输、装卸、辅助材料及架线等费用(运输距离湖北省均按25千米计算)。工地间移动较为频繁的小型机械及部分机械的安拆费及场外运费，已包含在机械台班单价中。

(5)台班人工费。它是指机上司机(司炉)和其他操作人员的人工费。

(6)台班燃料动力费。它是指施工机械在运转作业中所消耗的各种燃料及水、电等费用。

(7)台班税费。它是指施工机械按照国家和有关部门的规定应缴纳的车船使用税、保险费及年检费等。

(六)预算定额的应用

1. 直接套用

当工程项目的设计要求、材料种类、工作内容与预算定额相应子目相一致时，可直接套用定额。

【例3.9】 某工程现场搅拌C20混凝土构造柱200m^3，计算其定额直接工程费和C20混凝土用量。

解：某工程现场搅拌C20混凝土构造柱的设计要求、材料种类、工作内容和预算定额与

表 3.21 中 A2-20 一致，故可以直接套用 A2-20 定额基价。

C20 混凝土构造柱定额直接工程费＝4 220.64×200÷10＝84 412.8(元)

C20 混凝土用量＝10.15×200÷10＝203(m^3)

表 3.21　　现场搅拌混凝土柱定额项目表

<table>
<tr><td colspan="3">定额编号</td><td>A2-17</td><td>A2-20</td></tr>
<tr><td colspan="3" rowspan="3">定额项目</td><td colspan="2">C20 现浇混凝土</td></tr>
<tr><td>矩形柱</td><td>构造柱</td></tr>
<tr><td colspan="2">10m³</td></tr>
<tr><td colspan="3">基价(元)</td><td>4 055.21</td><td>4 220.64</td></tr>
<tr><td rowspan="3">其中</td><td colspan="2">人工费(元)</td><td>1 263.88</td><td>1 438.20</td></tr>
<tr><td colspan="2">材料费(元)</td><td>2 688.55</td><td>2 679.66</td></tr>
<tr><td colspan="2">机械费(元)</td><td>102.78</td><td>102.78</td></tr>
<tr><td colspan="2">名称</td><td>单位</td><td>单价(元)</td><td colspan="2">数量</td></tr>
<tr><td rowspan="2">人工</td><td>普工</td><td>工日</td><td>60.00</td><td>9.35</td><td>10.63</td></tr>
<tr><td>技工</td><td>工日</td><td>92.00</td><td>7.64</td><td>8.7</td></tr>
<tr><td rowspan="4">材料</td><td>草袋</td><td>m²</td><td>2.15</td><td>0.75</td><td>1.01</td></tr>
<tr><td>水</td><td>m³</td><td>3.15</td><td>14</td><td>11</td></tr>
<tr><td>电</td><td>度</td><td>0.97</td><td>5</td><td>5</td></tr>
<tr><td>C20 碎石混凝土 40mm
(坍落度 30～50)</td><td>m³</td><td>259.90</td><td>10.15</td><td>10.15</td></tr>
<tr><td>机械</td><td>滚筒式混凝土
搅拌机 500L</td><td>台班</td><td>163.14</td><td>0.63</td><td>0.63</td></tr>
</table>

2. 定额换算

(1)混凝土标号、砂浆强度等级不同时的换算。当施工图上分项工程或结构构件的设计要求与基价表中相应项目的工作内容不完全一致时，就不能直接套用定额。当基价表规定允许换算时，则应按基价表规定的换算方法对相应定额项目的基价和人、材、机消耗量进行调整换算。换算后的定额项目应在定额编号的右下角标注一个“换”字，以示区别。

预算定额的换算绝大多数属于材料换算。定额表规定：一般情况下，材料换算时，人工费和机械费保持不变，仅换算材料费。而且在材料费的换算过程中，定额上的材料用量保持不变，仅换算材料的预算单价。

混凝土标号、砂浆强度等级不同时，定额换算的公式为：

换算后定额基价＝原定额基价＋换算材料定额用量×(换入材料单价－换出材料单价)　　(3.55)

【例 3.10】　某工程现浇混凝土矩形柱，采用 C30 混凝土，其单价为 299.69 元/m^3，工程量 200m^3，计算该分项工程的定额人、材、机费用。

解:设计要求采用C30混凝土,表3.21中定额项目A2-17采用C20混凝土,工作内容不完全一致,故需将A2-17换算后再应用。

$$\text{A2-17}_{换}=4\ 055.21+10.15\times(299.69-259.90)\times200\div10=89\ 181.57(元)$$

特别注意:该分项工程的人、材、机消耗量都未发生变化,但是C30的混凝土属于半成品材料,原材料本身的消耗量发生了变化

(2)系数换算。当施工图上分项工程或结构构件的设计要求与基价表中相应项目的工作内容不完全一致,并且在定额说明中有相应的系数时,可以将定额进行系数换算之后再应用。换算后定额基价计算公式为:

$$换算后定额基价=原定额基价+\sum(定额说明系数-1)\times定额说明中要求换算费用 \tag{3.56}$$

【例3.11】 某工程采用人工挖基坑,一、二类土,深度在4m以内。已知地下水位以上挖土量为1 000m³,地下水位以下挖土量为500m³,计算该基坑挖土定额直接工程费。

解:查找定额G1-150(定额基价为2 998.78元/100m³,其中人工费为2 991.60元/100m³,机械费为7.18元/100m³),其工作内容为人工挖基坑,一、二类土,深度在4m以内。

另外,在土石方分部工程定额说明中:定额是按干土编制的,如挖湿土时,人工费和机械费需乘以系数1.18。故需将定额G1-150换算后再应用。

$$\text{A2-17}_{换}=2\ 998.78+(1.18-1)\times(2\ 991.60+7.18)=3\ 538.56(元/100m^3)$$

该基坑挖土定额直接工程费=2 998.78×1 000÷100+3 538.56×500÷100=47 680.6(元)

3. 补充定额

当施工图上分项工程或结构构件的设计要求与基价表中相应项目的工作内容完全不一致时,现行定额不能满足需要的情况下,可以根据测定数据补充定额来应用。

【例3.12】 某外墙面挂贴花岗岩工程,定额测定资料如下:

(1)完成每平方米挂贴花岗岩的基本工作时间为4.5h;

(2)辅助工作时间、准备与结束工作时间、不可避免中断时间和休息时间分别占工作延续时间的比例为3%、2%、1.5%和16%,人工幅度差10%,不考虑超运距用工与辅助用工;

(3)每挂贴100m² 花岗岩需消耗水泥砂浆5.55m³、600mm×600mm花岗岩板102m²、白水泥15kg、铁件34.87kg、塑料薄膜28.05m²、水1.53m³;

(4)每挂贴100m² 花岗岩需200L灰浆,搅拌机0.93台班;

(5)该地区人工工日单价为20.5元/工日,花岗岩预算价格为300.00元/m²,白水泥预算价格为0.43元/kg,铁件预算价格为5.33元/kg,塑料薄膜预算价格为0.9元/m²,水预算价格为1.24元/m³,200L砂浆搅拌机台班单价为42.84元/台班,水泥砂浆单价为153.00元/m³。问题:

(1)确定挂贴每平方米花岗岩墙面的人工时间定额和人工产量定额;

(2)确定该分项工程的补充定额单价。

解:(1)完成每平方米挂贴花岗岩的基本工作时间=4.5h=0.56(工日/m²)

施工时间=0.56÷(1−3%−2%−1.5%−16%)=0.726(工日/m²)

人工时间定额=0.726×(1+10%)=0.798(工日/m²)

人工产量定额=1÷0.798=1.25(m²/工日)

(2)该分项工程每100m² 的补充定额基价

人工费:60×0.798×100=4 788(元)

花岗岩材料费＝102×200＝20 400(元)

1∶3 水泥砂浆材料费＝5.55×200.67＝1 113.72(元)

白水泥材料费＝15×0.60＝9.00(元)

铁件材料费＝35×5.50＝192.5(元)

水材料费＝1.5×2.12＝3.18(元)

小计 21 718.40 元

机械费:200L 砂浆搅拌机 0.93×86.57＝80.510(元)

补充定额基价＝4 788＋21 718.4＋80.51＝26 586.91(元)

第五节 概算定额和概算指标

一、概算定额

(一)概算定额的概念

概算定额,又称扩大结构定额,是在预算定额基础上,确定完成合格的单位扩大分项工程或单位扩大结构构件所需消耗的人工、材料和施工机械台班的数量标准及其费用标准。

概算定额是预算定额的综合与扩大,它将预算定额中有联系的若干个分项工程项目综合为一个概算定额项目。如砖基础概算定额项目就是以砖基础为主,综合了平整场地、挖地槽、铺设垫层、砌砖基础、铺设防潮层、回填土及运土等预算定额中分项工程项目。

概算定额与预算定额的相同之处,在于它们都是以建(构)筑物各个结构部分和分部分项工程为单位表示的,内容也包括人工、材料和机械台班使用量定额 3 个基本部分,并列有基准价。概算定额表达的主要内容、主要方式及基本使用方法都与预算定额相近。

概算定额与预算定额的不同之处,在于项目划分和综合扩大程度上的差异,同时,概算定额主要用于设计概算的编制。由于概算定额综合了若干分项工程的预算定额,因此概算工程量计算和概算表的编制都比编制施工图预算简单一些。

(二)概算定额的作用

(1)概算定额是初步设计阶段编制概算、扩大初步设计阶段编制修正概算的主要依据。

(2)概算定额是对设计项目进行技术经济分析比较的基础资料之一。

(3)概算定额是建设工程主要材料计划编制的依据。

(4)概算定额是控制施工图预算的依据。

(5)概算定额是施工企业在准备施工期间,编制施工组织总设计或总计划时,对生产要素提出需要量计划的依据。

(6)概算定额是工程结束后,进行竣工决算和评价的依据。

(7)概算定额是编制概算指标的依据。

(三)概算定额的编制原则和编制依据

1. 概算定额的编制原则

概算定额应该贯彻社会平均水平和简明适用的原则。由于概算定额和预算定额都是工程计价的依据,所以应符合价值规律和反映现阶段大多数企业的设计、生产及施工管理水平。但在概预算定额水平之间应保留必要的幅度差。概算定额的内容和深度是以预算定额为基础的综合和扩大。在合并中不得遗漏或增加项目，以保证其严密性和正确性。概算定额务必做到简化、准确和适用。

2. 概算定额的编制依据

由于概算定额的使用范围不同，其编制依据也略有不同。其编制依据一般有以下几种：

(1)现行的设计规范、施工验收技术规范和各类工程预算定额。

(2)具有代表性的标准设计图纸和其他设计资料。

(3)现行的人工工资标准、材料价格、机械台班单价及其他的价格资料。

(四)概算定额手册的内容与概算定额应用规则

1. 概算定额手册的内容

按专业特点和地区特点编制的概算定额手册，内容基本上是由文字说明、定额项目表和附录三部分组成。以下介绍前两部分。

(1)文字说明部分。文字说明部分有总说明和分部工程说明。在总说明中，主要阐述概算定额的编制依据、使用范围、包括的内容及作用、应遵守的规则及建筑面积计算规则等。分部工程说明主要阐述本分部工程包括的综合工作内容及分部分项工程的工程量计算规则等。

(2)定额项目表，主要包括以下内容：

①定额项目的划分。概算定额项目一般按以下两种方法划分：一是按工程结构划分，一般是按土石方、基础、墙、梁板、门窗、地面、屋面、装饰、构筑物等工程结构划分；二是按工程部位(分部)划分，一般是按基础、墙体、梁柱、楼地面、屋盖、其他工程部位等划分，如基础工程中包括了砖、石、混凝土基础等项目。

②定额项目表。定额项目表是概算定额手册的主要内容，由若干分节定额组成。各节定额由工程内容、定额表及附注说明组成。定额表中列有定额编号、计量单位、概算价格、人工、材料、机械台班消耗量指标，综合了预算定额的若干项目与数量。

2. 概算定额应用规则

(1)符合概算定额规定的应用范围。

(2)工程内容、计量单位及综合程度应与概算定额一致。

(3)必要的调整和换算应严格按定额的文字说明和附录进行。

(4)避免重复计算和漏项。

(5)参考预算定额的应用规则。

二、概算指标

(一)概算指标的概念与作用

1. 概算指标的概念

建筑安装工程概算指标通常是以单位工程为对象，以建筑面积、体积或成套设备装置的台或组为计量单位而规定的人工、材料、机械台班的消耗量标准和造价指标。

从上述概念中可以看出，建筑安装工程概算定额与概算指标的主要区别如下：

(1)确定各种消耗量指标的对象不同。概算定额是以单位扩大分项工程或单位扩大结构构件为对象，而概算指标则是以单位工程为对象，因此概算指标比概算定额更加综合与扩大。

(2)确定各种消耗量指标的依据不同。概算定额以现行预算定额为基础，通过计算之后才综合确定出各种消耗量指标，而概算指标中各种消耗量指标的确定则主要来自各种预算或结算资料。

2. 概算指标的作用

概算指标和概算定额、预算定额一样，都是与各个设计阶段相适应的多次性计价的产物，它主要用于投资估价、初步设计阶段，其作用主要有：

(1)概算指标可以作为编制投资估算的参考。

(2)概算指标是初步设计阶段编制概算数，确定工程概预算造价的依据。

(3)概算指标中的主要材料指标可以作为匡算主要材料用量的依据。

(4)概算指标是设计单位进行设计方案比较、设计技术分析的依据。

(5)概算指标是编制固定资产投资计划，确定投资额和主要材料计划的主要依据。

(二)概算指标的组成内容

概算指标的组成内容，一般分为文字说明和列表形式两部分，以及必要的附录。以下主要介绍前两部分：

1. 文字说明

文字说明又分总说明和分册说明。其内容一般包括概算指标的编制范围、编制依据、分册情况、指标包括的内容、指标未包括的内容、指标的使用方法、指标允许调整的范围及调整方法等。

2. 列表形式

(1)建筑工程列表形式。房屋建筑、构筑物一般是以建筑面积、建筑体积、“座”、“个”等为计算单位，附以必要的示意图，示意图画出建筑物的轮廓示意或单线平面图，列出综合指标：“元/m^2”或“元/m^3”，自然条件(如地耐力、地震烈度等)，建筑物的类型、结构形式及各部位中结构主要特点、主要工程量。

总体来讲，建筑工程列表形式分为以下几个部分：

①示意图。表明工程的结构、工业项目，还表示出吊车及起重能力等。

②工程特征。对采暖工程特征应列出采暖热媒及采暖形式；对电气照明工程特征可列出建筑层数、结构类型、配线方式、灯具名称等；对房屋建筑工程特征，主要对工程的结构类型、层数、层高、檐高和建筑面积进行说明(如表 3.22 所示)。

表 3.22 **内浇外砌住宅结构特征**

结构类型	层数	层高	檐高	建筑面积
内浇外砌	六层	2.8m	17.7m	4 206m^2

③经济指标。说明该项目每 100m^2 的造价指标及其土建、水暖和电气照明等单位工程的相应造价(如表 3.23 所示)。

表 3.23 **内浇外砌住宅经济指标** 100m^2 建筑面积

项目		合计	其中			
			直接费	间接费	利润	税金
单方造价		30 422	21 860	5 576	1 893	1 093
其中	土建	26 133	18 778	4 790	1 626	939
	水暖	2 565	1 843	470	160	92
	电气照明	614	1 239	316	107	62

④构造内容及工程量指标。说明该工程项目的构造内容和相应计算单位的工程量指标及人工、材料消耗指标(如表 3.24、表 3.25 所示)。

表 3.24　　**内浇外砌住宅构造内容及工程量指标**　　$100m^2$ 建筑面积

序号	构造特征		工程量	
			单位	数量
一、土建				
1	基础	灌注桩	m^3	14.64
2	外墙	二、砖墙、清水墙勾缝,内墙抹灰刷白	m^3	24.32
3	内墙	混凝土墙、一砖墙抹灰刷白	m^3	22.70
4	柱	混凝土柱	m^3	0.70
5	地面	碎砖垫层、水泥砂浆面层	m^2	13
6	楼面	120mm 预制空心板、水泥砂浆面层	m^2	65
7	门窗	木门窗	m^2	62
8	屋面	预制空心板、水泥珍珠岩保温、三毡四油卷材防水	m^2	21.7
9	脚手架	综合脚手架	m^2	100

表 3.25　　**内浇外砌住宅人工及主要材料消耗指标**

序号	名称及规格	单位	数量	序号	名称及规格	单位	数量
一、土建				二、水暖			
1	人工	工日	506	1	人工	工日	39
2	钢筋	t	3.25	2	钢管	t	0.18
3	型钢	t	0.13	3	暖气片	m^2	20
4	水泥	t	18.10	4	卫生器具	套	2.35
5	白灰	t	2.10	5	水表	个	1.84
6	沥青	t	0.29	三、电气照明			
7	红砖	千块	15.10	1	人工	工日	20
8	木材	m^3	4.10	2	电线	m	283
9	砂	m^3	41	3	钢管	t	0.04
10	砺	m^3	30.5	4	灯具	套	8.43
11	玻璃	m^2	29.2	5	电表	个	1.84
12	卷材	m^2	80.8	6	配电箱	套	6.1
				四、机械使用费		%	7.5
				五、其他材料费		%	19.57

(2)设备及安装工程的列表形式。设备以“t”或“台”为计算单位,也可以设备购置费或设备原价的百分比(%)表示;工艺管道一般以“t”为计算单位。列出指标编号、项目名称、规格、综合指标(元/计算单位)之后,一般还要列出其中的人工费,必要时还要列出主要材料费、辅材费。

第四章

工程计量

第一节 工程计量的基本原理与方法

一、工程计量的有关概念

1. 工程计量的含义

工程量计算是工程计价活动的重要环节，是指建设工程项目以工程设计图纸、施工组织设计或施工方案及有关技术经济文件为依据，按照相关工程国家标准的计算规则、计量单位等规定，进行工程数量的计算活动，在工程建设中简称工程计量。

由于工程计价的多阶段性和多次性，工程计量也具有多阶段性和多次性。工程计量不仅包括招标阶段工程量清单编制中工程量的计算，而且包括投标报价以及合同履约阶段的变更、索赔、支付和结算中工程量的计算和确认。工程计量工作在不同计价过程中有不同的具体内容，如在招标阶段主要依据施工图纸和工程量计算规则确定拟完工分部分项工程项目和措施项目的工程数量；在施工阶段主要根据合同约定、施工图纸及工程量计算规则对已完成工程量进行计算和确认。

2. 工程量的含义

工程量是工程计量的结果，是指按一定规则并以物理计量单位或自然计量单位所表示的建设工程各分部分项工程、措施项目或结构构件的数量。物理计量单位是指以公制度量表示的长度、面积、体积和质量等计量单位，如预制钢筋混凝土方桩以“m”为计量单位，墙面抹灰以“m^2”为计量单位。混凝土以“m^3”为计量单位等。自然计量单位指建筑成品表现在自然状态下的简单点数所表示的个、条、樘、块等计量单位。如门窗工程可以“樘”为计量单位，桩基工程可以“根”为计量单位等。

工程量是确定工程量清单、建筑工程直接费、编制施工组织设计、安排施工进度、编制材料供应计划、进行统计工作和实现经济核算的重要依据。

二、工程量计算的依据

工程量的计算需要根据施工图及其相关说明、技术规范、标准、定额、有关的图集、有关的计算手册等，按照一定的工程量计算规则逐项进行。主要依据如下：

(1)国家发布的工程量计算规范和国家、地方和行业发布的消耗量定额及其工程量计算规则。

(2)经审定的施工设计图纸及其说明。施工图纸全面反映建筑物(或构筑物)的结构构造、各部位的尺寸及工程做法，是工程量计算的基础资料和基本依据。除了施工设计图纸及其说明，还应配合有关的标准图集进行工程量计算。

(3)经审定的施工组织设计(项目管理实施规划)或施工方案。施工图纸主要表现拟建工程的实体项目，分项工程的具体施工方法及措施应按施工组织设计(项目管理实施规划)或施工方案确定。如计算挖基坑土方，施工方法是采用人工开挖，还是采用机械开挖，基坑周围是否需要放坡、预留工作面或做支撑防护等，应以施工方案为计算依据。

(4)经审定通过的其他有关技术经济文件。如：工程施工合同、招标文件的商务条款等。

三、工程量计算规范和消耗量定额

(一)工程量计算规范

工程量计算规范包括正文、附录和条文说明三部分。正文部分包括总则、术语、工程计量、工程量清单编制。附录对分部分项工程和可计量的措施项目的项目编码、项目名称、项目特征描述的内容、计量单位、工程量计算规则及工作内容做了规定；对于不能计量的措施项目则规定了项目编码、项目名称和工作内容及包含范围。

(二)消耗量定额

《房屋建筑与装饰工程消耗量定额》(TY01-31-2015)章节的划分与《房屋建筑与装饰工程工程量计算规范》(GB 50854-2013)基本保持一致，使消耗量定额与工程量计算规范有机结合。消耗量定额的主要内容包括文字说明、工程量计算规则、定额项目表及附录。

(三)在工程计量中两者的联系与区别

由于消耗量定额是工程量清单计价的重要依据，是确定清单项目人、材、机消耗量的基础，是编制最高投标限价的重要依据。因此，消耗量定额和工程量计算规范在项目划分、工程量计算上既有区别又有很好的衔接。为便于比较，以房屋建筑与装饰工程的工程量计算规范与消耗量定额为例说明。

1. 两者的联系

消耗量定额章节划分与工程量计算规范附录顺序、计算规范项目编码、计算规则、基本计算方法基本一致。

2. 两者的区别

(1)两者的用途不同。工程量计算规范的工程量计算规则主要用于计算工程量、编制工程量清单、结算中的工程计量等方面；而消耗量定额的工程量计算规则主要用于工程计价，工程量清单中的工程量不能直接用来计价，在计价时可以根据消耗量定额计算清单项目所包含的定额项目的定额工程量。

(2)项目划分和综合的工作内容不同。消耗量定额项目划分一般是基于施工工序进行设置的，体现施工单元，包含的工作内容相对单一；而工程量计算规范清单项目划分一般是基于

"综合实体"进行设置的,体现功能单元,包括的工作内容往往不止一项(即一个功能单元可能包括多个施工单元或者一个清单项目可能包括多个定额项目)。如消耗量定额的土方工程(编码:010101),根据施工方法不同分为人工土方和机械土方,人工土方又细分为人工挖一般土方、人工挖沟槽土方、人工挖基坑土方、人工挖冻土、人工挖淤泥流砂及人工装车、人工运土方、人力车运土方、人工运淤泥流砂等项目。人工挖一般土方根据土壤类别和基深分为8个定额项目。而在工程量计算规范土方工程(编码:010101)中与之对应的清单项目分为5项:挖一般土方,挖沟槽土方,挖基坑土方,冻土开挖,挖淤泥、流砂。工程量清单项目挖一般土方综合的工作内容有:排地表水、土方开挖、围护(挡土板)及拆除、基底钎探、运输,这些内容在消耗量定额中往往为单独的定额子目。

(3)计算口径的调整。消耗量定额项目计量考虑了不同施工方法和加工余量的实际数量,即消耗量定额项目计量考虑了一定的施工方法、施工工艺和现场实际情况,而工程量计算规范规定的工程量主要是完工后的净量[或图纸(含变更)的净量]。如土方工程中的010101004挖基坑土方,按工程量计算规范其工程量按图示尺寸以垫层底面积乘以挖土深度计算,按规范规定应是净量(需要注意的是规范中也同时说明,编制招标工程量清单时也可以将放坡增加的工程量并入土方工程量内)。消耗量定额项目计量则包括放坡及工作面等的开挖量,即包含了为满足施工工艺要求而增加的加工余量(如图4.1所示)。

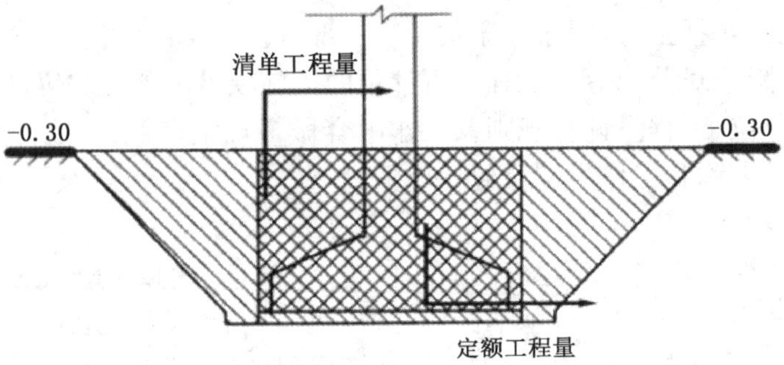

图4.1 挖基坑土方清单工程量与消耗量定额工程量计算口径比较

(4)计量单位的调整。工程量清单项目的计量单位一般采用基本的物理计量单位或自然计量单位,如m^2、m、kg、t等,消耗量定额中的计量单位一般为扩大的物理计量单位或自然计量单位,如$100m^2$、$1\ 000m^3$、100m等。

四、工程量计算的基本要求

无论什么工程,必须在看懂图纸、熟悉图纸内容的前提下进行工程量计算,并且绝不能人为地加大或缩小数据,只能按图纸尺寸计算,这是一个最基本的要求。在计算工程量的过程中,必须遵循下列工程量计算的基本要求:

(1)计算口径要一致。计算工程量时,根据施工图纸列出的分项工程的口径(指分项工程所包括的内容和范围)应与预算定额(或"计量规范")相对应分项工程的口径相一致。在分项工程的列项上,既不允许漏项,也不允许重复,只能与定额(或"计量规范")规定的口径相一致。如楼地面分部工程的卷材防潮层定额项目中,已包括刷冷底子油一遍和附加卷材层工料的消耗,所以在计算该分项工程量时,不能再列刷冷底子油项目。

(2)工程量计量单位必须同定额(或“计量规范”)规定计量单位一致。在计算工程量时,首先要弄清楚的就是定额(或“计量规范”)的计量单位。分项工程工程量计量单位必须与定额(或“计量规范”)相应项目中的计量单位一致。

(3)工程量计算规则要与现行定额(或“计量规范”)要求一致。工程量计算规则是整个工程量计算的指南,是预算定额编制的重要依据之一,也是预算定额和工程量计算之间联系、沟通与统一的桥梁。只有按工程量计算规则计算出来的工程量,才能从定额中分析出相应的活劳动与物化劳动的消耗量。在清单计价模式下,投标单位报价按施工图纸计算工程量时,所采用的计算规则必须与本地区现行的定额工程量计算规则相一致,这样才能有统一的计算标准,以防止错算。

(4)必须与设计图纸的设计规定一致。工程量计算项目名称与图纸设计规定应保持一致,不得随便修改名称去高套定额。

(5)工程量计算式必须部位清楚,或做简要文字注释,算式应按一定的格式排列。

(6)计算必须准确、不重算、不漏算。计算工程量时,必须严格按照图示尺寸计算,不得任意加大或缩小。

注意工程量数据的位数:钢材以“t”为计量单位,木材以“m^3”为计量单位,均保留 3 位小数;其余项目一般都保留两位小数,土方汇总时取整数。

五、工程量的计算顺序

一个单位工程的分项工程很多,稍有疏忽,就会有漏项少算和重复多算的现象发生。因此,对工程量计算方法的研究是一个十分重要的课题。由于全国各省、市、自治区编制的定额和工程量计算规则有一定的差异,加之预算人员的经历和经验不同,工程对象多样化等,因而就全国范围来说,对工程量的计算也没有一个定型的统一计算方法。归纳各地的做法,现简要介绍如下:

1. 按定额(或“计量规范”)的编排顺序列项

按定额(或“计量规范”)的编排顺序列项计算的方法是按照定额手册(或“计量规范”)所排列的分部分项顺序列项依次进行计算,如土石方、砖石、脚手架、混凝土及钢筋混凝土等分部分项进行计算。

2. 按施工顺序列项计算

按施工顺序列项计算的方法是按施工的先后顺序安排工程量的计算顺序。如基础工程是按平整场地、挖地槽、挖地坑、基础垫层、砌砖石基础、现浇混凝土基础、基础防潮层、基础回填、余土外运等列项计算,这种方法打破了定额(或“计量规范”)按分部分项列项进行计算的常规方法。

3. 按顺时针方向列项计算

按顺时针方向列项计算的方法是从平面图的左上角开始,从左到右按顺时针方向环绕一周,再回到左上角为止,如图 4.2 所示。

4. 按先横后竖、先上后下、先左后右的顺序列项计算

按先横后竖、先上后下、先左后右的顺序列项计算的方法是指在同一平面图上有纵横交错的墙体时,可按照先横后竖的顺序进行计算。计算横墙时先上后下,横墙间断时先左后右;计算竖墙时先左后右,竖墙间断时先上后下。如计算内墙基础、内墙砌筑、内墙墙身防潮等均按上述顺序进行计算,如图 4.3 所示。

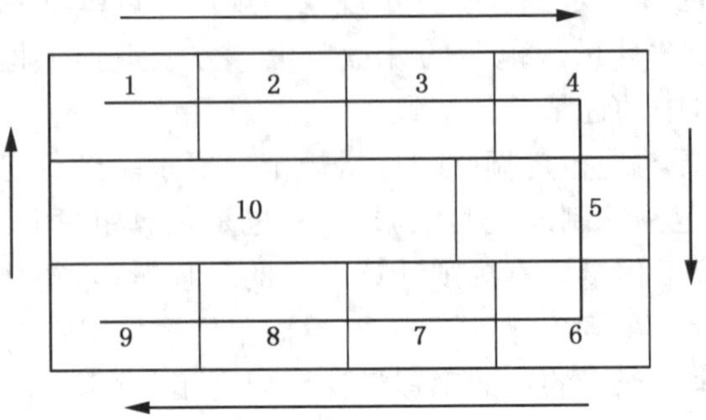

图 4.2 顺时针方向列项示意图

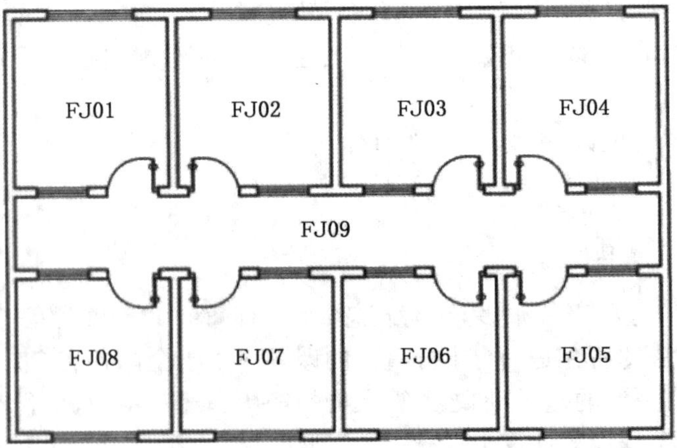

图 4.3 先横后竖列项计算示意图

5. 按构件的分类和编号顺序列项计算

按构件的分类与编号顺序列项计算的方法是按照各类不同的构件、配件，如空心板、平板、过梁、单梁、门窗等，就其自身的编号（如柱 Z1、Z2 等，梁 L1、L2 等，门 M1、M2 等）分别依次列表计算。这种分类编号列表计算的方法，既方便检查核对，又能简化计算式，因此各类构件和门窗均可采用此方法计算工程量。

以上所述的仅是工程量计算的一般方法。不论采用何种计算方法，都应做到项目不重复计算、不漏项，数据准确可靠，方法科学简便，只有这样才能不断提高工程造价的编制速度和质量。

第二节　建筑面积计算

一、建筑面积的概念

建筑面积是一项重要的经济指标。在国民经济一定的时期内完成建筑面积的多少标志着一个国家的工、农业发展状况，人民生活居住条件的改善和文化生活福利设施发展的程度。建筑面积是指建筑物外围结构所围成的水平投影面积的总和，也就是建筑物的展开面积。建筑面积包括房屋使用面积、辅助面积和结构面积。其中，房屋使用面积是指建筑物各层平面布置中可直接为生产或生活使用的净面积总和，例如住宅建筑中的卧室、起居室、客厅等(住宅建筑中的使用面积也称为居住面积)。辅助面积，是指建筑物各层平面布置中为辅助生产和生活所必需的净面积总和，例如住宅建筑中的楼梯、走道、厕所、厨房等。使用面积与辅助面积的总和称为有效面积。结构面积是指建筑物各层平面布置中的墙体、柱等结构所占面积的总和。建筑面积的组成示意图如图 4.4 所示。

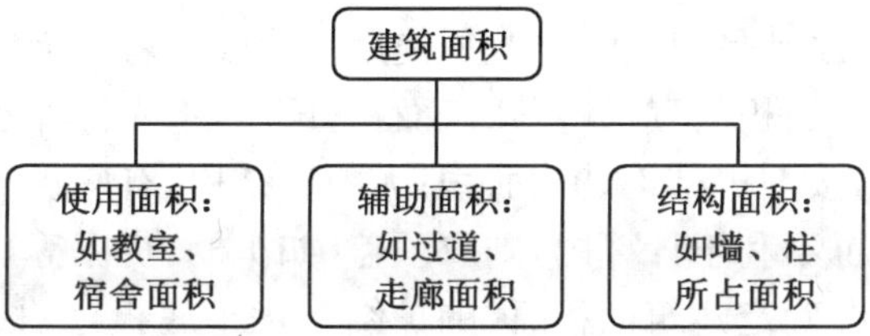

图 4.4　建筑面积的组成示意图

二、建筑面积的作用

建筑面积计算是工程计量的最基础工作，在工程建设中具有重要意义。首先，工程建设的技术经济指标中，大多以建筑面积为基数，建筑面积是核定估算、概算、预算工程造价的一个重要基础数据，是计算和确定工程造价，并分析工程造价和工程设计合理性的一个基础指标；其次，建筑面积是国家进行建设工程数据统计、固定资产宏观调控的一个重要指标；再次，建筑面积还是房地产交易、工程承发包交易、建筑工程有关运营费用的核定等的一个关键指标。建筑面积的作用，具体有以下几个方面：

1. 建筑面积是确定建设规模的重要指标

建筑面积的多少可以用来控制建设规模，如根据项目立项批准文件所核准的建筑面积来控制施工图设计的规模。建设面积的多少也可以用来衡量一定时期国家或企业工程建设的发展状况和完成生产量情况等。

2. 建筑面积是确定各项技术经济指标的基础

建筑面积是衡量工程造价、人工消耗量、材料消耗量和机械台班消耗量的重要经济指标。比如，有了建筑面积，才能确定每平方米建筑面积的工程造价等指标，计算如公式(4.1)～公式(4.3)所示。

$$\text{单位面积工程造价}=\frac{\text{工程造价}}{\text{建筑面积}} \tag{4.1}$$

$$\text{单位建筑面积的材料消耗指标}=\frac{\text{工程材料耗用量}}{\text{建筑面积}} \tag{4.2}$$

$$\text{单位建筑面积的人工用量}=\frac{\text{工程人工工日耗用量}}{\text{建筑面积}} \tag{4.3}$$

3. 建筑面积是评价设计方案的依据

建筑设计和建筑规划中，经常使用建筑面积控制某些指标，比如容积率、建筑密度、建筑系数等。在评价设计方案时，通常采用居住面积系数、土地利用系数、有效面积系数、单方造价等指标，都与建筑面积密切相关。因此，为了评价设计方案，必须准确计算建筑面积。

4. 建筑面积是计算有关分项工程量的依据和基础

建筑面积是确定一些分项工程量的基本依据，应用统筹计算方法，根据底层建筑面积，就可以很方便地推算出室内回填土体积、地(楼)面面积和天棚面积等。另外，建筑面积也是计算有关工程量的重要依据，比如综合脚手架、垂直运输等项目的工程量是以建筑面积为基础计算的工程量。

三、建筑面积计算规则与方法

建筑面积计算的一般原则是：凡在结构上、使用上形成具有一定使用功能的建筑物和构筑物，并能单独计算出其水平面积的，应计算建筑面积；反之，不应计算建筑面积。取定建筑面积的顺序为：有围护结构的，按围护结构计算面积；无围护结构，有底板的，按底板计算面积(如室外走廊、架空走廊)；底板也不利于计算的，则取顶盖(如车棚、货棚等)；主体结构外的附属设施按结构底板计算面积，即在确定建筑面积时，围护结构优于底板，底板优于顶盖，所以，有盖无盖不作为计算建筑面积的必备条件，如阳台、架空走廊、楼梯是利用其底板，顶盖只是起遮风挡雨的辅助功能。

建筑面积的计算主要依据现行国家标准《建筑工程建筑面积计算规范》(GB/T 50353-2013)，该规范包括总则、术语、计算建筑面积的规定和条文说明 4 个部分，规定了计算建筑全部面积、计算建筑部分面积和不计算建筑面积的情形及计算规则，适用于新建、扩建、改建的工业与民用建筑工程建设全过程的建筑面积计算，即规范不仅适用于工程造价计价活动，而且适用于项目规划、设计阶段，但房屋产权面积计算不适用于该规范。

(一)应计算建筑面积的范围及规则

(1)建筑物的建筑面积应按自然层外墙结构外围水平面积之和计算。结构层高在 2.20m 及以上的，应计算全面积；结构层高在 2.20m 以下的，应计算 1/2 面积。

自然层是指按楼地面结构分层的楼层，结构层高是指楼面或地面结构层上表面至上部结构层上表面之间的垂直距离。上下均为楼面时，结构层高是指相邻两层楼板结构层上表面之间的垂直距离，建筑物最底层，从混凝土构造的上表面，算至上层楼板结构层上表面(分两种情况：一是有混凝土底板的，从底板上表面算起，如底板上有上反梁，则应从上反梁上表面算起；二是无混凝土底板、有地面构造的，以地面构造中最上一层混凝土垫层或混凝土找平层上表面算起)；建筑物顶层，从楼板结构层上表面算至屋面板结构层上表面，如图 4.5 所示。

建筑面积计算不再区分单层建筑和多层建筑，有围护结构的以围护结构外围计算。所谓围护结构是指围合建筑空间的墙体、门、窗。计算建筑面积时不考虑勒脚，勒脚是建筑物外墙与室外地面或散水接触部分墙体的加厚部分，其高度一般为室内地坪与室外地面的高差，也有的将勒脚高度提高到底层窗台，因为勒脚是墙根很矮的一部分墙体加厚，不能代表整个外墙结构。当外墙结构本身在一个层高范围内不等厚时(不包括勒脚，外墙结构在该层高范围内材质不变)，以楼地面结构标高处的外围水平面积计算，如图 4.6 所示。当围护结构下部为砌体，上部为彩钢板围护的建筑物(如图 4.7 所示)，其建筑面积的计算方式为：当 $h<0.45$m 时，建筑面积按彩钢板外围水平面积计算；当 $h\geq 0.45$m 时，建筑面积按下部砌体外围水平面积计算。

(2)建筑物内设有局部楼层时，对于局部楼层的二层及以上楼层，有围护结构的应按其围护结构外围水平面积计算，无围护结构的应按其结构底板水平面积计算，且结构层高在 2.20m 及以上的，应计算全面积，结构层高在 2.20m 以下的，应计算 1/2 面积。

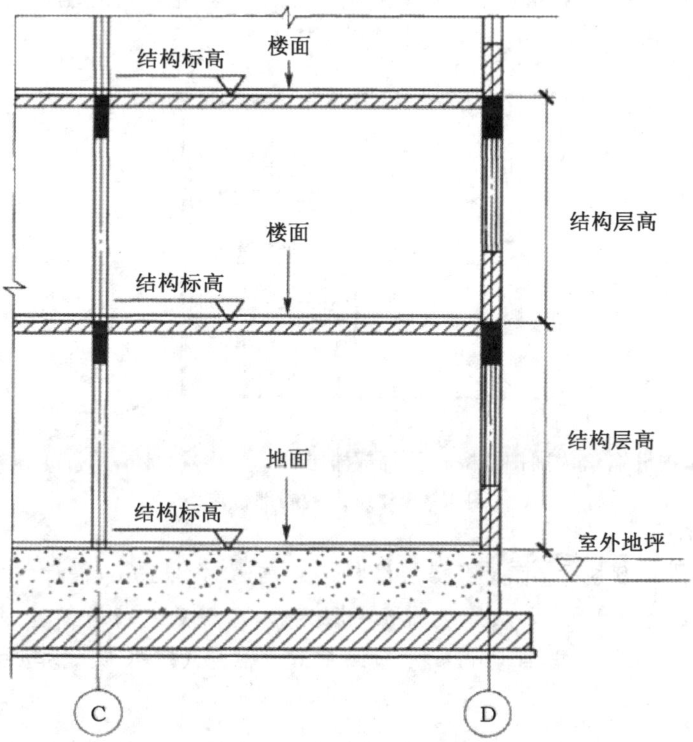

图 4.5　结构层高示意图

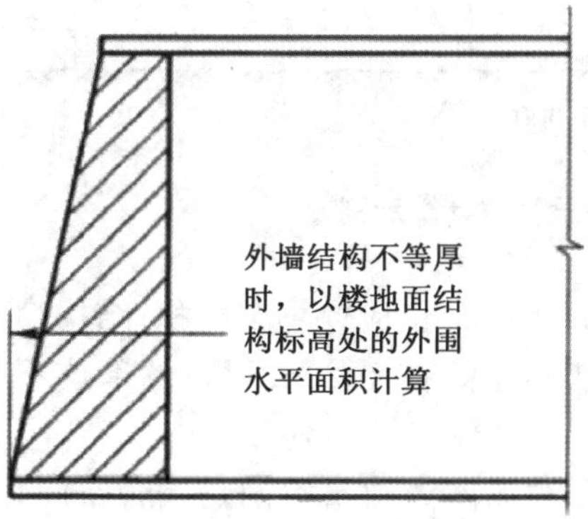

图 4.6　外墙结构不等厚

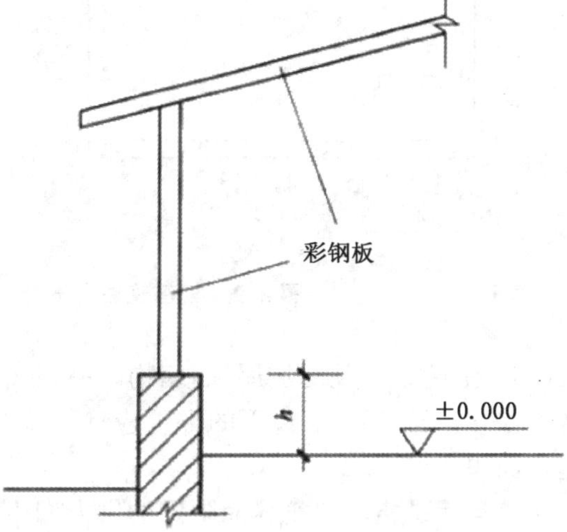

图 4.7　围护结构下部为砌体，上部为彩钢板

如图 4.8 所示，在计算建筑面积时，只要是在一个自然层内设置的局部楼层，其首层面积已包括在原建筑物中就不能重复计算。因图 4.8 中建筑物内设有局部楼层，应从二层以上开始计算局部楼层的建筑面积。计算方法是有围护结构按围护结构（如图 4.8 中局部二层）计算面积，没有围护结构的按底板（如图 4.8 中局部三层，需要注意的是，没有围护结构的应该有围

护设施，否则不属于楼层)计算面积。围护结构是指围合建筑空间的墙体、门、窗。栏杆、栏板属于围护设施。

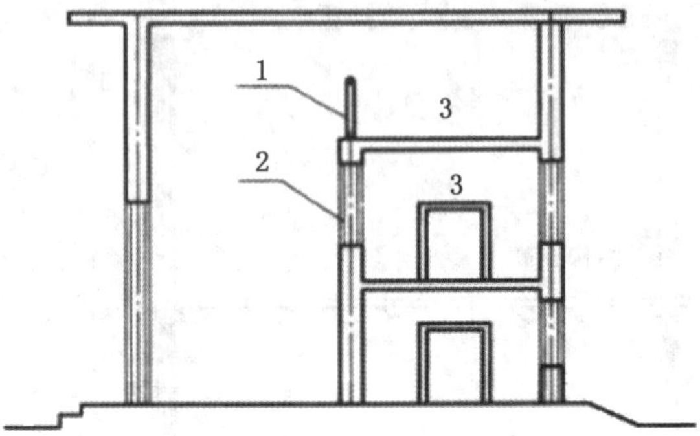

注:图中 1 为围护设施，2 为围护结构，3 为局部楼层。

图 4.8 建筑内的局部楼层

【例 4.1】 如图 4.9 所示，若局部楼层结构层高均超过 2.20m，请计算其建筑面积。

解:该建筑的建筑面积为:首层建筑面积=50×10=500(m^2);局部二层建筑面积(按围护结构计算)=5.49×3.49=19.16(m^2);局部三层建筑面积(按底板计算)=(5+0.1)×(3+0.1)=15.81(m^2)

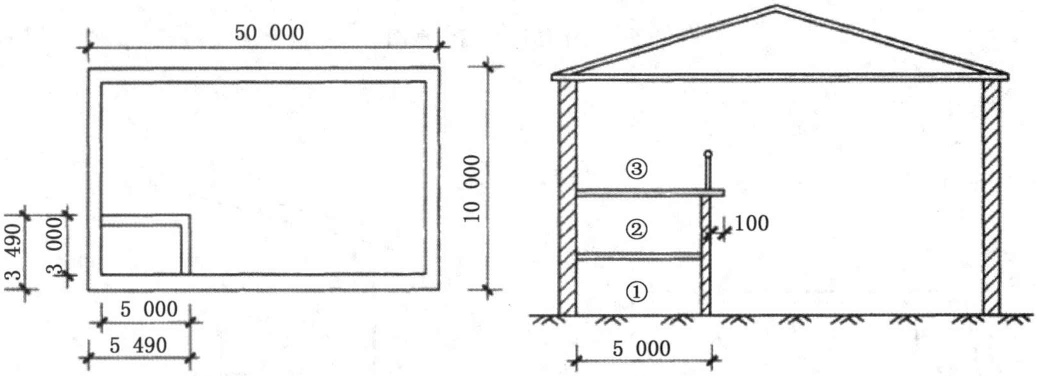

图 4.9 某建筑物内设有局部楼层建筑面积计算示例

(3)形成建筑空间的坡屋顶，结构净高在 2.10m 及以上的部位应计算全面积；结构净高在 1.20m 及以上至 2.10m 以下的部位应计算 1/2 面积；结构净高在 1.20m 以下的部位不应计算建筑面积。

建筑空间是指以建筑界面限定的供人们生活和活动的场所。建筑空间是围合空间，可出入[可出入是指人能够正常出入，即通过门或楼梯等进出；而必须通过窗、栏杆、人(手)孔、检修孔等出入的不算可出入]、可利用。所以，这里的坡屋顶指的是与其他围护结构能形成建筑空间的坡屋顶。

结构净高是指楼面或地面结构层上表面至上部结构层下表面之间的垂直距离，如图 4.10 所示。

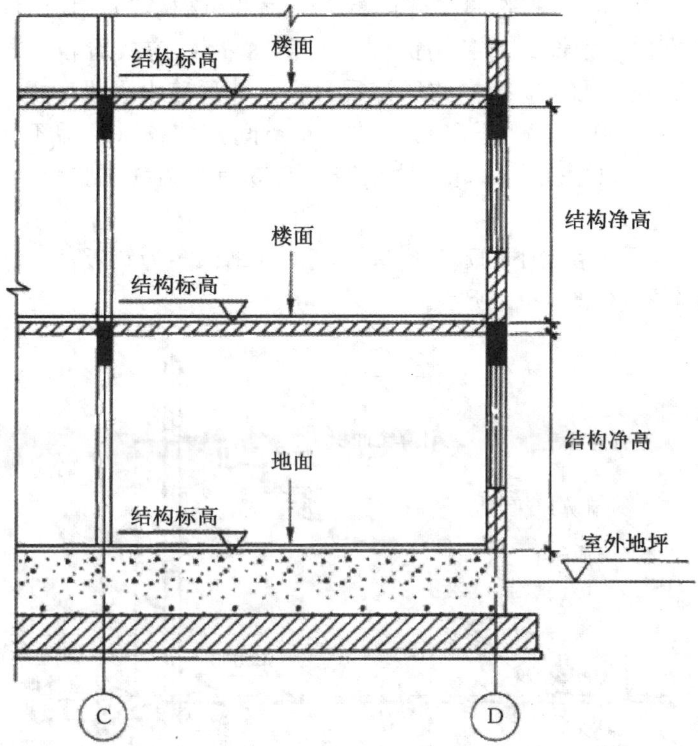

图 4.10　结构净高

【例 4.2】 如图 4.11 所示，计算坡屋顶下建筑空间的建筑面积。

解：全面积部分：50×(15−1.5×2−1.0×2)=500(m^2)；1/2 面积部分：50×1.5×2×1/2=75(m^2)；合计建筑面积：500+75=575(m^2)

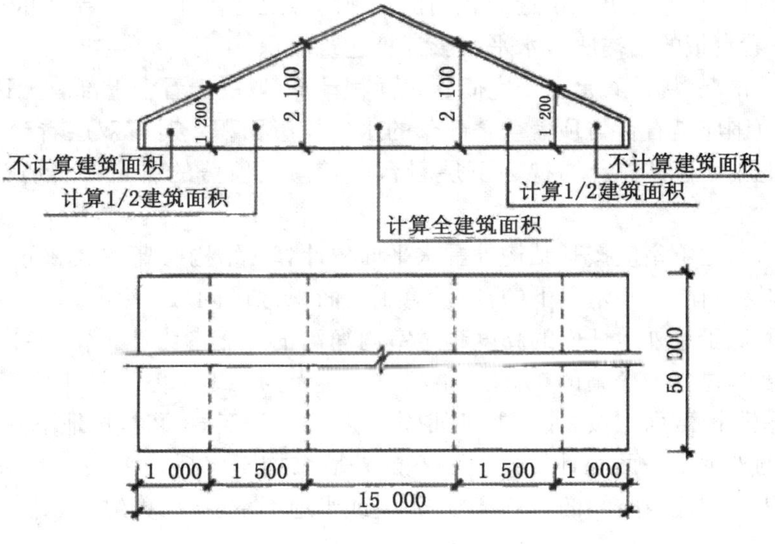

图 4.11　坡屋顶下建筑空间建筑面积计算范围示意图

(4)场馆看台下的建筑空间,结构净高在 2.10m 及以上的部位应计算全面积;结构净高在 1.20m 及以上至 2.10m 以下的部位应计算 1/2 面积;结构净高在 1.20m 以下的部位不应计算建筑面积。室内单独设置的有围护设施的悬挑看台,应按看台结构底板水平投影面积计算建筑面积。有顶盖无围护结构的场馆看台应按其顶盖水平投影面积的 1/2 计算建筑面积。场馆区分 3 种不同的情况:①看台下的建筑空间,对“场”(顶盖不闭合)和“馆”(顶盖闭合)都适用;②室内单独悬挑看台,仅对“馆”适用;③有顶盖无围护结构的看台,仅对“场”适用。

对于第一种情况,场馆看台下的建筑空间因其上部结构多为斜板,所以采用净高的尺寸划定建筑面积的计算范围,如图 4.12 所示。

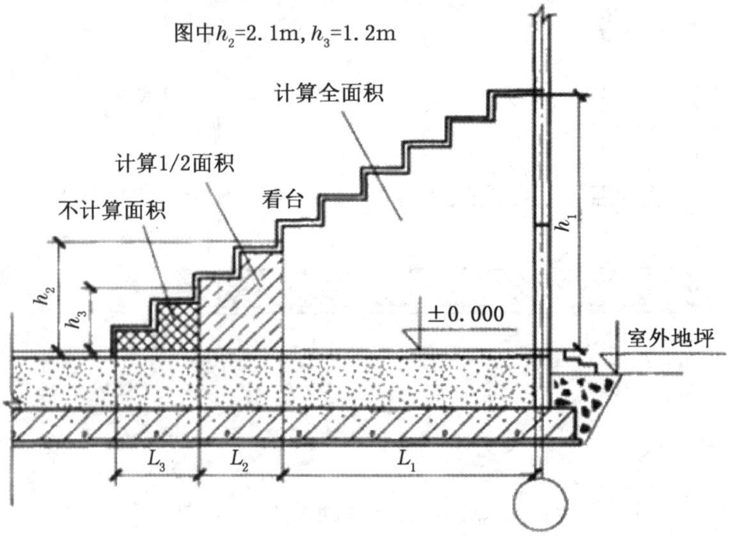

图 4.12　场馆看台下建筑空间

对于第二种情况,室内单独设置的有围护设施的悬挑看台,因其看台上部设有顶盖且可供人使用,所以按看台板的结构底板水平投影计算建筑面积。

对于第三种情况,场馆看台上部空间建筑面积计算,取决于看台上部有无顶盖。按顶盖计算建筑面积的范围应是看台与顶盖重叠部分的水平投影面积。对有双层看台的,各层分别计算建筑面积,顶盖及上层看台均视为下层看台的盖。无顶盖的看台不计算建筑面积,如图 4.13 所示。

(5)地下室、半地下室应按其结构外围水平面积计算。结构层高在 2.20m 及以上的,应计算全面积;结构层高在 2.20 米以下的,应计算 1/2 面积,如图 4.14 所示。

室内地坪面低于室外地坪面的高度超过室内净高的 1/2 者为地下室;室内地坪面低于室外地坪面的高度超过室内净高的 1/3,且不超过 1/2 者为半地下室。地下室、半地下室按“结构外围水平面积”计算,而不按“外墙上口”取定。当外墙为变截面时,按地下室、半地下室楼地面结构标高处的外围水平面积计算。地下室的外墙结构不包括找平层、防水(潮)层、保护墙等。地下空间未形成建筑空间的,不属于地下室或半地下室,不计算建筑面积。

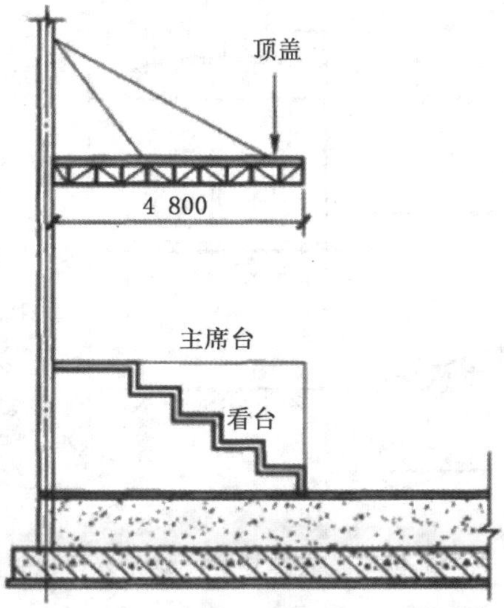

图 4.13　场馆看台(剖面)示意图

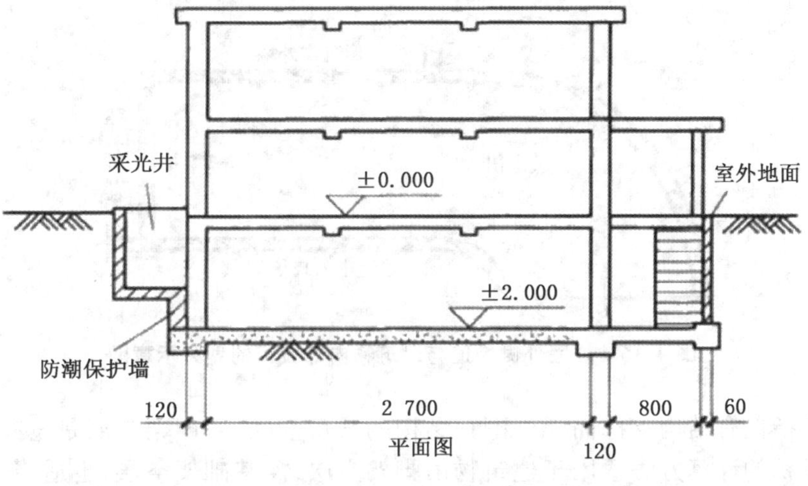

图 4.14　地下室示意图

(6)出入口外墙外侧坡道有顶盖的部位,应按其外墙结构外围水平面积的 1/2 计算面积。

出入口坡道分有顶盖出入口坡道和无顶盖出入口坡道,顶盖以设计图纸为准,对后增加及建设单位自行增加的顶盖等,不计算建筑面积。顶盖不分材料种类(如钢筋混凝土顶盖、彩钢板顶盖、阳光板顶盖等)。地下室出入口如图 4.15 所示。

坡道是从建筑物内部一直延伸到建筑物外部的,建筑物内的部分随建筑物正常计算建筑面积。建筑物内、外的划分以建筑物外墙结构外边线为界,如图 4.16 所示。所以,出入口坡道顶盖的挑出长度,为顶盖结构外边线至外墙结构外边线的长度。

(7)建筑物架空层及坡地建筑物吊脚架空层,应按其顶板水平投影计算建筑面积。结构层高在 2.20m 及以上的,应计算全面积;结构层高在 2.20m 以下的,应计算 1/2 面积。顶板水平投影面积是指架空层结构顶板的水平投影面积,不包括架空层主体结构外的阳台、空调板、通长水平挑板等外挑部分。

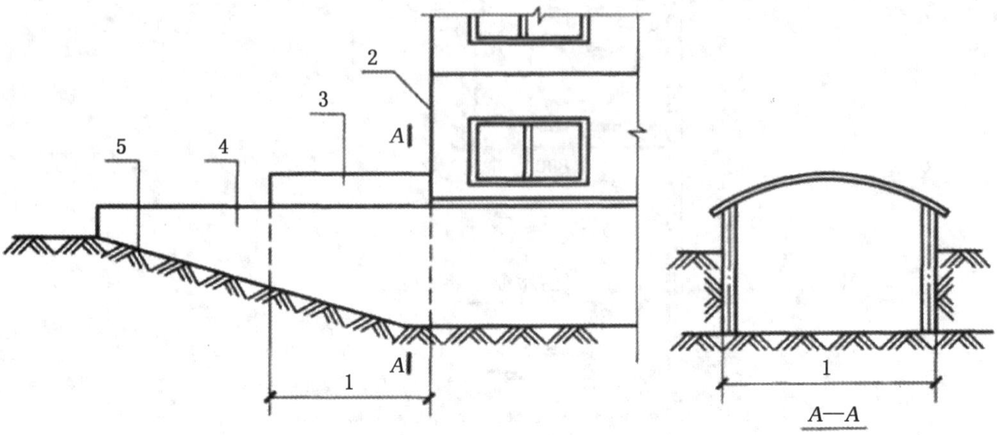

注:图中 1 为计算 1/2 投影面积部位,2 为主体建筑,3 为出入口顶盖,4 为封闭出入口侧墙,5 为出入口坡道。

图 4.15　地下室入口

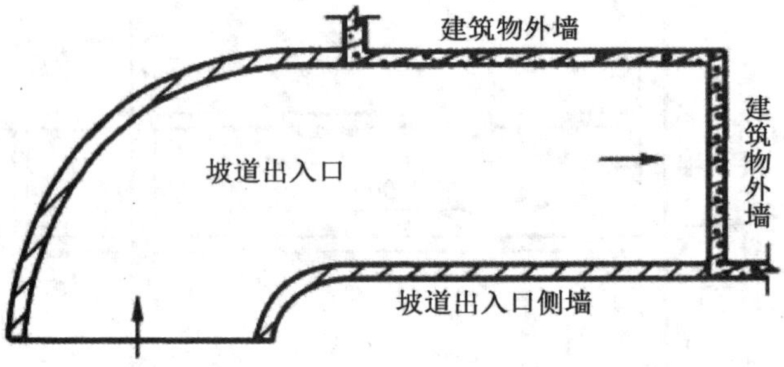

图 4.16　外墙外侧坡道与建筑物内部坡道的划分示意图

架空层是指仅有结构支撑而无外围护结构的开敞空间层,即架空层是没有围护结构的。架空层建筑面积的计算方法适用于建筑物吊脚架空层、深基础架空层,也适用于目前部分住宅、学校教学楼等工程在底层架空或在二楼或以上某个甚至多个楼层架空,作为公共活动、停车、绿化等空间的情况。建筑物吊脚架空层如图 4.17 所示。

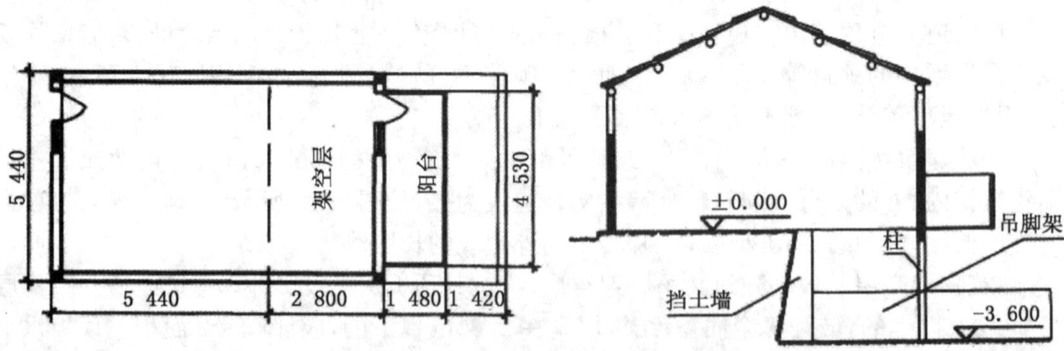

图 4.17　吊脚架空层

【例 4.3】 如图 4.17 所示，计算各部分建筑面积（结构层高均满足 2.20m）。

解：单层建筑的建筑面积＝5.44×(5.44＋2.80)＝44.83(m^2)

阳台建筑面积＝1.48×4.53÷2＝3.35(m^2)

吊脚架空层建筑面积＝5.44×2.8＝15.23(m^2)

建筑面积合计为 63.41(m^2)

(8)建筑物的门厅、大厅应按一层计算建筑面积，门厅、大厅内设置的走廊应按走廊结构底板水平投影面积计算建筑面积。结构层高在 2.20m 及以上的，应计算全面积；结构层高在 2.20m 以下的，应计算 1/2 面积。大厅、走廊如图 4.18 所示。

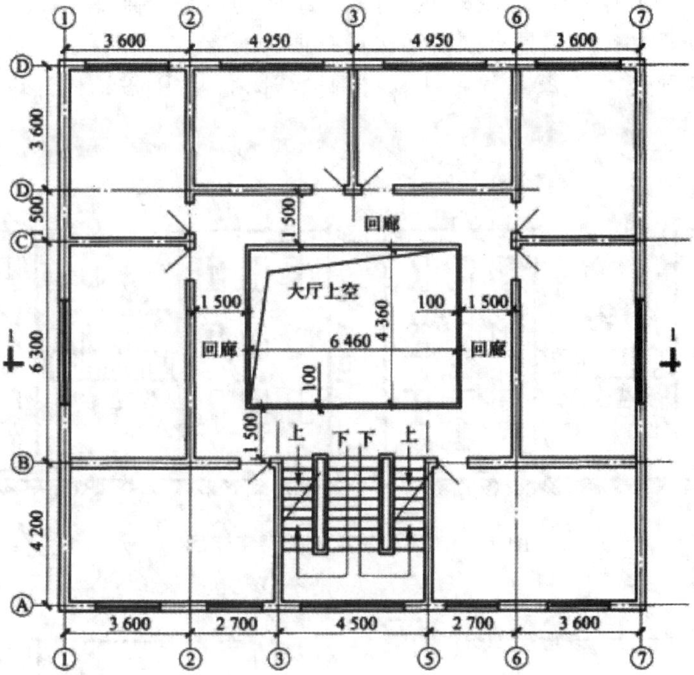

(a) 平面图

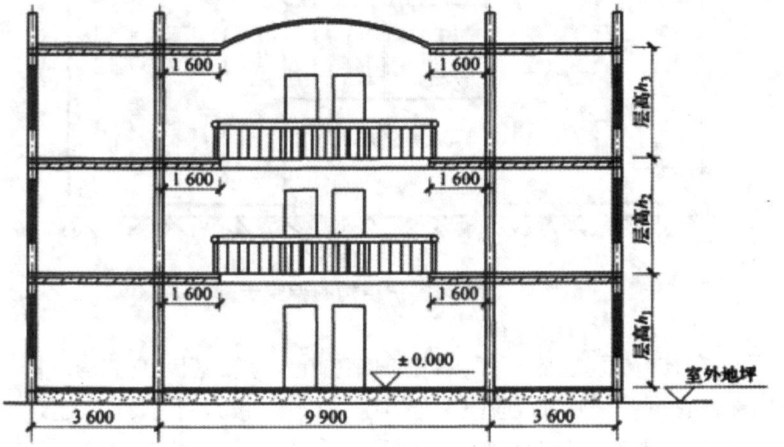

(b) 剖面图

图 4.18　大厅、走廊示意图

【例 4.4】 如图 4.18 所示，计算走廊部分建筑面积及全部建筑面积。

解：当结构层高 h_1（或 h_2 或 h_3）≥2.2m 时，按结构底板计算全面积，图中某层走廊建筑面积＝(2.7＋4.5＋2.7－0.12×2)×(6.3＋1.5－0.12×2)－6.46×4.36＝44.86(m^2)

当结构层高 h_1（或 h_2 或 h_3）＜2.2m 时，按底板计算 1/2 面积，图中某层走廊建筑面积＝[(2.7＋4.5＋2.7－0.12×2)×(6.3＋1.5－0.12×2)－6.46×4.36]×0.5≈22.43(m^2)

(9)建筑物间的架空走廊，有顶盖和围护结构的，应按其围护结构外围水平面积计算全面积。无围护结构，有围护设施的，应按其结构底板水平投影面积计算 1/2 面积。

架空走廊是指专门设置在建筑物的二层或二层以上，作为不同建筑物之间水平交通的空间，无围护结构的架空走廊如图 4.19 所示，有围护结构的架空走廊如图 4.20 所示。架空走廊建筑面积计算分为两种情况：一是有围护结构且有顶盖的，计算全面积；二是无围护结构、有围护设施，无论是否有顶盖，均计算 1/2 面积。有围护结构的，按围护结构计算面积，无围护结构的，按底板计算面积。

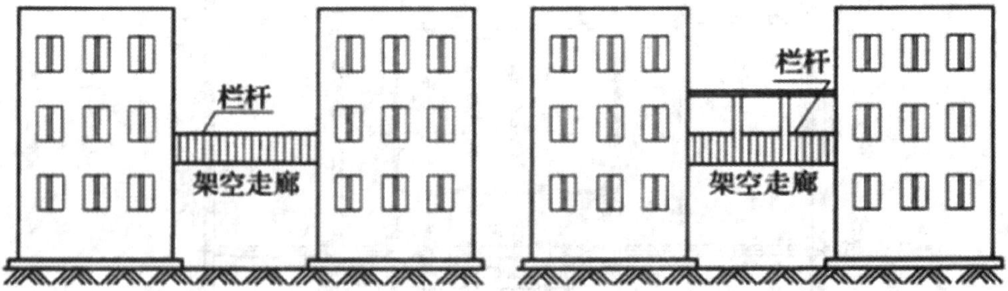

图 4.19 无围护结构的架空走廊

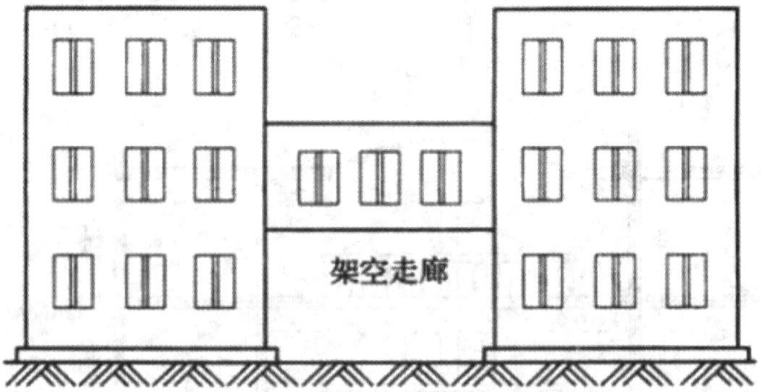

图 4.20 有围护结构的架空走廊

(10)立体书库、立体仓库、立体车库，有围护结构的，应按其围护结构外围水平面积计算建筑面积；无围护结构、有围护设施的，应按其结构底板水平投影面积计算建筑面积。无结构层的应按一层计算，有结构层的应按其结构层面积分别计算。结构层高在 2.20m 及以上的，应计算全面积；结构层高在 2.20m 以下的，应计算 1/2 面积。

结构层是指整体结构体系中承重的楼板层，包括板、梁等构件，而非局部结构起承重作用的分隔层。立体车库中的升降设备，不属于结构层，不计算建筑面积；仓库中的立体货架、书库中的立体书架都不算结构层，故该部分分层不计算建筑面积，立体书库如图 4.21 所示。

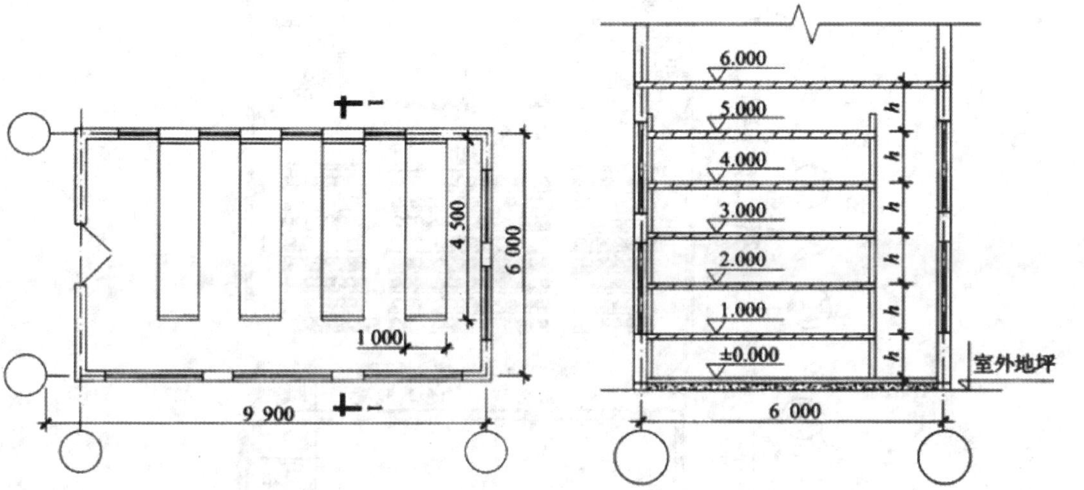

(a)平面图　　(b)剖面图

图 4.21　立体书库

(11)有围护结构的舞台灯光控制室，应按其围护结构外围水平面积计算。结构层高在 2.20m 及以上的，应计算全面积；结构层高在 2.20m 以下的，应计算 1/2 面积。舞台灯光控制室如图 4.22 所示，从图中可以看出灯光控制室处于舞台局部楼层的二层，若只有一层则不另计算建筑面积。

(12)附属在建筑物外墙的落地橱窗，应按其围护结构外围水平面积计算。结构层高在 2.2m 及以上的，应计算全面积；结构层高在 2.2m 以下的，应计算 1/2 面积。

如图 4.23 所示，落地橱窗是指突出外墙面且根基落地的橱窗，可以分为在建筑物主体结构内的和在主体结构外的，这里指的是后者。所以，理解该处橱窗需从两点出发：一是附属在建筑物外墙，属于建筑物的附属结构；二是落地，橱窗下设置有基础，若不落地，可按凸(飘)窗规定执行。

(13)窗台与室内楼地面高差在 0.45m 以下且结构净高在 2.10m 及以上的凸(飘)窗，应按其围护结构外围水平面积计算 1/2 面积。

凸(飘)窗是指凸出建筑物外墙面的窗户。凸(飘)窗必须同时满足两个条件方能计算建筑面积：一是结构高差在 0.45m 以下，二是结构净高在 2.10m 及以上。图 4.24 中，窗台与室内楼地面高差为 0.6m，超出了 0.45m，并且结构净高 1.9m<2.1m，两个条件均不满足，故该凸(飘)窗不计算建筑面积。图 4.25 中，窗台与室内楼地面高差为 0.3m，<0.45m，并且结构净高 2.2m>2.1m，两个条件同时满足，故该凸(飘)窗计算建筑面积。

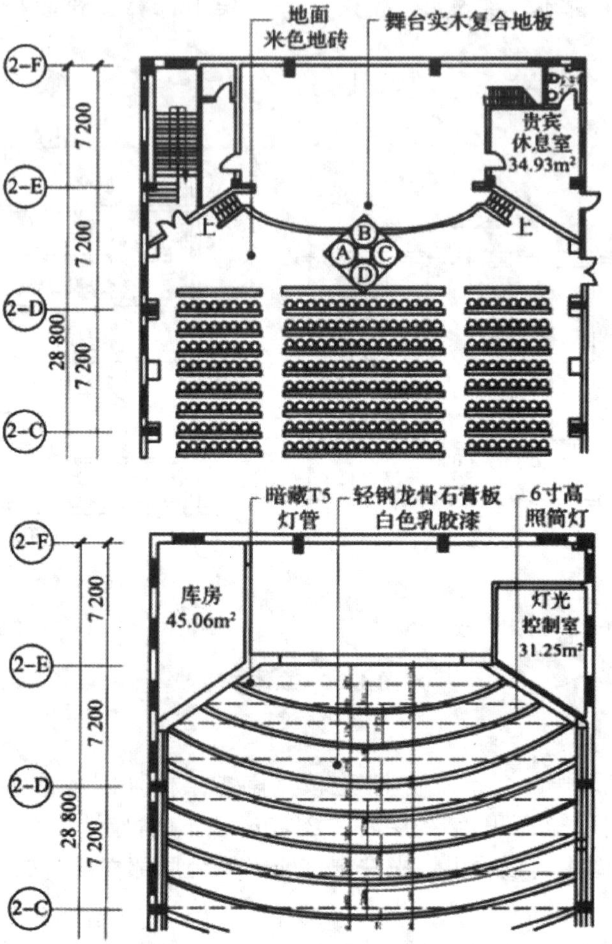

图 4.22 舞台灯光控制室平面图

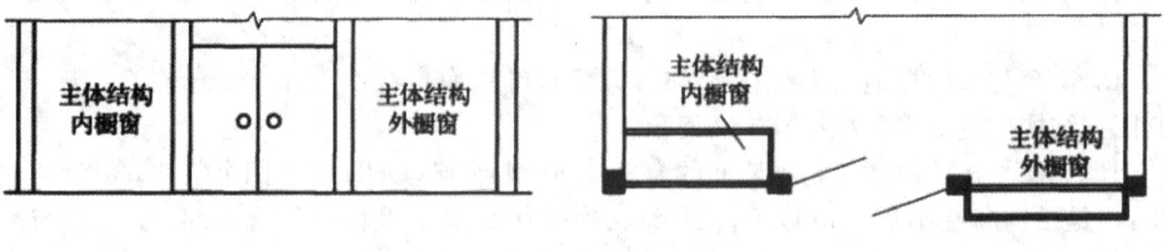

图 4.23 橱窗示意图

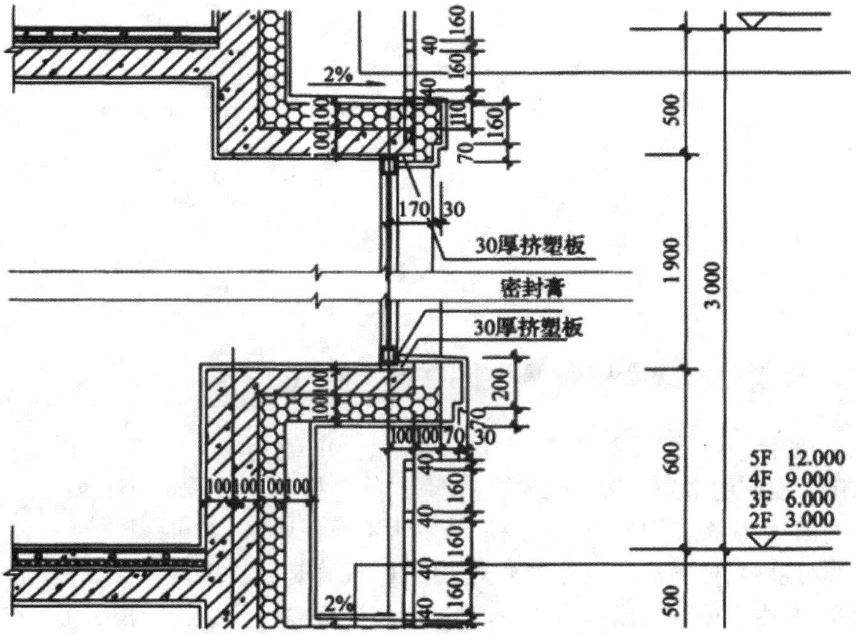

图 4.24　不计算建筑面积凸(飘)窗示例

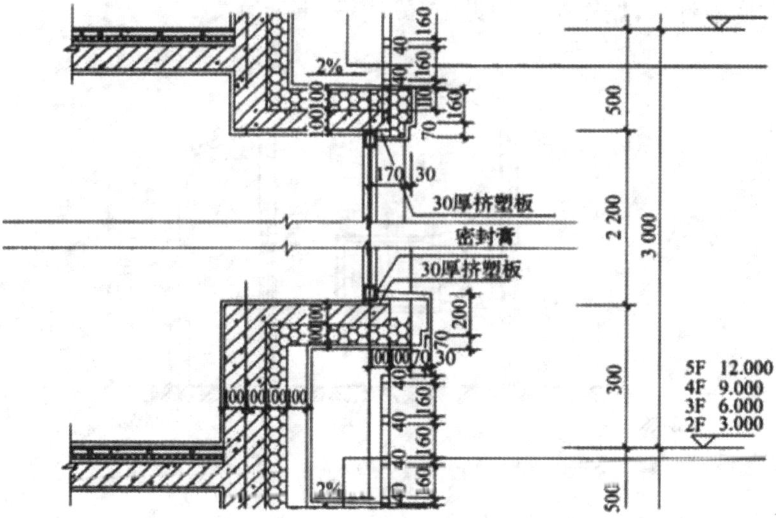

图 4.25　计算建筑面积凸(飘)窗示例

【例 4.5】 计算如图 4.26 所示飘窗的建筑面积(该飘窗同时满足计算建筑面积的两个条件)。

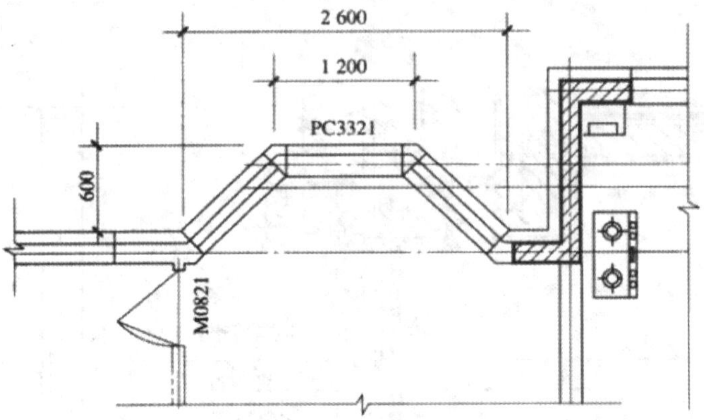

图 4.26　建筑面积凸(飘)窗面积计算示例

解:建筑面积=[1/2×(1.2+2.6)×0.6]×1/2=0.57(m^2)

(14)有围护设施的室外走廊(挑廊),应按其结构底板水平投影面积计算 1/2 面积;有围护设施(或柱)的檐廊,应按其围护设施(或柱)外围水平面积计算 1/2 面积。

室外走廊(挑廊)、檐廊都是室外水平交通空间,挑廊是悬挑的水平交通空间;檐廊是底层的水平交通空间,由屋檐或挑檐作为顶盖,且一般有柱或栏杆、栏板等,底层无围护设施但有柱的室外走廊可参照檐廊的规则计算建筑面积。无论哪一种廊,除了必须有地面结构外,还必须有栏杆、栏板等围护设施或柱,这两个条件缺一不可,缺少任何一个条件都不计算建筑面积,在图 4.27 中,3 部位没有围护设施,所以不计算建筑面积;4 部位有围护设施,按围护设施所围成面积的 1/2 计算。室外走廊(挑廊)、檐廊虽然都算 1/2 面积,但取定的计算部位不同,室外走廊(挑廊)按结构底板计算,檐廊按围护设施(或柱)外围计算。

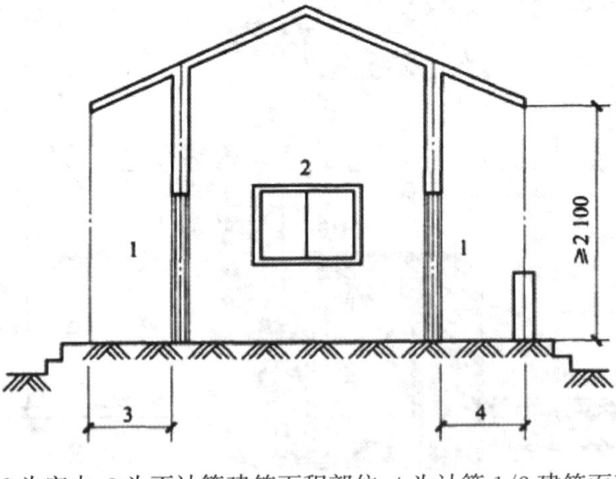

注:图中 1 为檐廊,2 为室内,3 为不计算建筑面积部位,4 为计算 1/2 建筑面积部位。

图 4.27　檐廊建筑面积计算示意图

(15)门斗应按其围护结构外围水平面积计算建筑面积。结构层高在 2.20m 及以上的,应计算全面积;结构层高在 2.20m 以下的,应计算 1/2 面积。

门斗是建筑物出入口两道门之间的空间,它是有顶盖和围护结构的全围合空间。而门廊、雨篷至少有一面不围合，与门斗不同，门斗如图 4.28 所示。

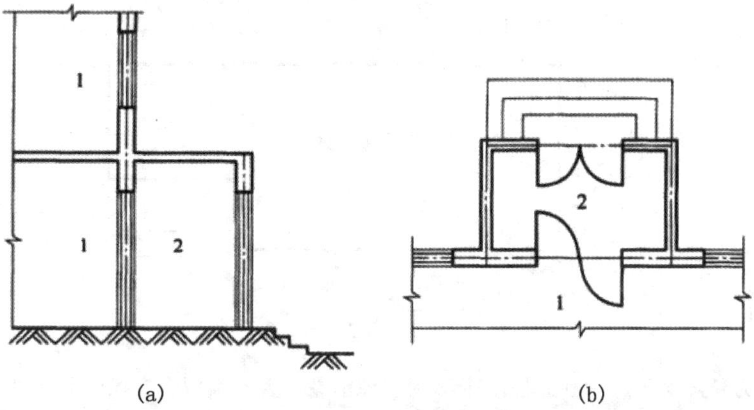

注：图中 1 为室内，2 为门斗。

图 4.28　门斗示意图

(16)门廊应按其顶板水平投影面积的 1/2 计算建筑面积；有柱雨篷应按其结构板水平投影面积的 1/2 计算建筑面积；无柱雨篷的结构外边线至外墙结构外边线的宽度在 2.10m 及以上的，应按雨篷结构板的水平投影面积的 1/2 计算建筑面积。

门廊是指在建筑物出入口，无门、三面或两面有墙，上部有板(或借用上部楼板)围护的部位。门廊划分为全凹式、半凹半凸式、全凸式，如图 4.29 所示。

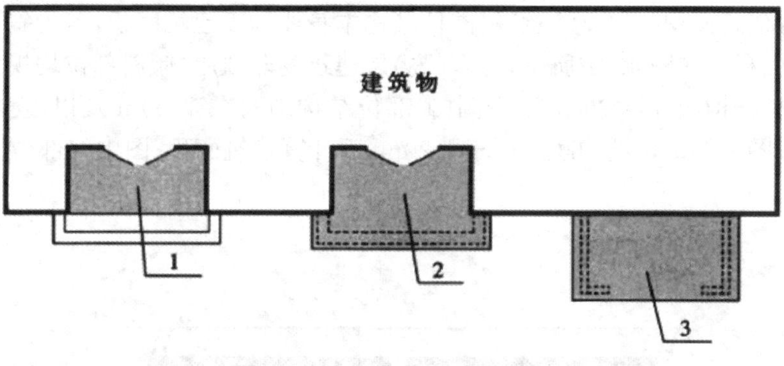

注：图中 1 为全凹式门廊，2 为半凹半凸式门廊，3 为全凸式门廊。

图 4.29　门廊示意图

雨篷分为有柱雨篷和无柱雨篷。有柱雨篷，没有出挑宽度的限制，也不受跨越层数的限制，均计算建筑面积。无柱雨篷，其结构板不能跨层，并受出挑宽度的限制，设计出挑宽度大于或等于 2.10m 时才计算建筑面积。出挑宽度是指雨篷结构外边线至外墙结构外边线的宽度，弧形或异型时，取最大宽度，如图 4.30 所示。

(17)设在建筑物顶部的，有围护结构的楼梯间、水箱间、电梯机房等，结构层高在 2.2m 及以上的应计算全面积；结构层高在 2.20m 以下的，应计算 1/2 面积。

建筑物房顶上的建筑部件属于建筑空间的可以计算建筑面积，不属于建筑空间的则归为屋顶造型(装饰性结构构件)，不计算建筑面积。

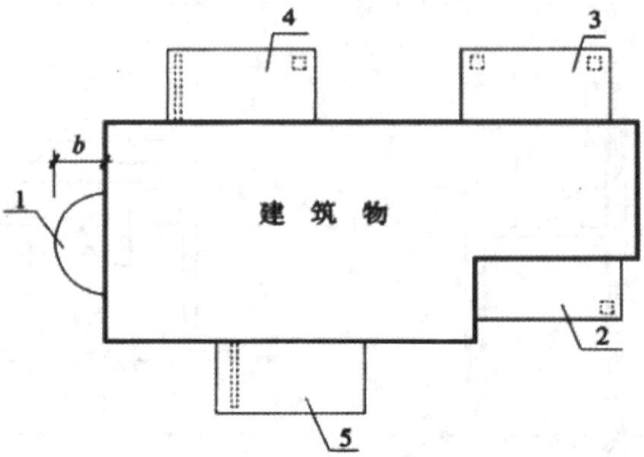

注:图中 1 为悬挑雨篷,2 为独立柱雨篷,3 为多柱雨篷,4 为柱墙混合支撑雨篷,5 为墙支撑雨篷。

图 4.30　雨篷示意图

(18)围护结构不垂直于水平面的楼层,应按其底板面的外墙外围水平面积计算。结构净高在 2.10m 及以上的部位,应计算全面积;结构净高在 1.20m 及以上至 2.10m 以下的部位,应计算 1/2 面积;结构净高在 1.2m 以下的部位,不应计算建筑面积。

围护结构不垂直既可以是向内倾斜,也可以是向外倾斜,在划分高度上,与斜屋面的划分原则相一致。由于目前很多建筑设计追求新、奇、特,造型越来越复杂,很多时候根本无法明确区分什么是围护结构,什么是屋顶,例如,国家大剧院的蛋壳型外壳,无法准确说其到底是算墙还是算屋顶,因此对于斜围护结构与斜屋顶采用相同的计算规则,即只要外壳倾斜,就按净高划段,分别计算建筑面积。但要注意,斜围护结构本身要计算建筑面积,若为斜屋顶时,屋面结构不计算建筑面积。如图 4.31 所示,为多(高)层建筑物非顶层,倾斜部位均视为斜围护结构,底板面处的围护结构应计算全面积。图中①部位结构净高在 1.20m 及以上至 2.10m 以下,计算 1/2 面积;图中②部位结构净高小于 1.20m,不计算建筑面积;图中③部位是围护结构,应计算全部面积。

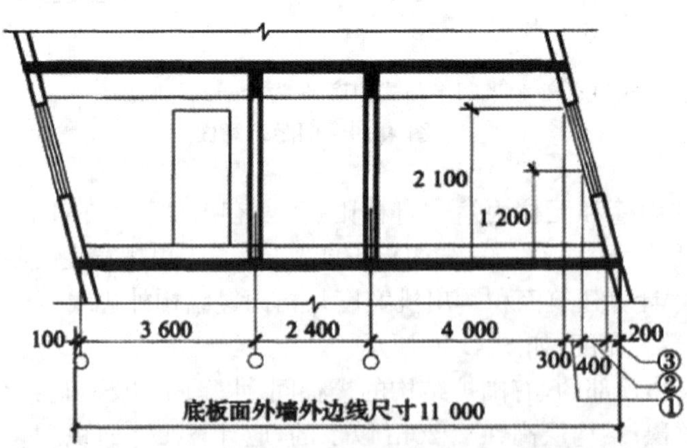

图 4.31　围护结构不垂直水平楼面的建筑面积计算示意图

【例 4.6】 如图 4.31 所示建筑物宽 10m,计算其建筑面积。

解:建筑面积=(0.1+3.6+2.4+4.0+0.2)×10+0.3×10×0.5=104.5(m^2)

(19)建筑物的室内楼梯、电梯井、提物井、管道井、通风排气竖井、烟道,应并入建筑物的自然层计算建筑面积。有顶盖的采光井应按一层计算面积,结构净高在 2.10m 及以上的,应计算全面积;结构净高在 2.10m 以下的,应计算 1/2 面积。

室内楼梯包括了形成井道的楼梯(即室内楼梯间)和没有形成井道的楼梯(即室内楼梯),即没有形成井道的室内楼梯也应该计算建筑面积,如建筑物大堂内的楼梯、跃层(或复式)住宅的室内楼梯等应计算建筑面积,建筑物的楼梯间层数按建筑物的自然层数计算,如图 4.32 所示。

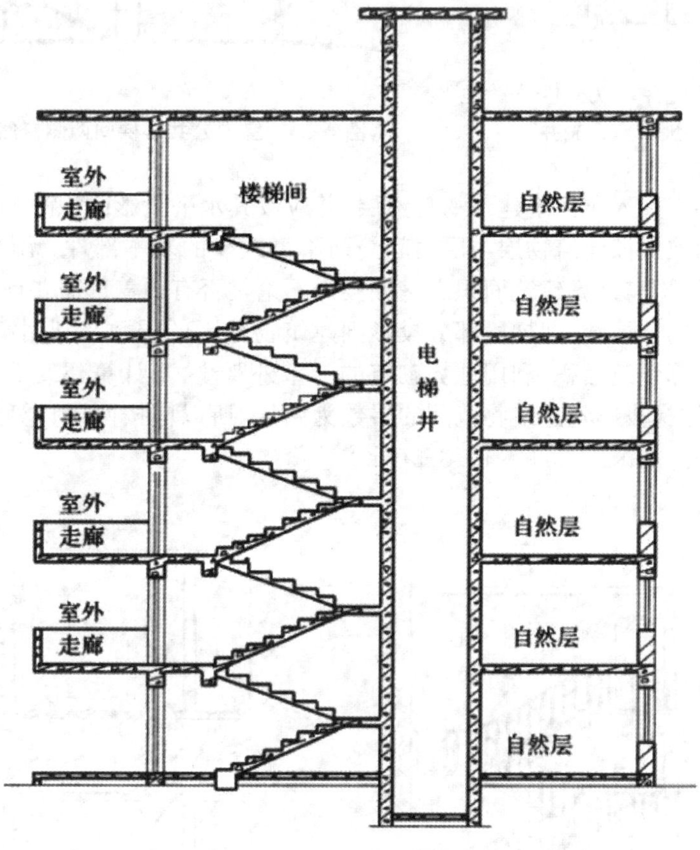

图 4.32 电梯井示意图

有顶盖的采光井包括建筑物中的采光井和地下室采光井,图 4.33 为地下室采光井,按一层计算面积。

当室内公共楼梯间两侧自然层数不同时,以楼层多的层数计算。如图 4.34 中楼梯间应计算 6 个自然层建筑面积。

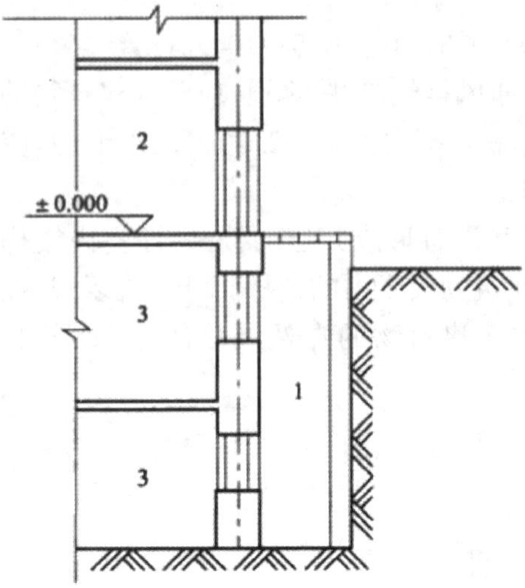

注：图中 1 为采光井，2 为室内，3 为地下室。

图 4.33 地下室采光井

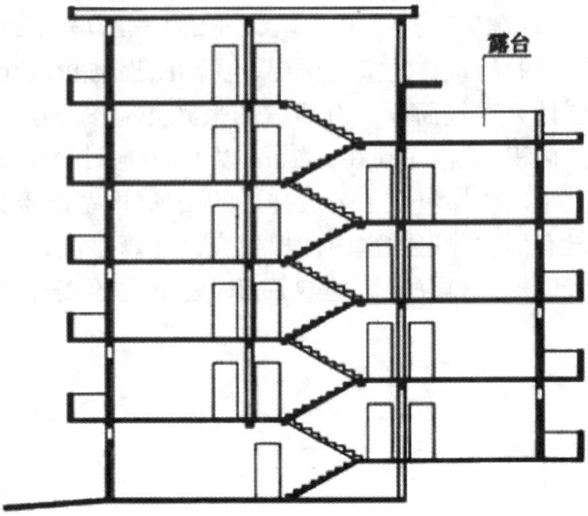

图 4.34 室内公共楼梯间两侧自然层数不同示意图

(20)室外楼梯应并入所依附建筑物自然层，并应按其水平投影面积的 1/2 计算建筑面积。

室外楼梯作为连接该建筑物层与层之间交通不可缺少的基本部件，无论从其功能还是工程计价的要求来说，均需计算建筑面积。室外楼梯不论是否有顶盖都需要计算建筑面积，层数为室外楼梯所依附的楼层数，即梯段部分投影到建筑物范围的层数。利用室外楼梯下部的建筑空间不得重复计算建筑面积；利用地势砌筑的为室外踏步，不计算建筑面积。如图 4.35 所示，该建筑物室外楼梯投影到建筑物范围的层数为两层，所以应按两层计算建筑面积，室外楼梯建筑面积＝3×6.625×2×0.5＝19.875(m^2)。

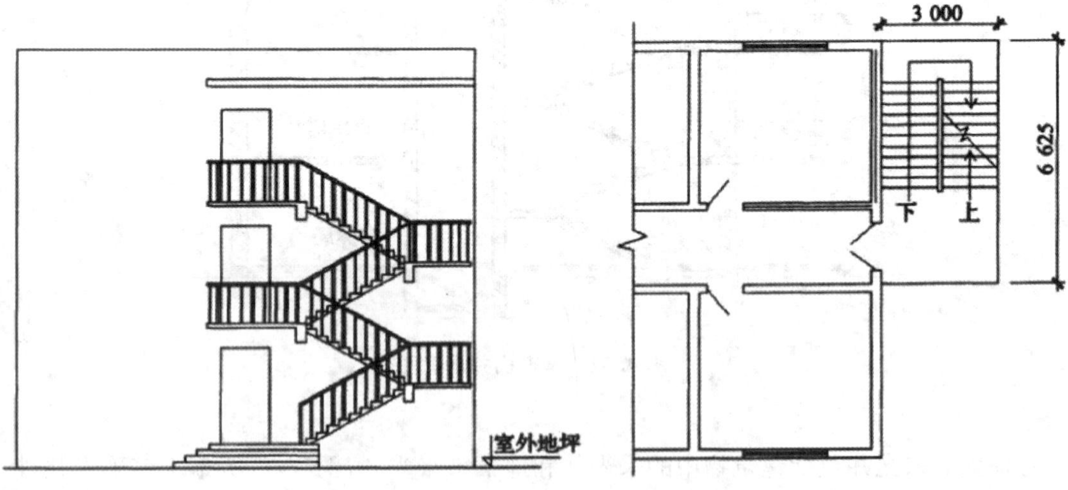

图 4.35 某建筑物室外楼梯立面平面图

(21)在主体结构内的阳台，应按其结构外围水平面积计算全面积；在主体结构外的阳台，应按其结构底板水平投影面积计算 1/2 面积。

阳台是指附设于建筑物外墙，设有栏杆或栏板，可供人活动的室外空间，建筑物的阳台，不论其形式如何，均以建筑物主体结构为界分别计算建筑面积。所以，判断阳台是在主体结构内还是在主体结构外是计算建筑面积的关键。

主体结构是接受、承担和传递建设工程所有上部荷载，维持上部结构整体性、稳定性和安全性的有机联系的构造。判断主体结构要依据建筑平、立、剖面图，并结合结构图纸一起进行。可按如下原则进行判断：

①砖混结构。通常以外墙（即围护结构，包括墙、门、窗）来判断，外墙以内为主体结构内，外墙以外为主体结构外。

②框架结构。柱梁体系之内为主体结构内，柱梁体系之外为主体结构外。

③剪力墙结构。分为以下几种情况：如阳台在剪力墙包围之内，则属于主体结构内；如相对两侧均为剪力墙时，也属于主体结构内；如相对两侧仅一侧为剪力墙时，属于主体结构外；如相对两侧均无剪力墙时，属于主体结构外。

④阳台处剪力墙与框架混合时，分为两种情况：角柱为受力结构，根基落地，则阳台为主体结构内；角柱仅为造型，无根基，则阳台为主体结构外。

如图 4.36(a)所示，该图中阳台处于剪力墙包围中，为主体结构内阳台，应计算全面积。如图 4.36(b)所示，该图中阳台有两部分，一部分处于主体结构内，另一部分处于主体结构外，应分别计算建筑面积（以柱外侧为界，上面部分属于主体结构内，计算全面积；下面部分属于主体结构外，计算 1/2 面积）。

(22)有顶盖无围护结构的车棚、货棚、站台、加油站，收费站等，应按其顶盖水平投影面积的 1/2 计算建筑面积。

【例 4.7】 如图 4.37 所示，某站台屋顶平面、剖面图，计算其建筑面积。

解：图中建筑面积＝19.3×9.3×0.5＝89.745(m^2)

(23)以幕墙作为围护结构的建筑物，应按幕墙外边线计算建筑面积。幕墙以其在建筑物中所起的作用和功能来区分，直接作为外墙起围护作用的幕墙，按其外边线计算建筑面积。设置在建筑物墙体外起装饰作用的幕墙，不计算建筑面积。

(24)建筑物的外墙外保温层，应按其保温材料的水平截面积计算，并计入自然层建筑面积。

建筑物外墙外侧有保温隔热层的，保温隔热层以保温材料的净厚度乘以外墙结构外边线长度按建筑物的自然层计算建筑面积，其外墙外边线长度不扣除门窗和建筑物外已计算建筑面积构件（如阳台、室外走廊、门斗、落地橱窗等部件）所占长度。当建筑物外已计算建筑面积的构件（如阳台、室外走廊、门斗、落地橱窗等部件）有保温隔热层时，其保温隔热层也不再计算建筑面积（如图 4.38 所示）。外墙是斜面者按楼面楼板处的外墙外边线长度乘以保温材料的净厚度计算（如图 4.39 所示）。外墙外保温层以沿高度方向满铺为准，某层外墙外保温层铺设高度未达到全部高度时（不包括阳台、室外走廊、门斗、落地橱窗、雨篷、飘窗等），不计算建筑面积。保温隔热层的建筑面积是以保温隔热材料的厚度来计算的，不包含抹灰层、防潮层、保护层（墙）的厚度。建筑外墙外保温层结构如图 4.40 所示，只计算保温材料本身的面积。复合墙体不属于外墙外保温层，整体视为外墙结构，按外围面积计算。

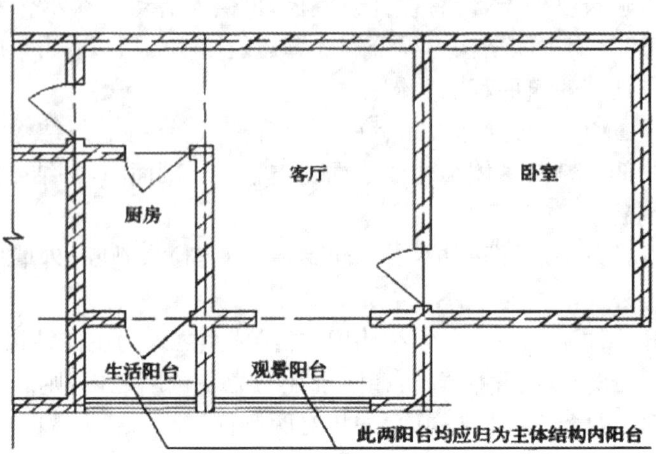

(a)

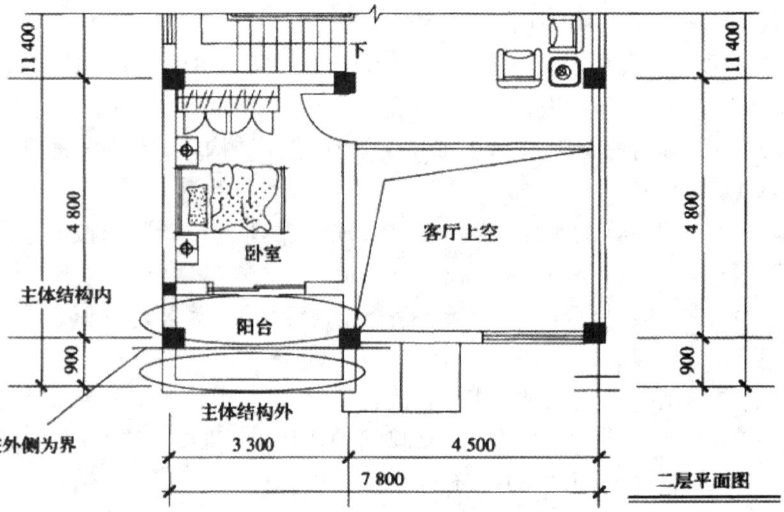

(b)

图 4.36　阳台平面图

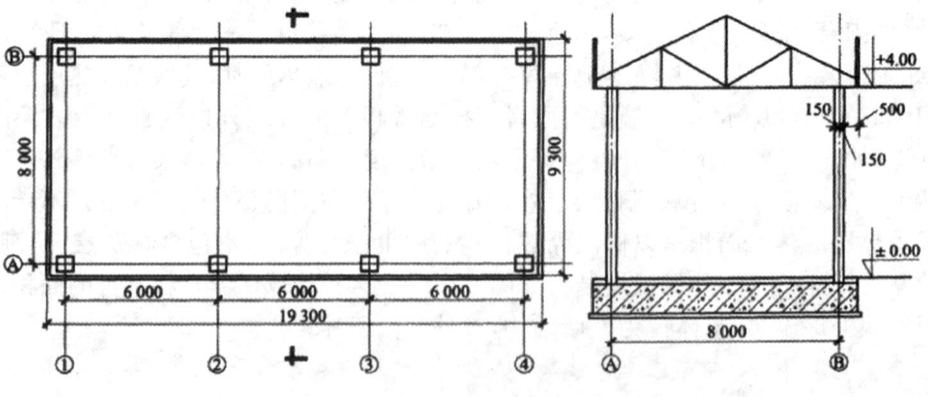

图 4.37　某站台屋顶平面、剖面图

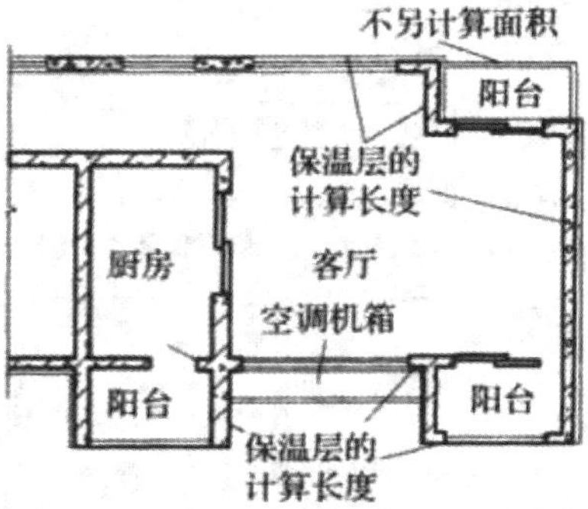

图 4.38　外墙外保温层计算长度示意图

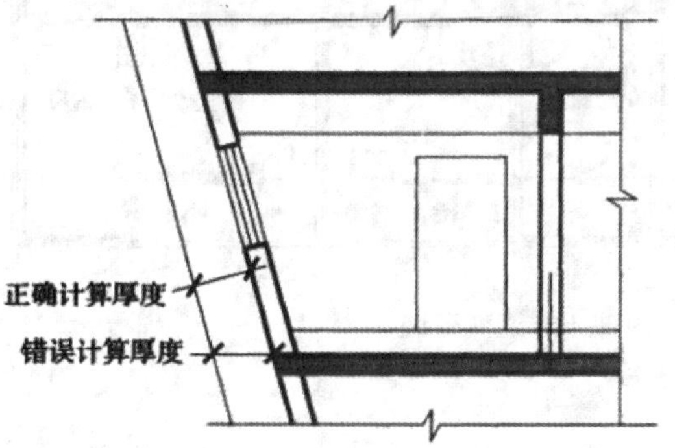

图 4.39　围护结构不垂直于水平面时外墙外保温层计算厚度

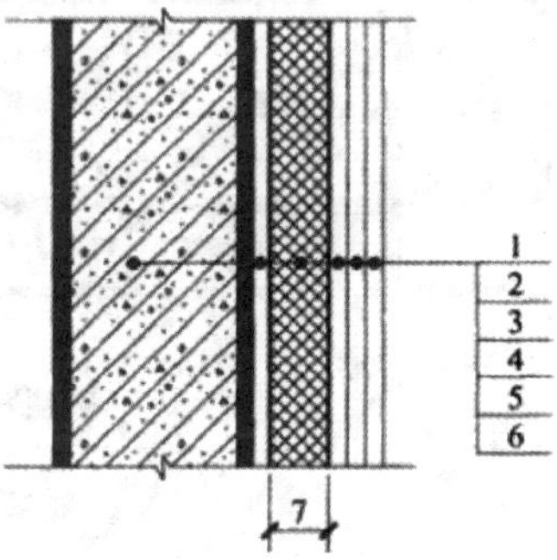

注：图中 1 为墙体，2 为黏结胶浆，3 为保温材料，4 为标准网，5 为加强网，6 为抹面胶浆，7 为计算建筑面积范围。

图 4.40　建筑外墙外保温层结构

(25)与室内相通的变形缝。应按其自然层合并在建筑物建筑面积内计算。对于高低联跨的建筑物，当高低跨内部连通时，其变形缝应计算在低跨面积内。

与室内相通的变形缝，是指暴露在建筑物内，在建筑物内可以看见的变形缝，应计算建筑面积；与室内不相通的变形缝不计算建筑面积。如图 4.41 所示，变形缝不计算建筑面积。高低联跨的建筑物，当高低跨内部连通或局部连通时，其连通部分变形缝的面积计算在低跨面积内；当高低跨内部不相连通时，其变形缝不计算建筑面积，有高低跨的变形缝如图 4.42 所示。

【例 4.8】　如图 4.42 所示，计算其建筑面积。

解：图中大餐厅的建筑面积＝9.37×12.37＝115.91(m^2)

操作间和小餐厅的建筑面积＝4.84×6.305×2＝61.03(m^2)

(26)对于建筑物内的设备层、管道层、避难层等有结构层的楼层，结构层高在 2.20m 及以上的，应计算全面积；结构层高在 2.20m 以下的，应计算 1/2 面积。

设备层、管道层虽然其具体功能与普通楼层不同，但在结构上及施工消耗上并无本质区别，因此将设备、管道楼层归为自然层，其计算规则与普通楼层相同。在吊顶空间内设置管道的，则吊顶空间部分不能被视为设备层、管道层。设备层如图 4.43 所示。

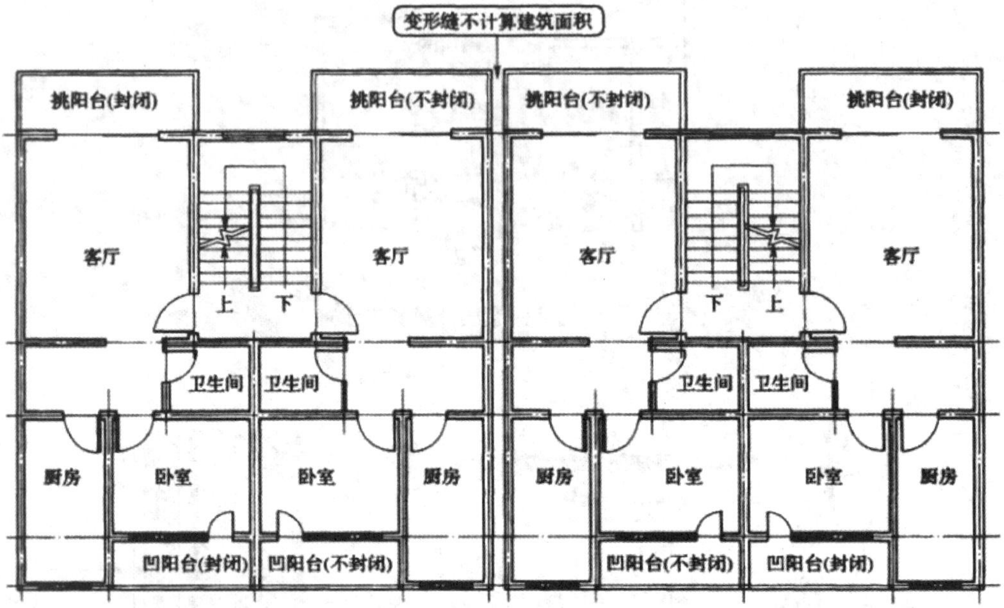

图 4.41　建筑物内部不连通变形缝

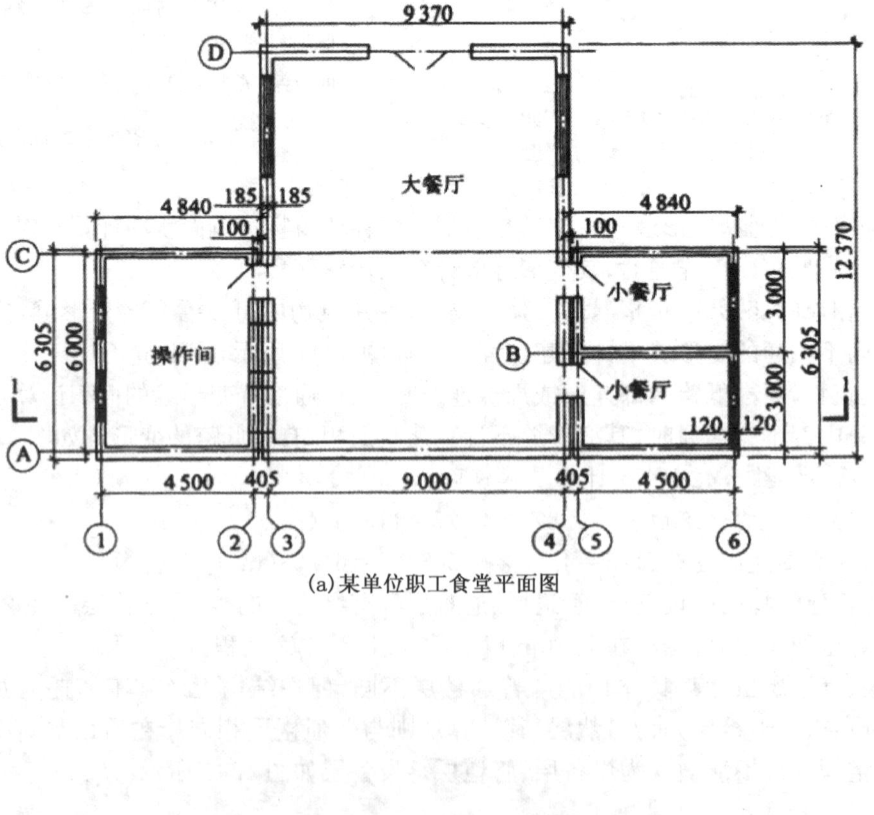

(a)某单位职工食堂平面图

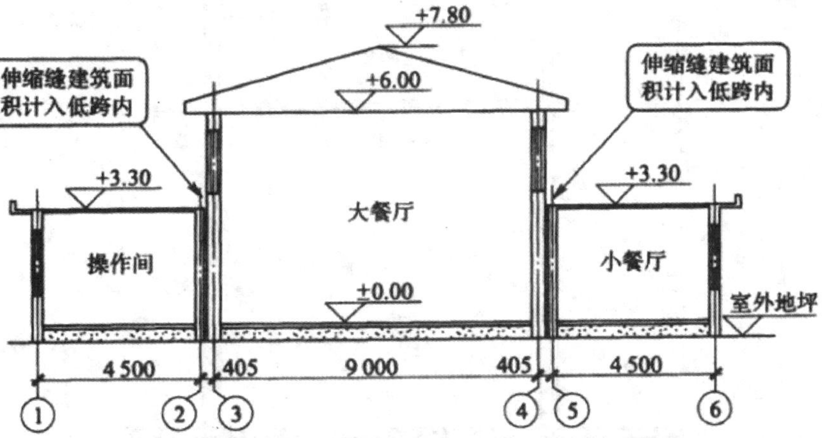

(b)某单位职工食堂剖面图

图 4.42 有高低跨的变形缝

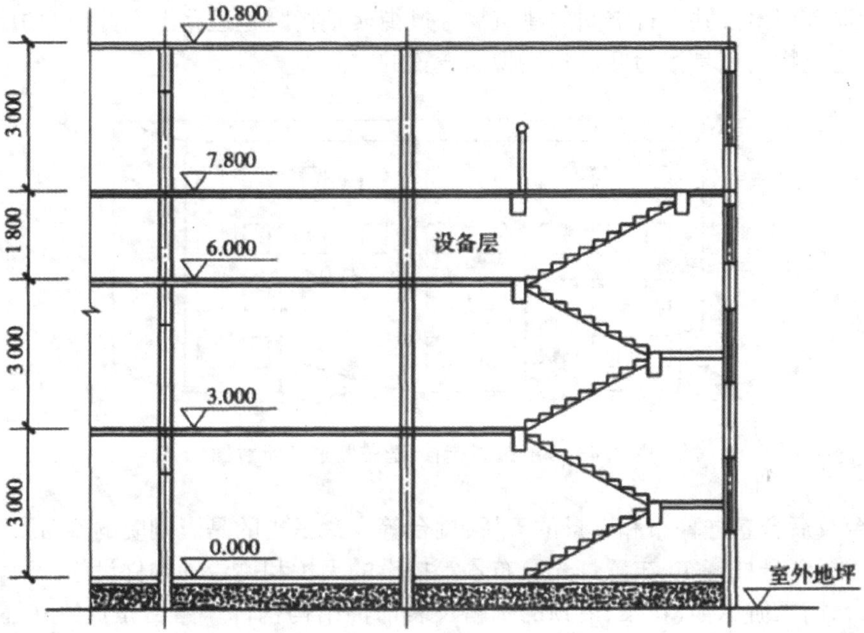

图 4.43 设备层示意图

图 4.43 中的设备层结构层高为 1.8m，所以设备层按围护结构的 1/2 计算建筑面积。

(二)不计算建筑面积的范围

(1)与建筑物内不相连通的建筑部件。建筑部件指的是依附于建筑物外墙外不与户室开门连通，起装饰作用的敞开式挑台(廊)、平台，以及不与阳台相通的空调室外机搁板(箱)等设备平台部件。

“与建筑物内不相连通”是指没有正常的出入口，即通过门进出的，视为“连通”，通过窗或栏杆等翻出去的，视为“不连通”，如图 4.44 所示。

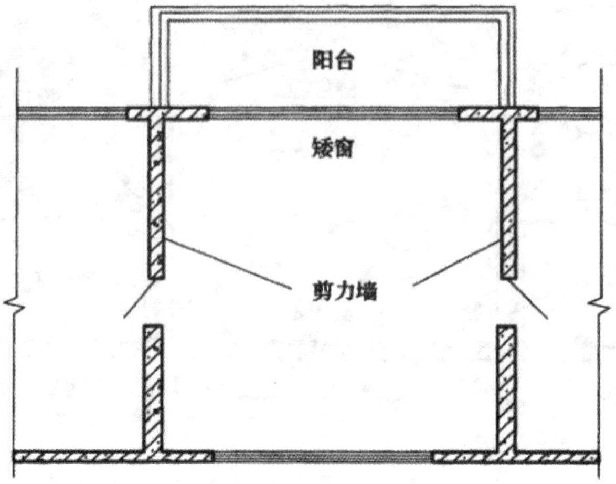

图 4.44　与建筑物内不相连通的阳台

(2)骑楼、过街楼底层的开放公共空间和建筑物通道(如图 4.45 所示)。骑楼是指建筑底层沿街面后退且留出公共人行空间的建筑物。过街楼是指跨越道路上空并与两边建筑相连接的建筑物。建筑物通道是指为穿过建筑物而设置的空间。

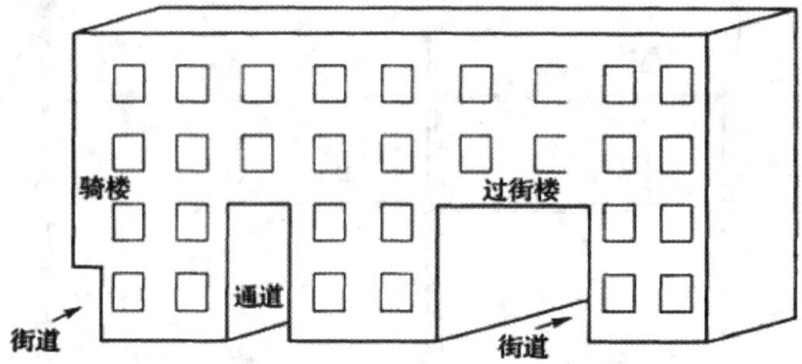

图 4.45　骑楼、过街楼、建筑物通道示意图

(3)舞台及后台悬挂幕布和布景的天桥、挑台等。这里指的是影剧院的舞台及为舞台服务的可供上人维修、悬挂幕布、布置灯光及布景等搭设的天桥和挑台等构件设施。

(4)露台、露天游泳池、花架、屋顶的水箱及装饰性结构构件。露台是设置在屋面、首层地面或雨篷上的供人室外活动的有围护设施的平台,如图 4.46 所示。

(5)建筑物内的操作平台、上料平台、安装箱和罐体的平台,建筑物内不构成结构层的操作平台、上料平台(包括工业厂房、搅拌站和料仓等建筑中的设备操作控制平台、上料平台等),其主要作用为室内构筑物或设备服务的独立上人设施,因此不计算建筑面积,如图 4.47 所示。

(6)勒脚、附墙柱(是指非结构性装饰柱)、垛、台阶、墙面抹灰、装饰面、镶贴块料面层、装饰性幕墙,主体结构外的空调室外机搁板(箱)、构件、配件,挑出宽度在 2.10m 以下的无柱雨篷和顶盖高度达到或超过两个楼层的无柱雨篷。

(7)窗台与室内地面高差在 0.45m 以下且结构净高在 2.10m 以下的凸(飘)窗,窗台与室内地面高差在 0.45m 及以上的凸(飘)窗。

(8)室外爬梯、室外专用消防钢楼梯。专用的消防钢楼梯是不计算建筑面积的,当钢楼梯

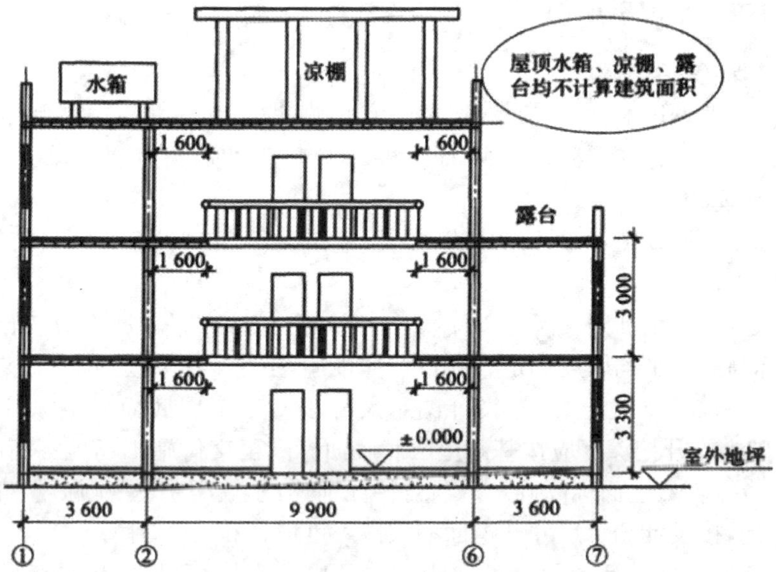

图 4.46　某建筑物屋顶水箱、凉棚、露台平面图

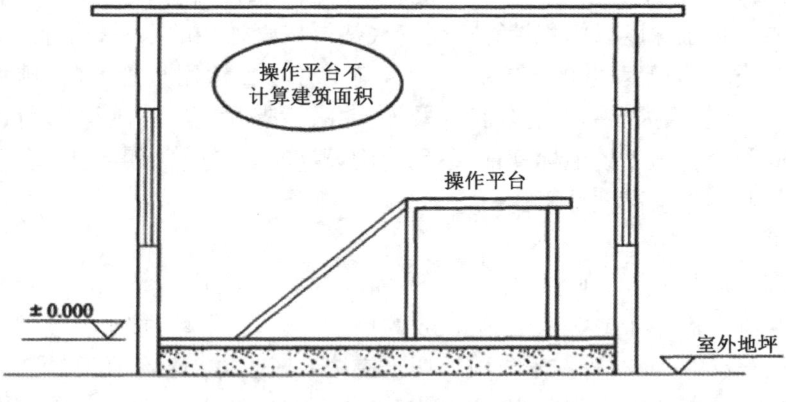

图 4.47　某车间操作平台示意图

是建筑物唯一通道，并兼用消防，则应按室外楼梯相关规定计算建筑面积。

(9)无围护结构的观光电梯。无围护结构的观光电梯是指电梯轿厢直接暴露，外侧无井壁，不计算建筑面积。如果观光电梯在电梯井内运行时(井壁不限材料)，观光电梯井按自然层计算建筑面积。

(10)建筑物以外的地下人防通道，独立的烟囱、烟道、地沟、油(水)罐、气柜、水塔、贮油(水)池、贮仓、栈桥等构筑物。

第三节　土石方与基础工程计量

土石方工程包括土方工程、石方工程及回填。

一、土石方工程（编码：0101）

（一）土方工程（编码：010101）

土方工程包括平整场地、挖一般土方、挖沟槽土方、挖基坑土方、冻土开挖、挖淤泥（流砂）、管沟土方等项目。挖土方如需截桩头时，应按桩基工程相关项目列项。

1. 工程量计算规则

（1）平整场地，按设计图示尺寸以建筑物首层建筑面积“m^2”计算。项目特征描述：土壤类别、弃土运距、取土运距。

（2）挖一般土方，按设计图示尺寸以体积“m^3”计算，挖土方平均厚度应按自然地面测量标高至设计地坪标高间的平均厚度确定。项目特征描述：土壤类别、挖土深度、弃土运距。

（3）挖沟槽土方、挖基坑土方，按设计图示尺寸以基础垫层底面积乘以挖土深度以体积“m^3”计算。基础土方开挖深度应按基础垫层底表面标高至交付施工场地标高确定，无交付施工场地标高时，应按自然地面标高确定。项目特征描述：土壤类别、挖土深度、弃土运距。

（4）冻土开挖，按设计图示尺寸开挖面积乘以厚度以体积“m^3”计算。

⑸挖淤泥（流砂），按设计图示位置、界限以体积“m^3”计算。挖方出现流砂、淤泥时，如设计未明确，在编制工程量清单时，其工程数量可为暂估量，结算时应根据实际情况由发包人与承包人双方现场签证确认工程量。

（6）管沟土方以“m”计量，按设计图示以管道中心线长度计算；以“m^3”计量，按设计图示管底垫层面积乘以挖土深度以体积计算。无管底垫层按管外径的水平投影面积乘以挖土深度计算。不扣除各类井的长度，井的土方并入。管沟土方项目适用于管道（给排水、工业、电力、通信），光（电）缆沟[包括人（手）孔、接口坑]及连接井（检查井）等。有管沟设计时，平均深度以沟垫层底面标高至交付施工场地标高计算；无管沟设计时，直埋管深度应按管底外表面标高至交付施工场地标高的平均高度计算。

2. 相关说明

（1）土方工程项目划分的规定。

①建筑物场地厚度小于或等于±300mm 的挖、填、运、找平，应按平整场地项目编码列项。厚度大于±300mm 的竖向布置挖土或山坡切土应按一般土方项目编码列项。

②沟槽、基坑、一般土方的划分为：底宽小于或等于 7m 且底长大于 3 倍底宽为沟槽；底长小于或等于 3 倍底宽且底面积小于或等于 150m^2 为基坑；超出上述范围则为一般土方。

（2）土方体积应按挖掘前的天然密实体积计算，如须按天然密实体积折算时，应按表 4.1 中的系数计算，设计密实超过规定的，填方体积按工程设计要求执行；无设计要求按各省、自治区、直辖市或行业建设行政主管部门规定的系数执行。

表 4.1　　土方体积折算系数

天然密实体积	虚方体积	夯实后体积	松填体积
0.77	1.00	0.67	0.83
1.00	1.30	0.87	1.08
1.15	1.50	1.00	1.25
0.92	1.20	0.80	1.00

注：虚方是指未经碾压、堆积时间≤1 年的土壤。

(3)桩间挖土不扣除桩的体积，并在项目特征中加以描述。

(4)项目特征中涉及弃土运距或取土运距时，弃、取土运距可以不描述，但应注明由投标人根据施工现场实际情况自行考虑，决定报价。

(5)项目特征中土壤的分类应按表4.2确定，如土壤类别不能准确划分时，招标人可注明为综合，由投标人根据地勘报告决定报价。

表4.2　　土壤分类

土壤分类	土壤名称	开挖方法
一、二类土	粉土、砂土(粉砂、细砂、中砂、粗砂、砾砂)、粉质黏土、弱中盐渍土、软土(淤泥质土、泥炭、泥炭质土)、软塑红黏土、冲填土	用锹，少许用镐、条锄开挖。机械能全部直接铲挖满载者
三类土	黏土、碎石土(圆砾、角砾)、混合土、可塑红黏土、硬塑红黏土、强盐渍土、素填土、压实填土	主要用镐、条锄，少许用锹开挖。机械需部分刨松方能铲挖满载者或可直接铲挖但不能满载者
四类土	碎石土(卵石、碎石、漂石、块石)、坚硬红黏土、超盐渍土、杂填土	全部用镐、条锄挖掘，少许用撬棍挖掘。机械需普遍刨松方能铲挖满载者

(6)挖沟槽、基坑、一般土方因工作面和放坡增加的工程量(管沟工作面增加的工程量)，是否并入各土方工程量中，按各省、自治区、直辖市或行业建设主管部门的规定实施，如并入各土方工程量中，办理工程结算时，按经发包人认可的施工组织设计规定计算，编制工程量清单时，可按表4.3～表4.5的规定计算。

表4.3　　放坡系数

土类别	放坡起点(m)	人工挖土	机械挖土		
			在坑内作业	在坑上作业	顺沟槽在坑上作业
一、二类土	1.20	1∶0.50	1∶0.33	1∶0.75	1∶0.50
三类土	1.50	1∶0.33	1∶0.25	1∶0.67	1∶0.33
四类土	2.00	1∶0.25	1∶0.10	1∶0.33	1∶0.25

注：(1)沟槽、基坑中的土类别不同时，分别按其放坡起点、放坡系数，依不同土类别厚度加权平均计算。

(2)计算放坡时，在交接处的重复工程量不予扣除，原槽、坑作基础垫层时，放坡自垫层上表面开始计算。

表4.4　　基础施工所需工作面宽度计算表　　单位：mm

基础材料	每边各增加工作面宽度
砖基础	200
毛石、方整石基础	250
混凝土基础垫层支模板	150
混凝土基础支模板	400
基础垂直面做砂浆防潮层	400(自防潮层面)
基础垂直面做防水层或防腐层	1 000(自防水层面或防腐层面)
支挡土板	100(另加)

表 4.5 管沟施工每侧工作面宽度计算表 单位:mm

管道结构类型	管道结构宽			
	≤500	≤1 000	≤2 500	>2 500
混凝土及钢筋混凝土管道	400	500	600	700
其他材质管道	300	400	500	600

注:管道结构宽——有管座的按基础外缘,无管座的按管道外径。

(二)石方工程(编码:010102)

石方工程包括挖一般石方、挖沟槽石方、挖基坑石方、挖管沟石方。

1. 工程量计算规则

(1)挖一般石方,按设计图示尺寸以体积"m^3"计算。

(2)挖沟槽(基坑)石方,按设计图示尺寸沟槽(基坑)底面积乘以挖石深度以体积"m^3"计算。

(3)管沟石方以"m"计量,按设计图示以管道中心线长度计算;以"m^3"计量,按设计图示截面积乘以长度以体积计算。有管沟设计时,平均深度以沟垫层底面标高至交付施工场地标高计算;无管沟设计时,直埋管深度应按管底外表面标高至交付施工场地标高的平均高度计算。管沟石方项目适用于管道(给排水、工业、电力、通信)、光(电)缆沟[包括人(手)孔、接口坑]及连接井(检查井)等。

2. 相关说明

(1)石方工程项目划分的规定如下:

①厚度大于±300mm 的竖向布置挖石或山坡凿石应按挖一般石方项目编码列项。

②沟槽、基坑、一般石方的划分为:底宽小于或等于 7m 且底长大于 3 倍底宽为沟槽;底长小于或等于 3 倍底宽且底面积小于或等于 150m^2 为基坑;超出上述范围则为一般石方。

(2)挖石应按自然地面测量标高至设计地坪标高的平均厚度确定。基础石方开挖深度应按基础垫层底面标高至交付施工现场地标高确定,无交付施工场地标高时,应按自然地面标高确定。

(3)弃渣运距可以不描述,但应注明由投标人根据施工现场实际情况自行考虑,决定报价。

(4)项目特征中岩石的分类应按表 4.6 确定。

(5)石方体积应按挖掘前的天然密实体积计算。非天然密实石方应按表 4.7 折算。

表 4.6 岩石分类

岩石分类		代表性岩石	开挖方式
极软岩		1. 全风化的各种岩石; 2. 各种半成岩	部分用手凿工具,部分用爆破法开挖
软质岩	软岩	1. 强风化的坚硬岩或较硬岩; 2. 中等风化—强风化的较软岩; 3. 未风化—微风化的页岩、泥岩、泥质砂岩等	用风镐和爆破法开挖
	较软岩	1. 中等风化—强风化的坚硬岩或较硬岩; 2. 未风化—微风化的凝灰岩、千枚岩、泥灰岩、砂质泥岩等	用爆破法开挖

续表

岩石分类		代表性岩石	开挖方式
硬质岩	较硬岩	1. 微风化的坚硬岩 2. 未风化—微风化的大理岩、板岩、石灰岩、白云岩、钙质砂岩等	用爆破法开挖
	坚硬岩	未风化—微风化的花岗岩、闪长岩、辉绿岩、玄武岩、安山岩、片麻岩、石英岩、石英砂岩、硅质砾岩、硅质石灰岩等	用爆破法开挖

表 4.7　石方体积折算系数表

石方类别	天然密实体积	虚方体积	松填体积	码方
石方	0.65	1.00	0.85	—
	0.76	1.18	1.00	
	1.00	1.54	1.31	
块石	1.00	1.75	1.43	1.67
砂夹石	1.00	1.07	0.94	—

（三）回填（编码：010103）

回填包括回填方、余方弃置等项目。

1. 工程量计算规则

(1)回填方，按设计图示尺寸以体积“m^3”计算。

①场地回填：回填面积乘以平均回填厚度。

②室内回填：主墙间净面积乘以回填厚度，不扣除间隔墙。

③基础回填：按挖方清单项目工程量减去自然地坪以下埋设的基础体积(包括基础垫层及其他构筑物)。

回填土方项目特征描述：密实要求、填方材料品种、填方粒径要求、填方来源及运距。

(2)余方弃置，按挖方清单项目工程量减利用回填方体积(正数)以“m^3”计算。项目特征描述：废弃料品种、运距(由余方点装料运输至弃置点的距离)。

2. 相关说明

(1)填方密实度要求，在无特殊要求的情况下，项目特征可描述为满足设计和规范的要求。

(2)填方材料品种可以不描述，但应注明由投标人根据设计要求验方后方可填入，并符合相关工程的质量规范要求。

(3)填方粒径要求，在无特殊要求的情况下，项目特征可以不描述。

(4)如需买土回填应在项目特征填方来源中描述，并注明买土方数量。

【例 4.9】 某工程±0.00 以下基础施工图如图 4.48～图 4.50 所示，室内外标高差 450mm。基础垫层为非原槽浇筑，垫层支模，混凝土强度等级为 C20；地圈梁混凝土强度等级为 C25。砖基础为普通页岩标准砖，M5.0 水泥砂浆砌筑。独立柱基及柱为 C25 混凝土，混凝土及砂浆为现场搅拌，回填夯实(按表 4.1 折算)，土壤类别为三类土。请根据工程量计算规范计算相关清单项目的工程量。

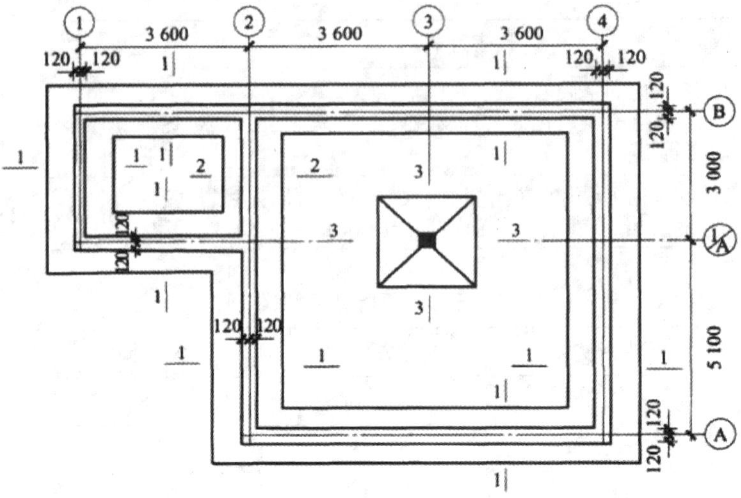

图 4.48 某工程基础平面图

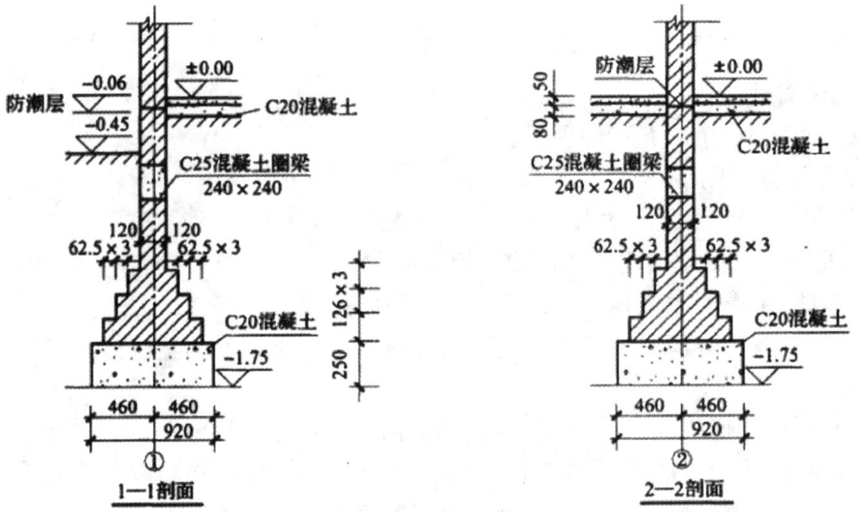

图 4.49 砖基础剖面图

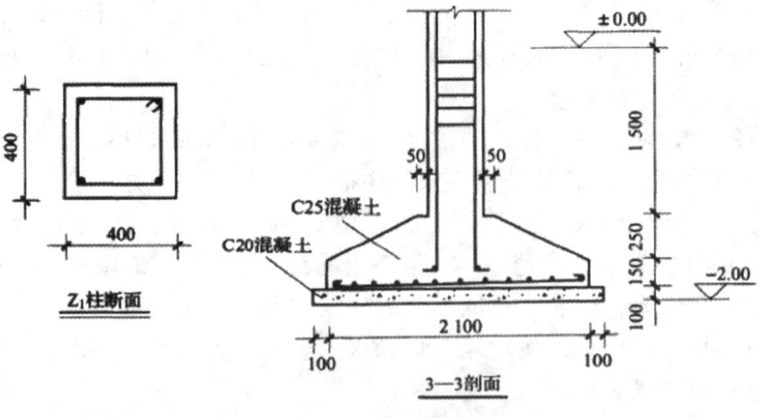

图 4.50 柱基础剖面图

解：计算结果如表 4.8 所示。

表 4.8　　工程量计算表

序号	清单项目编码	清单项目名称	计　算　式	工程量合计
1	010101001001	平整场地	(3.60×3+0.12×2)×(3.00+0.24)+(3.60×2+0.12×2)×5.10=11.04×3.24+7.44×5.10=73.71(m^2)	73.71m^3
2	010101003001	挖沟槽土方	(10.80+8.10)×2+(3.00−0.92)=39.88(m)；V=0.92×39.88×1.3=47.70(m^3)	47.70m^3
3	010101004001	挖基坑土方	V=(2.10+0.20)×(2.10+0.20)×1.55=8.20(m^3)	8.20m^3
4	010103002001	土方回填	(1)沟槽回填： $V_{垫层}$=(37.8+2.08)×0.92×0.25=9.17(m^3) $V_{室外地坪下砖基础(含地圈梁)}$=(37.8+2.76)×(1.05×0.24+0.062 5×0.126×12)=14.05(m^3) $V_{内槽回填}$=47.70−9.17−14.05=24.48(m^3) (2)基坑回填： $V_{垫层}$=2.3×2.3×0.1=0.529(m^3) $V_{地坪下独立基础}$=1/3×0.25×(0.5²+2.1²+0.5×2.1)+1.05×0.4×0.4+2.1×2.1×0.15=1.31(m^3) $V_{基坑回填}$=8.20−0.529−1.31=6.36(m^3) $V_{土方回填}$=24.48+6.36=30.84(m^3)	30.84m^3
5	010103001001	余方弃置	V=47.70+8.20−30.84×1.15(压实后利用的土方量)=20.43(m^3)	20.43m^3

二、地基处理与边坡支护工程(编码:0102)

地基处理与边坡支护工程包括地基处理、基坑与边坡支护。

(一)地基处理(编码:010201)

地基处理包括换填垫层、铺设土工合成材料、预压地基、强夯地基、振冲密实(不填料)、振冲桩(填料)、砂石桩、水泥粉煤灰碎石桩、深层搅拌桩、粉喷桩、夯实水泥土桩、高压喷射注浆桩、石灰桩、灰土(土)挤密桩、柱锤冲扩桩、注浆地基、褥垫层等项目。

1. 工程量计算规则

(1)换填垫层,按设计图示尺寸以体积“m^3”计算。换填垫层是指挖去地表浅层软弱土层和不均匀土层,回填坚硬、较粗粒径的材料,并夯压密实形成的垫层。根据换填材料不同可分为土、石垫层和土工合成材料加筋垫层，可根据换填材料不同，区分土（灰土）垫层、石（砂石）垫层等分别编码列项。项目特征描述：材料种类及配比、压实系数、掺加剂品种。

(2)铺设土工合成材料，按设计图示尺寸以面积“m^2”计算。土工合成材料是以聚合物为原料的材料名词的总称，主要起反滤、排水、加筋、隔离等作用，可分为土工织物、土工膜、特种土工合成材料和复合型土工合成材料。

(3)预压地基、强夯地基、振冲密实（不填料），按设计图示处理范围以面积“m^2”计算。预压地基是指采取堆载预压、真空预压、堆载与真空联合预压方式对淤泥质土、淤泥、冲击填土等地基土固结压密处理后而形成的饱和黏性土地基。强夯地基属于夯实地基，即反复将夯锤提到高处使其自由落下，给地基以冲击和振动能量，将地基土密实处理或置换形成密实墩体的地基。振冲密实（不填料）是利用振动和压力水使砂层液化，砂颗粒相互挤密，重新排列，孔隙减少，从而提高砂层的承载能力和抗液化能力，又称振冲挤密砂石桩，可分为不加填料和加填料两种。

(4)振冲桩（填料）是以“m”计量，按设计图示尺寸以桩长计算；以“m^3”计量，按设计桩截面乘以桩长以体积计算。项目特征应描述：地层情况，空桩长度、桩长，桩径，填充材料种类。

(5)砂石桩以“m”计量，按设计图示尺寸以桩长（包括桩尖）计算；以“m^3”计量，按设计桩截面乘以桩长（包括桩尖）以体积计算。砂石桩是将碎石、砂或砂石混合料挤压入已成的孔中，形成密实砂石竖向增强桩体，与桩间土形成复合地基。

(6)水泥粉煤灰碎石桩、夯实水泥土桩、石灰桩、灰土（土）挤密桩，按设计图示尺寸以桩长（包括桩尖）“m”计算。

(7)深层搅拌桩、粉喷桩、柱锤冲扩桩、高压喷射注浆桩，按设计图示尺寸以桩长“m”计算。

(8)注浆地基以“m”计量，按设计图示尺寸以钻孔深度计算；以“m^3”计量，按设计图示尺寸以加固体积计算。

(9)褥垫层以“m^2”计量，按设计图示尺寸以铺设面积计算；以“m^3”计量，按设计图示尺寸以体积计算。

2. 相关说明

(1)项目特征中地层情况的描述按表 4.2 和表 4.6 的规定，并根据岩土工程勘察报告按单位工程各地层所占比例（包括范围值）进行描述或分别列项，对无法准确描述的地层情况，可注明由投标人根据岩土工程勘察报告自行决定报价。

(2)项目特征中的桩长应包括桩尖，空桩长度等于孔深减桩长，孔深为自然地面至设计桩底的深度。

(3)高压喷射注浆类型包括旋喷、摆喷、定喷，高压喷射注浆方法包括单管法、双重管法、三重管法。

(4)如采用泥浆护壁成孔，工作内容包括土方、废泥浆外运，如采用沉管灌注成孔，工作内容包括桩尖制作、安装。

(二)基坑与边坡支护(编码:010202)

基坑与边坡支护包括地下连续墙、咬合灌注桩、圆木桩、预制钢筋混凝土板桩、型钢桩、钢板桩、锚杆（锚索）、土钉、喷射混凝土（水泥砂浆）、钢筋混凝土支撑、钢支撑等项目。

1. 工程量计算规则

(1)地下连续墙，按设计图示墙中心线长乘以厚度乘以槽深以体积“m^3”计算。

(2)咬合灌注桩以“m”计量，按设计图示尺寸以桩长计算；以“根”计量，按设计图示数量计算。所谓咬合桩是指在桩与桩之间形成相互咬合排列的一种基坑围护结构。桩的排列方式为一条不配筋并采用超缓凝素混凝土桩(A桩)和一条钢筋混凝土桩(B桩)间隔布置。施工时，先施工A桩，后施工B桩，在A桩混凝土初凝之前完成B桩的施工。A桩、B桩均采用全套管钻机施工，切割掉相邻A桩相交部分的混凝土，从而实现咬合。

(3)圆木桩、预制钢筋混凝土板桩以“m”计量，按设计图示尺寸以桩长(包括桩尖)计算；以“根”计量，按设计图示数量计算。

(4)型钢桩以“t”计量，按设计图示尺寸以质量计算；以“根”计算，按设计图示数量计算。

(5)钢板桩以“t”计量，按设计图示尺寸以质量计算；以“m^2”计量，按设计图示墙中心线长乘以桩长以面积计算。

(6)锚杆(锚索)、土钉以“m”计量，按设计图示尺寸以钻孔深度计算；以“根”计量，按设计图示数量计算。

(7)喷射混凝土(水泥砂浆)，按设计图示尺寸以面积“m^2”计算。

(8)钢筋混凝土支撑，按设计图示尺寸以体积“m^3”计算。

(9)钢支撑，按设计图示尺寸以质量计算，不扣除孔眼质量，焊条、铆钉、螺栓等不另增加质量。

2.相关说明

(1)项目特征中地层情况的描述按表4.2和表4.6的规定，并根据岩土工程勘察报告按单位工程各地层所占比例(包括范围值)进行描述或分别列项，对无法准确描述的地层情况，可注明由投标人根据岩土工程勘察报告自行决定报价。

(2)土钉置入方法包括钻孔置入、打入或射入等。在清单列项时要正确区分锚杆项目和土钉项目。锚杆是指由杆体(钢绞线、普通钢筋、热处理钢筋或钢管)、注浆形成的固结体、锚具、套管、连接器所组成的一端与支护结构构件连接，另一端锚固在稳定岩土体内的受拉杆件。杆体采用钢绞线时，也可称为锚索。土钉是设置在基坑侧壁土体内的承受拉力与剪力的杆件。例如，成孔后植入钢筋杆体并通过孔内注浆在杆体周围形成固结体的钢筋土钉，将设有出浆孔的钢管直接击入基坑侧壁土中并在钢管内注浆的钢管土钉。

(3)混凝土种类是指清水混凝土、彩色混凝土等，如在同一地区既使用预拌(商品)混凝土，又允许现场搅拌混凝土时，也应注明(下同)。

(4)地下连续墙和喷射混凝土(砂浆)的钢筋网、咬合灌注桩的钢筋笼及钢筋混凝土支撑的钢筋制作、安装，按“混凝土及钢筋混凝土工程”中相关项目列项；基坑与边坡支护的排桩按“桩基工程”中相关项目列项；水泥土墙、坑内加固按“地基处理”中相关项目列项；砖、石挡土墙、护坡按“砌筑工程”中相关项目列项；混凝土挡土墙按“混凝土及钢筋混凝土工程”中相关项目列项。

【例4.10】 某别墅工程基底为可塑黏土(三类土)，采用水泥粉煤灰碎石桩(CFG桩)进行地基处理，桩径400mm，桩体强度等级C20，根数52根，设计长度10m，桩端进入硬塑性黏土不少于1.5m，桩顶在地面以下1.5～2m，CFG桩采用振动沉管灌注桩施工，桩顶采用200mm厚人工级配砂石(砂：碎石＝3：7，最大粒径30mm)作为褥垫层，如图4.51和图4.52所示。请根据工程量计算规范计算CFG桩、褥垫层及截桩头工程量。

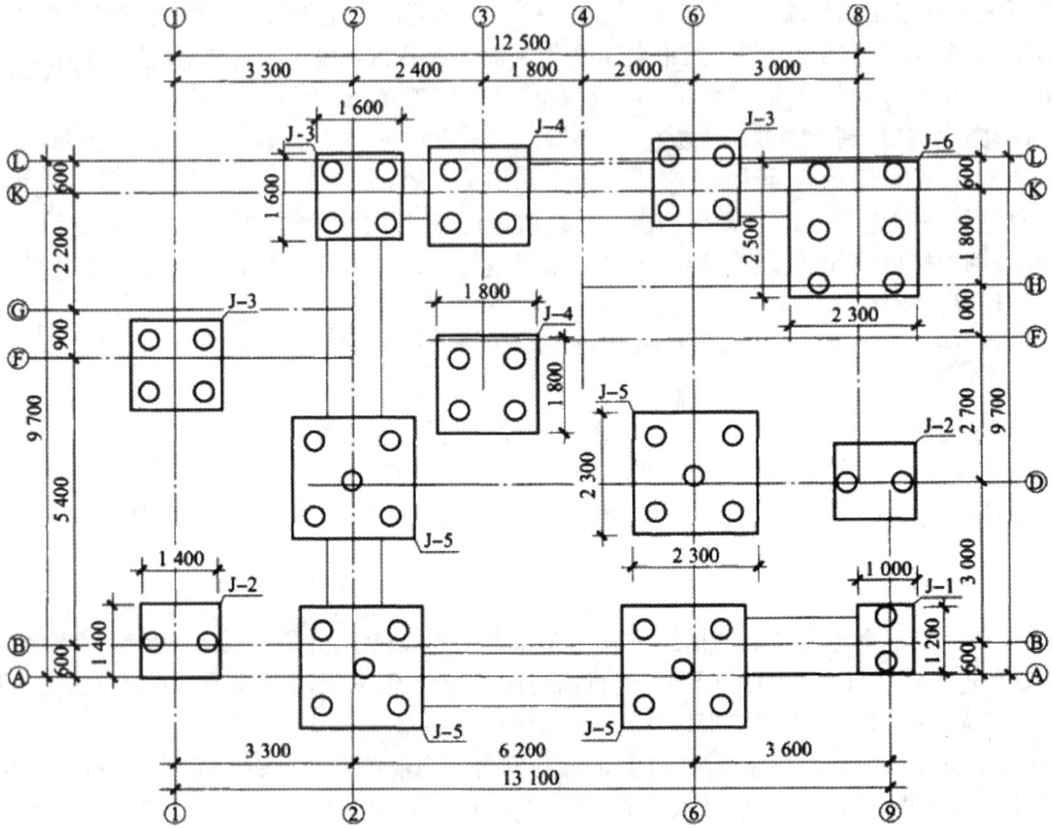

图 4.51 某别墅 CFG 桩平面图

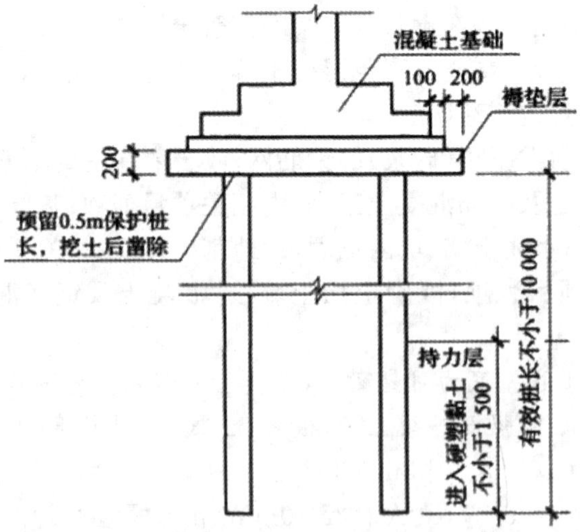

图 4.52 CFG 桩详图

解:计算结果如表 4.9 所示。

表 4.9 **工程量计算表**

序号	清单项目编码	清单项目名称	计 算 式	工程量合计
1	010201008001	水泥粉煤灰碎石桩	52×10=520(m)	520m
2	010201017001	褥垫层	J-1:1.8×1.6×1=2.88(m^2) J-2:2.0×2.0×2=8.00(m^2) J-3:2.2×2.2×3=14.52(m^2) J-4:2.4×2.4×2=11.52(m^2) J-5:2.9×2.9×4=33.64(m^2) J-6:2.9×3.1×1=8.99(m^2) 合计:2.88+8.00+14.52+11.52+33.64+8.99=79.55(m^2)	79.55m^2
3	010301004001	截(凿)桩头	52 根	52 根

三、桩基础工程(编码:0103)

桩基础工程包括打桩、灌注桩。

(一)打桩(编码:010301)

打桩包括预制钢筋混凝土方桩、预制钢筋混凝土管桩、钢管桩、截(凿)桩头等项目。

1. 工程量计算规则

(1)预制钢筋混凝土方桩、预制钢筋混凝土管桩,以“m”计量,按设计图示尺寸以桩长(包括桩尖)计算;以“m^3”计量,按设计图示截面积乘以桩长(包括桩尖)以实体积计算;以“根”计量,按设计图示数量计算。

(2)钢管桩以“t”计量,按设计图示尺寸以质量计算;以“根”计量,按设计图示数量计算。

(3)截(凿)桩头,以“m^3”计量,按设计桩截面积乘以桩头长度以体积计算;以“根”计量,按设计图示数量计算。截(凿)桩头项目适用于“地基处理与边坡支护工程、桩基础工程”所列的桩的桩头截(凿)。

2. 相关说明

(1)项目特征中地层情况的描述按表 4.2 和表 4.6 的规定,并根据岩土工程勘察报告按单位工程各地层所占比例(包括范围值)进行描述或分别列项;对无法准确描述的地层情况,可注明由投标人根据岩土工程勘察报告自行决定报价。

(2)项目特征中的桩截面、混凝土强度等级、桩类型等可直接用标准图代号或设计桩型进行描述。

(3)预制钢筋混凝土方桩、预制钢筋混凝土管桩项目以成品桩编制,应包括成品桩购置费,如果用现场预制,应包括现场预制桩的所有费用。

(4)打试验桩和打斜桩应按相应项目单独列项,并应在项目特征中注明试验桩或斜桩(斜率)。在《房屋建筑与装饰工程消耗量定额》(TY01-31-2015)中,打试验桩项目按相应定额的打桩人工及机械乘以系数 1.5,打桩工程按陆地打垂直桩编制,当打斜桩时相应项目人工和机械乘以一个系数进行调整。

(5)打桩的工作内容中包括了接桩和送桩,不需要单独列项,应在综合单价中考虑。截

(凿)桩头需要单独列项,同时截(凿)桩头项目适用于"地基处理与边坡支护工程、桩基础工程"所列的桩的桩头截(凿)。同时还应注意,桩基础项目(打桩和灌注桩)均未包括承载力检测、桩身完整性检测等内容,相关的费用应单独计算(属于研究试验费的范畴)。

(6)预制钢筋混凝土管桩桩顶与承台的连接构造按"混凝土及钢筋混凝土工程"相关项目列项。

(二)灌注桩(编码:010302)

灌注桩包括泥浆护壁成孔灌注桩、沉管灌注桩、干作业成孔灌注桩、挖孔桩土(石)方、人工挖孔灌注桩、钻孔压浆桩、灌注桩后压浆。混凝土灌注桩的钢筋笼制作、安装,按"混凝土与钢筋混凝土工程"中相关项目编码列项。

1. 工程量计算规则

(1)泥浆护壁成孔灌注桩、沉管灌注桩、干作业成孔灌注桩,以"m"计量,按设计图示尺寸以桩长(包括桩尖)计算;以"m^3"计量,按不同截面在桩上范围内以体积计算;以"根"计量,按设计图示数量计算。

(2)挖孔桩土(石)方,按设计图示尺寸(含护壁)截面积乘以挖孔深度以体积"m^3"计算。

(3)人工挖孔灌注桩以"m^3"计量,按桩芯混凝土体积计算;以"根"计量,按设计图示数量计算。工作内容中包括了护壁的制作,护壁的工程量不需要单独编码列项,应在综合单价中考虑。

(4)钻孔压浆桩以"m"计量,按设计图示尺寸以桩长计算;以"根"计量,按设计图示数量计算。

(5)灌注桩后压浆,按设计图示以注浆孔数"孔"计算。

2. 相关说明

(1)项目特征中地层情况的描述按表 4.2 和表 4.6 的规定,并根据岩土工程勘察报告按单位工程各地层所占比例(包括范围值)进行描述或分别列项,对无法准确描述的地层情况,可注明由投标人根据岩土工程勘察报告自行决定报价。

(2)项目特征中的桩长应包括桩尖,空桩长度=孔深-桩长,孔深为自然地面至设计桩底的深度。

(3)项目特征中的桩截面(桩径)、混凝土强度等级、桩类型等可直接用标准图代号或设计桩型进行描述。

(4)泥浆护壁成孔灌注桩是指在泥浆护壁条件下成孔,采用水下灌注混凝土的桩。其成孔方法包括冲击钻成孔、冲抓锥成孔、回旋钻成孔、潜水钻成孔、泥浆护壁的旋挖成孔等。

(5)沉管灌注桩的沉管方法包括锤击沉管法、振动沉管法、振动冲击沉管法、内夯沉管法等。

(6)干作业成孔灌注桩是指不用泥浆护壁和套管护壁的情况下,用钻机成孔后,下钢筋笼,灌注混凝土的桩,适用于地下水位以上的土层使用。其成孔方法包括螺旋钻成孔、螺旋钻成孔扩底、干作业的旋挖成孔等。

(7)混凝土种类:指清水混凝土、彩色混凝土、水下混凝土等;如在同一地区既使用预拌(商品)混凝土,又允许现场搅拌混凝土时,也应注明(下同)。

【例 4.11】 某工程采用人工挖孔桩基础,尺寸如图 4.53 所示,共 10 根,强度等级为 C25,桩芯采用商品混凝土,强度等级为 C25。地层自上而下:卵石层(四类上)厚 5~7m,强风化泥岩(极软岩)厚 3~5m,以下为中区化泥岩(软岩)。请根据工程量计算规范计算挖孔桩土方、人工挖孔灌注桩的工程量。

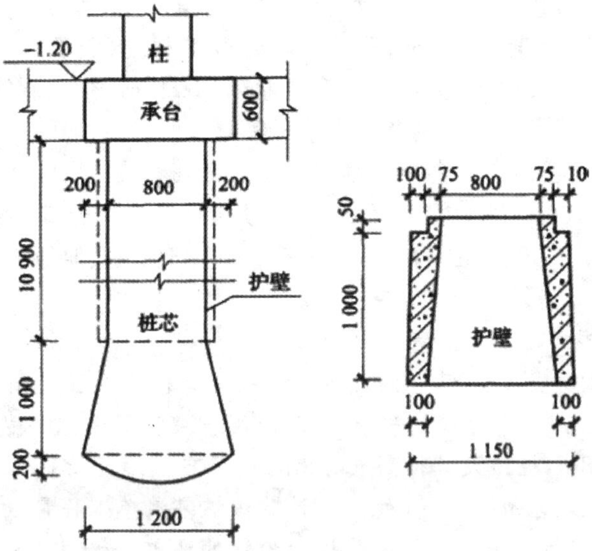

图 4.53　某桩基工程示意图

解:计算结果如表 4.10 所示。

表 4.10　　**工程量计算表**

序号	清单项目编码	清单项目名称	计　算　式	工程量合计
1	010302004001	挖孔桩土(石)方	(1)直芯: $V_1=\pi\times\left(\frac{1.150}{2}\right)^2\times10.9=11.32(\mathrm{m}^3)$ (2)扩大头: $V_2=\frac{1}{3}\times1\times(\pi\times0.4^2+\pi\times0.6^2+\pi\times0.4\times0.6)=\frac{1}{3}\times1\times3.14\times(0.4^2+0.6^2+0.4\times0.6)=0.80(\mathrm{m}^3)$ (3)扩大头球冠: $V_3=\pi\times0.2^2\times\left(R-\frac{0.2}{3}\right)$ $R=\frac{0.6^2+0.2^2}{2\times0.2}=1(\mathrm{m})$ $V_3=3.14\times0.2^2\times\left(1-\frac{0.2}{3}\right)=0.12(\mathrm{m}^3)$ $V=(V_1+V_2+V_3)\times10=(11.32+0.8+0.12)\times10=122.40(\mathrm{m}^3)$	122.40m^3
2	010302005001	人工挖孔灌注桩	(1)护桩壁 C20 混凝土: $V=\pi\times\left[\left(\frac{1.15}{2}\right)^2-\left(\frac{0.875}{2}\right)^2\right]\times10.9\times10$ $=\pi\times(0.575^2-0.4375^2)\times10.9\times10$ $=47.65(\mathrm{m}^3)$ (2)桩芯混凝土 $V=122.4-47.65=74.75(\mathrm{m}^3)$	74.75m^3

【例 4.12】 某工程 110 根 C50 预应力钢筋混凝土管桩，桩外径Φ600，内径Φ400，每根桩总长 25m；桩顶灌注 C30 混凝土 1.5m 高；每根桩顶连接构造(假设)钢托板 3.5kg、圆钢骨架 38kg，设计桩顶标高为−3.5m，现场自然地坪标高为−0.45m，现场条件允许可以不发生场内运桩。请根据工程量计算规范计算该管桩清单工程量。

解：本例桩基需要描述的工程内容和项目特征有混凝土强度(C30)、桩制作工艺(预应力管桩)、截面尺寸(外径Φ600，内径Φ400)、数量(计量单位按长度计算，则应注明共 110 根)、单桩长度(25m)、桩顶标高(−3.5m)、自然地坪标高(−0.45m)、桩顶构造(灌注 C30，混凝土 1.5m 高)。

工程量计算：110 根或 110×25=2 750(m)

【例 4.13】 某工程采用 C30 钻孔灌注桩 80 根，设计桩径 1 200mm，要求桩穿越碎卵石层后进入强度为 280kg/cm^2 的中等风化岩层 1.7m，入岩深度下面部分做成 200mm 深的凹底；桩底标高(凹底)−49.8m，桩顶设计标高−4.8m，现场自然地坪标高为−0.45m，设计规定加灌长度 1.5m；废弃泥浆要求外运 5km 处。试计算该桩基清单工程量。

解：为简化工程实施过程中工程量变化以后价格的调整，选定按"m"为计量单位。按设计要求和现场条件涉及的工程描述内容有：

桩长 45m，桩基根数 65 根，桩截面Φ1 200，成孔方法为钻孔，混凝土强度等级 C30；桩顶、自然地坪标高、加灌长度及泥浆运输距离，其中设计穿过碎卵石层进入 280kg/cm^2 的中等风化岩层，应考虑入岩因素及其工程量参数。

清单工程量=80×(49.8−4.8)=3 600(m)

其中入岩=80×1.7=136(m)

【例 4.14】 某地下室工程采用地下连续墙做基坑挡土和地下室外墙。设计墙身长度纵轴线 80m 两道、横轴线 60m 两道围成封闭状态，墙底标高−12m，墙顶标高−3.6m，自然地坪标高−0.6m，墙厚 1 000mm，C35 混凝土浇捣。设计要求导墙采用 C30 混凝土浇筑，具体方案由施工方自行确定(根据地质资料已知导沟范围为三类土)。现场余土及泥浆必须外运 5km 处弃置。试计算该连续墙清单工程量。

解：连续墙长度=(80+60)×2=280(m)

成槽深度=12−0.6=11.4(m)

墙高=12−3.6=8.4(m)

清单工程量=280×11.4=3 192(m^3)

四、砌筑工程(编码：0104)

砌筑工程包括砖砌体、砌块砌体、石砌体、垫层。

(一)砖砌体(**编码**：010401)

砖砌体包括砖基础、砖砌挖孔桩护壁、实心砖墙、多孔砖墙、空心砖墙、空斗墙、空花墙、填充墙、实心砖柱、多孔砖柱、砖检查井、零星砌砖、砖散水(地坪)、砖地沟(明沟)。

1. 工程量计算规则

(1)砖基础工程量按设计图示尺寸以体积"m^3"计算、包括附墙垛基础宽出部分体积，扣除地梁(圈梁)、构造柱所占体积，不扣除基础大放脚 T 形接头处的重叠部分(如图 4.54 所示)及嵌入基础内的钢筋、铁件、管道、基础砂浆防潮层和单个面积小于或等于 0.3m^2 的孔洞所占体积，靠墙暖气沟的挑檐不增加。砖基础的项目特征包括：砖品种、规格、强度等级、基础类型、砂浆强度等级、防潮层材料种类。防潮层在清单项目综合单价中考虑，不单独列项计算工程量。

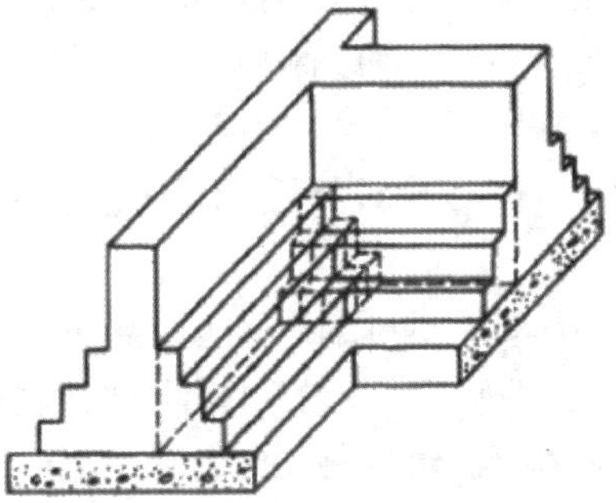

图 4.54　砖基础 T 形接头处的重叠部分示意图

基础长度：外墙基础按外墙中心线，内墙基础按内墙净长线计算。砖基础项目适用于各种类型砖基础，如柱基础、墙基础、管道基础等。

(2)实心砖墙、多孔砖墙、空心砖墙工程量按设计图示（如图 4.54 所示）砖基础 T 形接头处尺寸以体积“m^3”计算，扣除门窗、洞口、嵌入墙内的钢筋混凝土柱、梁、圈梁、挑梁、过梁及凹进墙内的壁龛、管槽、暖气槽、消火栓箱所占体积，不扣除梁头、板头、檩头、垫木、木楞头、沿缘木、木砖、门窗走头、砖墙内加固钢筋、木筋、铁件、钢管及单个面积小于或等于 0.3m^2 的孔洞所占的体积。凸出墙面的腰线、挑檐、压顶、窗台线、虎头砖、门窗套的体积也不增加。凸出墙面的砖垛并入墙体体积内计算。

①框架间墙工程量计算不分内外墙按墙体净尺寸以体积计算，围墙的高度算至压顶上表面（如有混凝土压顶时算至压顶下表面），围墙柱并入围墙体积内计算。

②墙长度的确定。外墙按中心线、内墙按净长线计算。

③墙高度的确定。

a. 外墙：斜（坡）屋面无檐口天棚者算至屋面板底；有屋架且室内外均有天棚者算至屋架下弦底另加 200mm；无天棚者算至屋架下弦底另加 300mm，出檐宽度超过 600mm 时按实砌高度计算；有钢筋混凝土楼板隔层者算至楼板顶；有平屋顶算至钢筋混凝土板底。

b. 内墙：位于屋架下弦者算至屋架下弦底；无屋架者算至天棚底另加 100mm；有钢筋混凝土楼板隔层者算至楼板顶；有框架梁时算至梁底。

c. 女儿墙：从屋面板上表面算至女儿墙顶面（如有混凝土压顶时算至压顶下表面）。

d. 内、外山墙：按其平均高度计算。

(3)空斗墙工程量按设计图示尺寸以空斗墙外形体积“m^3”计算。墙角、内外墙交接处、门窗洞口立边、窗台砖、屋檐处的实砌部分体积并入空斗墙体积内。

(4)空花墙工程量按设计图示尺寸以空花部分外形体积“m^3”计算，不扣除空洞部分体积。空花墙项目适用于各种类型的空花墙，使用混凝土花格砌筑的空花墙，实砌墙体与混凝土花格应分别计算，混凝土花格按“混凝土及钢筋混凝土”中预制构件相关项目编码列项。

(5)填充墙工程量按设计图示尺寸以填充墙外形体积“m^3”计算。项目特征需要描述填充材料种类及厚度。

(6)实心砖柱、多孔砖柱工程量按设计图示尺寸以体积“m^3”计算，扣除混凝土及钢筋混凝土梁垫、梁头、板头所占体积。

(7)砖检查井、散水、地坪、地沟、明沟、砖砌挖孔桩护壁：砖检查井按设计图示数量以"座"计算；砖散水、地坪按设计图示尺寸以面积"m^2"计算；砖地沟、明沟按设计图示以中心线长度"m"计算；砖砌挖孔桩护壁按设计图示尺寸以体积"m^3"计算。

(8)零星砌砖以"m^3"计量，按设计图示尺寸截面积乘以长度计算；以"m^2"计量，按设计图示尺寸水平投影面积计算；以"m"计量，按设计图示尺寸长度计算；以"个"计量，按设计图示数量计算。

框架外表面的镶贴砖部分，按零星项目编码列项；空斗墙的窗间墙、窗台下、楼板下、梁头下等的实砌部分，按零星砌砖项目编码列项；台阶、台阶挡墙、梯带、锅台、炉灶、蹲台、池槽、池槽腿、砖胎模、花台、花池、楼梯栏板、阳台栏板、地垄墙、小于或等于 0.3m^2 的孔洞填塞等，应按零星砌砖项目编码列项；砖砌锅台与炉灶可按外形尺寸以"个"计算，砖砌台阶可按水平投影面积以"m^2"计算，小便槽、地垄墙可按长度计算，其他工程以"m^3"计算。

2. 相关说明

(1)砖砌体勾缝按墙面抹灰中"墙面勾缝"项目编码列项，实心砖墙、多孔砖墙、空心砖墙等项目工作内容中不包括勾缝，但包括刮缝。砖砌体内钢筋加固、检查井内的爬梯、井内的混凝土构件，应按"混凝土及钢筋混凝土工程"中相关项目编码列项。

(2)标准砖尺寸应为 240mm×115mm×53mm，标准砖墙厚度应按表 4.11 计算。

表 4.11　　标准砖墙厚度表

砖数(厚度)	$\frac{1}{4}$	$\frac{1}{2}$	$\frac{3}{4}$	1	$1\frac{1}{2}$	2	$2\frac{1}{2}$	3
计算厚度(mm)	53	115	180	240	365	490	615	740

(3)基础与墙(柱)身的划分：基础与墙(柱)身使用同一种材料时，以设计室内地面为界(有地下室者，以地下室室内设计地面为界)，以下为基础，以上为墙(柱)身。基础与墙身使用不同材料时，位于设计室内地面高度小于或等于±300mm 时，以不同材料为分界线，高度大于±300mm 时，以设计室内地面为分界线。砖围墙应以设计室外地坪为界，以下为基础，以上为墙身。

(4)附墙烟囱、通风道、垃圾道应按设计图示尺寸以体积(扣除孔洞所占体积)计算并入所依附的墙体体积内。当设计规定孔洞内需抹灰时，应按"墙、柱面装饰与隔断、幕墙工程"中零星抹灰项目编码列项。

(二)砌块砌体(编码：010402)

砌块砌体包括砌块墙、砌块柱等项目。

1. 工程量计算规则

(1)砌块墙，同实心砖墙的工程量计算规则。项目特征描述：砌块品种、规格、强度等级；墙体类型；砂浆强度等级。

(2)砌块柱，按设计图示尺寸以体积"m^3"计算，扣除混凝土及钢筋混凝土梁垫、梁头、板头所占体积。

2. 相关说明

(1)砌体内加筋、墙体拉结的制作、安装，应按"混凝土及钢筋混凝土工程"中相关项目编码列项。

(2)砌块排列应上、下错缝搭砌，如果搭错缝，长度满足不了规定的压搭要求，应采取压砌钢筋网片的措施，具体构造要求按设计规定。若设计无规定时，应注明由投标人根据工程实际情况自行考虑；钢筋网片按"混凝土及钢筋混凝土工程"中相应编码列项。

(3)砌块砌体中工作内容包括了勾缝。

(4)砌体垂直灰缝宽大于30mm时，采用C20细石混凝土灌实。灌注的混凝土应按"混凝土及钢筋混凝土工程"相关项目编码列项。

(三)石砌体(编码：010403)

石砌体包括石基础、石勒脚、石墙、石挡土墙、石柱、石栏杆、石护坡、石台阶、石坡道、石地沟(明沟)等项目。

1. 工程量计算规则

(1)石基础，按设计图示尺寸以体积"m^3"计算，包括附墙垛基础宽出部分体积，不扣除基础砂浆防潮层及单个面积小于或等于$0.3m^2$的孔洞所占体积，靠墙暖气沟的挑檐不增加。基础长度：外墙按中心线、内墙按净长线计算。石基础项目适用于各种规格(粗料石、细料石等)、各种材质(砂石、青石等)和各种类型(柱基、墙基、直形、弧形等)的基础。

(2)石勒脚，按设计图示尺寸以体积"m^3"计算，扣除单个面积大于$0.3m^2$的孔洞所占体积。

石勒脚项目适用于各种规格(粗料石、细料石等)、各种材质(砂石、青石、大理石、花岗石等)和各种类型(直形、弧形等)的勒脚。

(3)石墙、石挡土墙，按设计图示尺寸以体积"m^3"计算。

石挡土墙项目适用于各种规格(粗料石、细料石、块石、毛石、卵石等)、各种材质(砂石、青石、石灰石等)和各种类型(直形、弧形、台阶形等)的挡土墙。石梯膀应按石挡土墙项目编码列项。

(4)石栏杆，按设计图示以长度"m"计算。石栏杆项目适用于无雕饰的一般石栏杆。

(5)石护坡，按设计图示尺寸以体积"m^3"计算。石护坡项目适用于各种石质和各种石料(粗料石、细料石、片石、块石、毛石、卵石等)的护坡。

(6)石台阶(如图4.55所示)，按设计图示尺寸以体积"m^3"计算，石台阶项目包括石梯带(垂带)，不包括石梯膀。

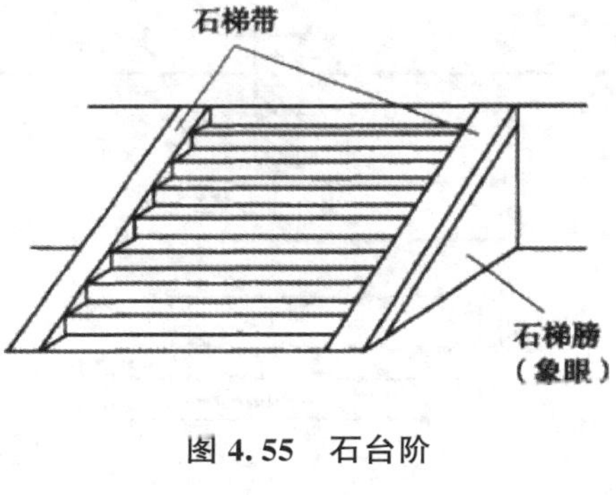

图 4.55　石台阶

(7)石坡道，按设计图示尺寸以水平投影面积"m^2"计算。

(8)石地沟、明沟，按设计图示以中心线长度"m"计算。

2. 相关说明

(1)石基础、石勒脚、石墙的划分：基础与勒脚应以设计室外地坪为界，勒脚与墙身应以设计室内地面为界。石围墙内外地坪标高不同时，应以较低地坪标高为界，以下为基础；内外标高之差为挡土墙时，挡土墙以上为墙身。

(2)石砌体中工作内容包括了勾缝。

(3)如施工图设计标注做法见标准图集时，应在项目特征描述中注明标注图集的编码、页号及节点大样。

(四)垫层(编码：010404)

1. 工程量计算规则

垫层工程量按设计图示尺寸以体积"m^3"计算。

2. 相关说明

除混凝土垫层外，没有包括垫层要求的清单项目应按该垫层项目编码列项。如灰土垫层、碎石垫层、毛石垫层等。

【例 4.15】 某工程±0.00 以下条形基础平面、剖面大样图如图 4.56 所示，室内外高差为 150mm，室外标高为−0.15。基础垫层为原槽浇注，垫层为 3∶7 灰土，现场拌和。砌石部分，采用清条石 1 000mm×300mm×300mm，M7.5 水泥砂浆砌筑。砌砖部分，采用 MU7.5 的页岩标砖，M5 水泥砂浆砌筑。请根据工程量计算规范确定该工程基础垫层、石基础、砖基础的分部分项工程量。

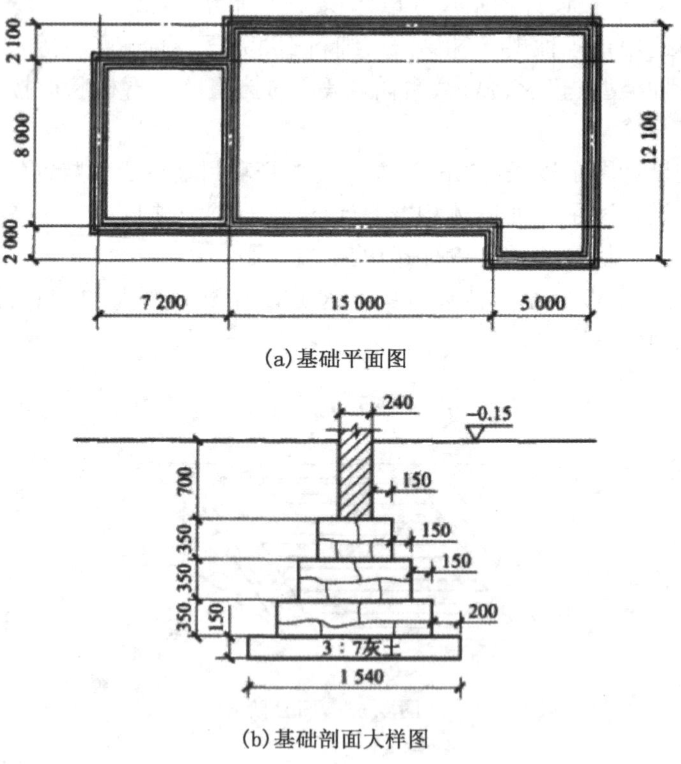

(a)基础平面图

(b)基础剖面大样图

图 4.56　某基础工程示意图

解：计算结果如表 4.12 所示。

表 4.12　　工程量计算表

序号	清单项目编码	清单项目名称	计　算　式	工程量合计
1	010404001001	垫层	$L_{中}$＝(27.2＋12.1)×2＝78.6(m)(外墙中心线长度) $L_{净}$＝8－1.54＝6.46(m)(垫层的净长度) V＝(78.6＋6.46)×1.54×0.15＝19.65(m^3)	19.65m^3
2	010403001001	石基础	$L_{中}$＝78.6(m) $L_{净1}$＝8－1.14＝6.86(m)(基础净长度) $L_{净2}$＝8－0.84＝7.16(m)(基础净长度) $L_{净3}$＝8－0.54＝7.46(m)(基础净长度) V＝(78.6＋6.86)×1.14×0.35＋(78.6＋7.16)×0.84×0.35＋(78.6＋7.46)×0.54×0.35＝34.10＋25.21＋16.27＝75.58(m^3)	75.58m^3
3	010401001001	砖基础	$L_{中}$＝78.6(m) $L_{内}$＝8－0.24＝7.76(m)(内墙净长度) V＝(78.6＋7.76)×0.24×0.85＝17.62(m^3)	17.62m^3

五、混凝土及钢筋混凝土工程(编码:0105)

混凝土及钢筋混凝土工程包括现浇混凝土、预制混凝土、钢筋工程、螺栓和铁件等部分。现浇混凝土包括基础、柱、梁、墙、板、楼梯、后浇带及其他构件等。预制混凝土包括柱、梁、屋架、板、楼梯及其他构件等。

在计算现浇或预制混凝土和钢筋混凝土构件工程量时,不扣除构件内钢筋、螺栓、预埋铁件、张拉孔道所占体积,但应扣除劲性骨架的型钢所占体积。

(一)现浇混凝土基础(编码:010501)

1. 工程量计算规则

现浇混凝土基础包括垫层、带形基础、独立基础、满堂基础、桩承台基础、设备基础等项目,按设计图示尺寸以体积"m^3"计算。不扣除构件内钢筋、预埋铁件和伸入承台基础的桩头所占体积。项目特征描述:混凝土种类、混凝土的强度等级,其中混凝土的种类是指清水混凝土、彩色混凝土等,如在同一地区既使用预拌(商品)混凝土,又允许现场搅拌混凝土时,也应注明(下同)。

2. 相关说明

(1)垫层项目适用于基础现浇混凝土垫层。

(2)有肋带形基础、无肋带形基础应分别编码列项,并注明肋高。箱式满堂基础及框架式设备基础中柱、梁、墙、板按现浇混凝土柱、梁、墙、板分别编码列项;箱式满堂基础底板按满堂基础项目列项,框架设备基础的基础部分按设备基础列项;独立基础分普通、杯口、独立承台基础;条形基础有板式、梁板式条形基础;筏形基础有平板式、梁板式筏形基础;基础截面形式分为坡形、阶形等。

(3)混凝土项目的工作内容中列出了模板及支架(撑)的内容,即模板及支架(撑)的价格可以综合到相应混凝土项目的综合单价中,也可以在措施项目中单独列项计算工程量。

(4)如为毛石混凝土基础,项目特征应描述毛石所占比例。

(二)现浇混凝土柱(编码:010502)

1. 工程量计算规则

现浇混凝土柱包括矩形柱、构造柱、异型柱等项目,按设计图示尺寸以体积"m^3"计算。构造柱嵌接墙体部分并入柱身体积。依附柱上的牛腿和升板的柱帽,并入柱身体积计算,如图4.57所示。项目特征描述:混凝土种类、混凝土强度等级;异型柱还需说明柱形状。

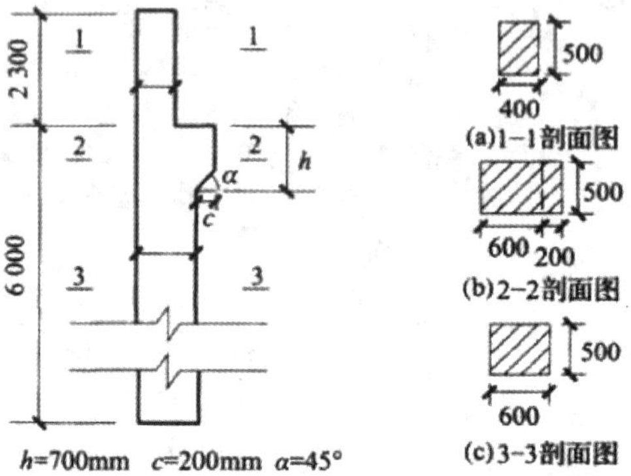

图4.57 某带牛腿的现浇混凝土柱

2. 相关说明

(1)柱高的规定。有梁板的柱高,应自柱基上表面(或楼板上表面)至上一层楼板上表面之间的高度计算,如图4.58所示;无梁板的柱高,应自柱基上表面(或楼板上表面)至柱帽下表面之间的高度计算,如图4.59所示;框架柱的柱高应自柱基上表面至柱顶高度计算,如图4.60所示;构造柱按全高计算,如图4.61所示。

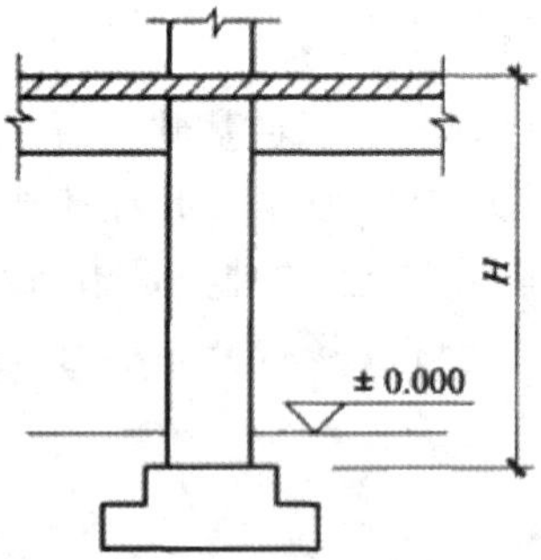

图4.58 有梁板柱高示意图

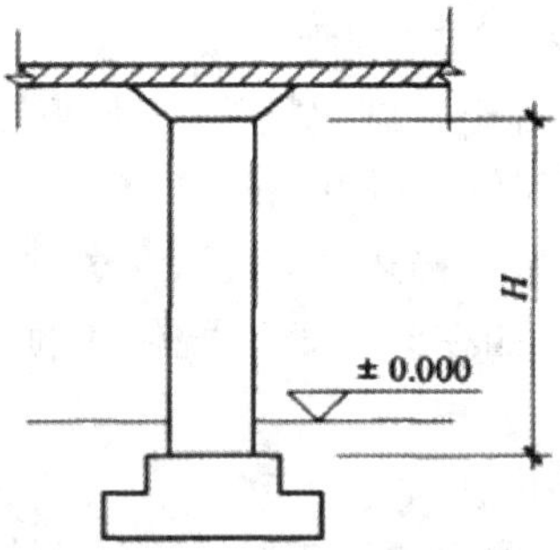

图4.59 无梁板柱高示意图

(2)异型柱截面形状有T形、L形、Z形、十字形、梯形等。异型柱各方向上截面高度与厚度之比的最小值大于4时,不再按异型柱列项。

(三)现浇混凝土梁(编码:010503)

1. 工程量计算规则

现浇混凝土梁包括基础梁、矩形梁、异型梁、圈梁、过梁、弧形梁(拱形梁)等项目,按设计图示尺寸以体积"m^3"计算,不扣除构件内钢筋、预埋铁件所占体积,伸入墙内的梁头、梁垫并入梁体积内。

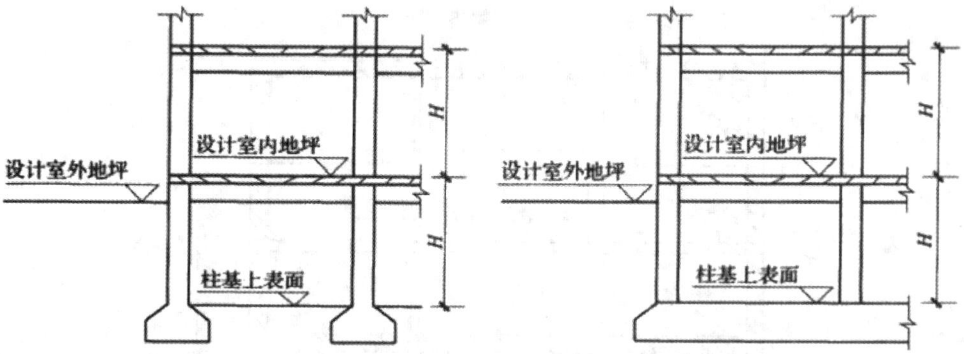

图 4.60　框架柱高示意图

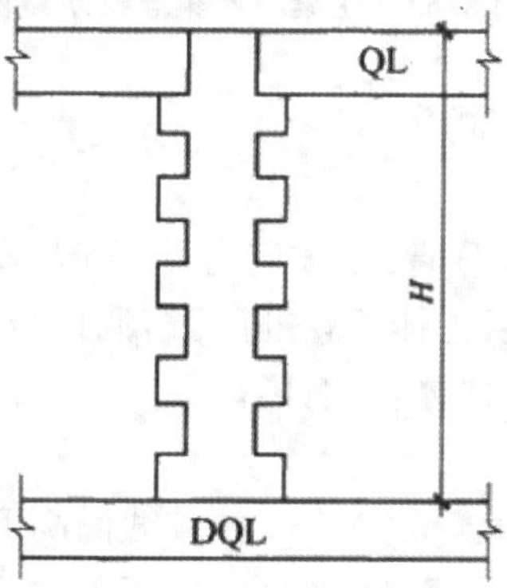

图 4.61　构造柱高示意图

2. 相关说明

(1)梁长的确定。梁与柱连接时,梁长算至柱侧面;主梁与次梁连接时,次梁长算至主梁侧面,如图 4.62 和图 4.63 所示。

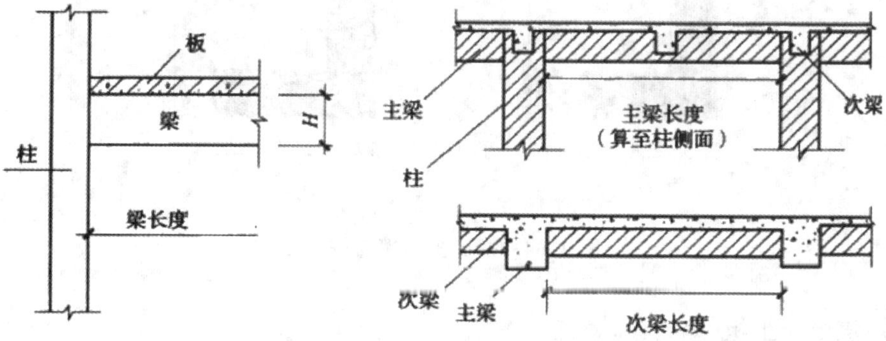

图 4.62　梁与柱连接示意图

(2)圈梁与过梁相连时,应分别列项。当梁与混凝土墙连接时,梁的长度应计算到混凝土墙的侧面。

(3)基础梁系指位于地基或垫层上,连接独立基础、条形基础或桩承台的梁。

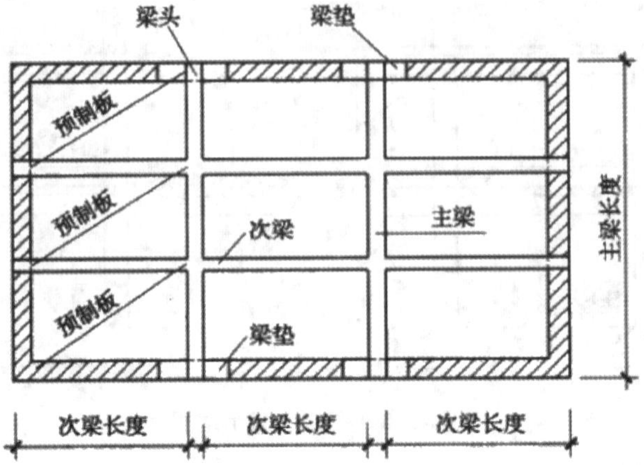

图 4.63 主梁与次梁连接示意图

(四)现浇混凝土墙(编码:010504)

1. 工程计算规则

现浇混凝土墙包括直形墙、弧形墙、短肢剪力墙、挡土墙,按设计图示尺寸以体积"m^3"计算,不扣除构件内钢筋、预埋铁件所占体积,扣除门窗洞口及单个面积大于 0.3m^2 的孔洞所占体积,墙垛及突出墙面部分并入墙体体积内计算。

2. 相关说明

短肢剪力墙是指截面厚度不大于 300mm、各肢截面高度与厚度之比的最大值大于 4 但不大于 8 的剪力墙;各肢截面高度与厚度之比的最大值不大于 4 的剪力墙按柱项目编码列项。如图 4.64 所示,判断是短肢剪力墙还是柱,在图 4.64(a)中,各肢截面高度与厚度之比为 4∶1[(500+300)/200=4],所以按异型柱列项;在图 4.64(b)中,各肢截面高度与厚度之比为 4.5∶1[(600+300)/200=4.5],大于 4 不大于 8,按短肢剪力墙列项。

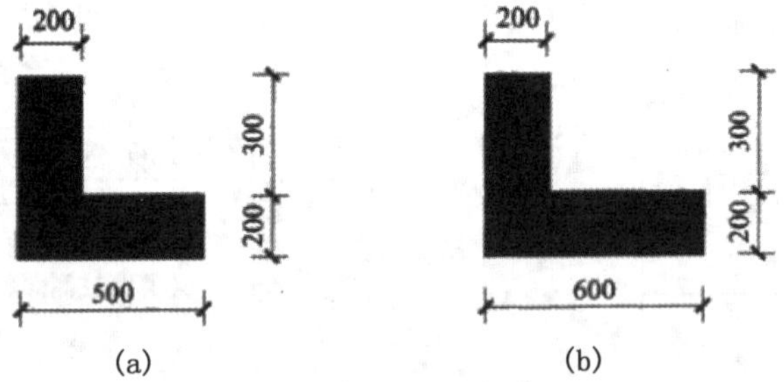

图 4.64 短肢剪力墙与柱区分

(五)现浇混凝土板(编码:010505)

现浇混凝土板包括有梁板、无梁板、平板、拱板、薄壳板、栏板、天沟(檐沟)及挑檐板、雨篷、悬挑板及阳台板、空心板、其他板等项目。

1. 工程量计算规则

(1)有梁板、无梁板、平板、拱板、薄壳板、栏板,按设计图示尺寸以体积"m^3"计算。不扣除构件内钢筋、预埋铁件及单个面积小于或等于 0.3m^2 的柱、垛以及孔洞所占体积,压形钢板混凝土楼板扣除构件内压形钢板所占体积。

有梁板(包括主、次梁与板)按梁、板体积之和计算,如图 4.65 所示。无梁板按板和柱帽体积之和计算,如图 4.66 所示。各类板伸入墙内的板头并入板体积内计算。薄壳板的肋、基梁并入薄壳体积内计算。

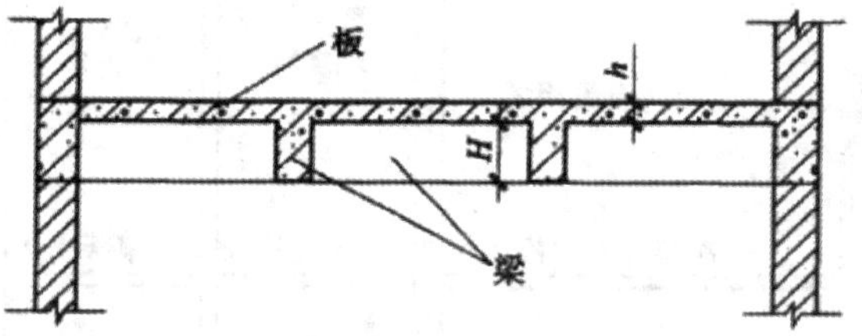

图 4.65　有梁板

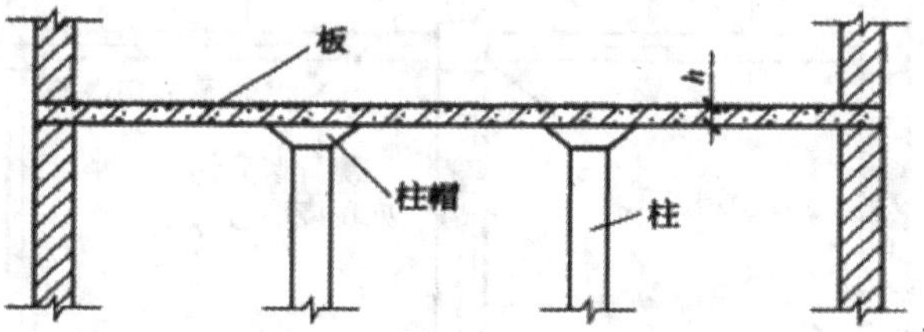

图 4.66　无梁板(包括柱帽)

(2)天沟(檐沟)、挑檐板,按设计图示尺寸以体积“m^3”计算。

(3)雨篷、悬挑板、阳台板,按设计图示尺寸以墙外部分体积“m^3”计算,包括伸出墙外的牛腿和雨篷反挑檐的体积。

(4)空心板,按设计图示尺寸以体积计算,空心板(GBF 高强薄壁蜂巢芯板等)应扣除空心部分体积。

2. 相关说明

(1)现浇挑檐、天沟板、雨篷、阳台与板(包括屋面板、楼板)连接时,以外墙外边线为分界线;与圈梁(包括其他梁)连接时,以梁外边线为分界线。外边线以外为挑檐、天沟、雨篷或阳台,如图 4.67 所示。

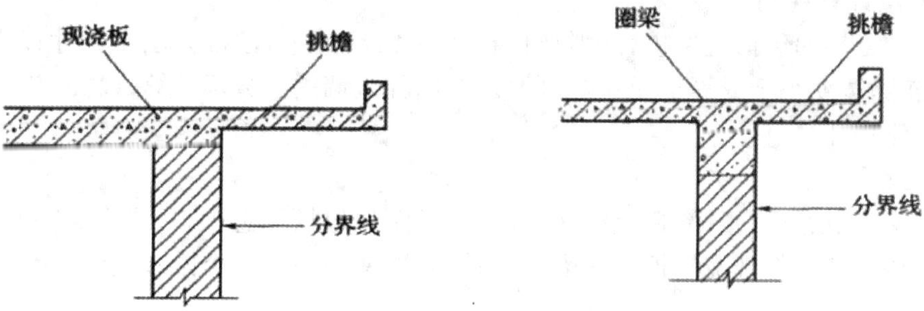

图 4.67　现浇混凝土挑檐板分界线示意图

(2)根据《房屋建筑与装饰工程消耗量定额》(TY01-31-2015)的规定,对有梁板项目与平板项目进行了区分,如图 4.68 所示。

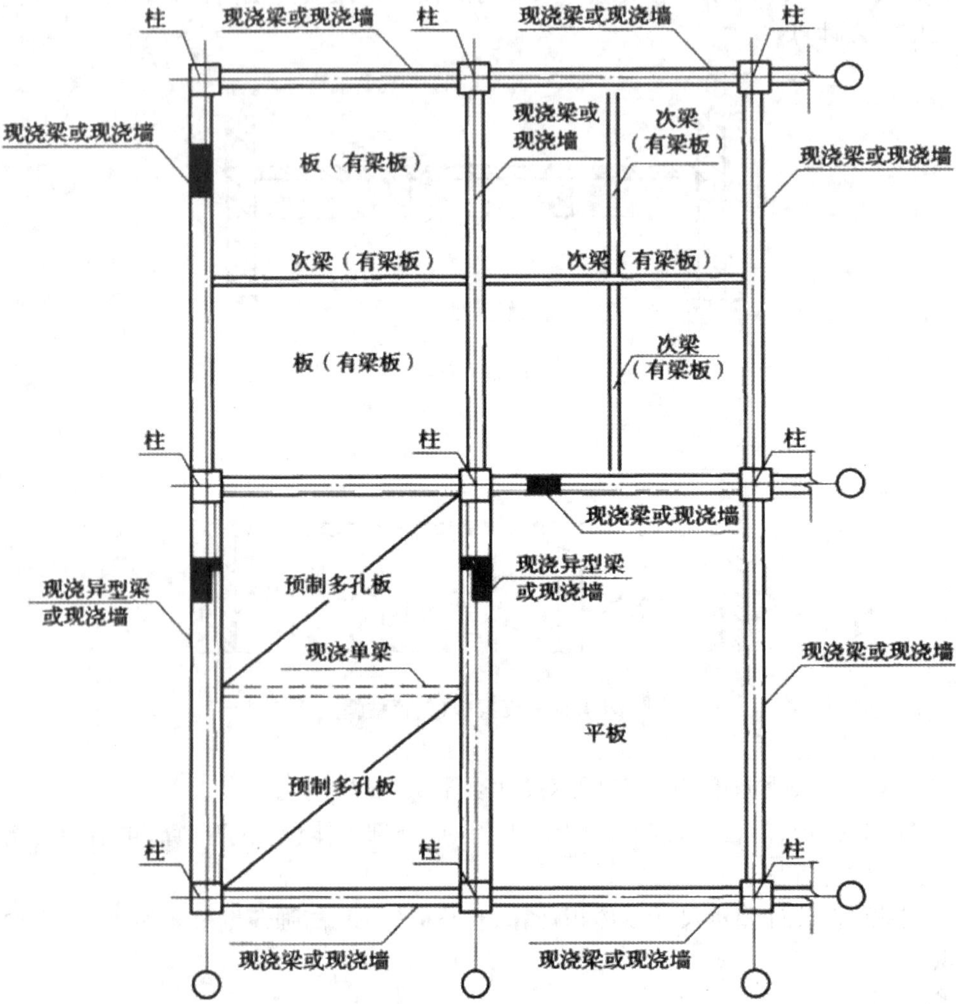

图 4.68 现浇梁、板区分示意图

(六)现浇混凝土楼梯(编码:010506)

1. 工程量计算规则

现浇混凝土楼梯包括直形楼梯、弧形楼梯。以"m^2"计量,按设计图示尺寸以水平投影面积计算,不扣除宽度小于或等于 500mm 的楼梯井,伸入墙内部分不计算;以"m^3"计量,按设计图示尺寸以体积计算。

2. 相关说明

整体楼梯(包括直形楼梯、弧形楼梯)水平投影面积包括休息平台、平台梁、斜梁和楼梯的连接梁。当整体楼梯与现浇楼板无梯梁连接时,以楼梯的最后一个踏步边缘加 300mm 为界,如图 4.69 所示。

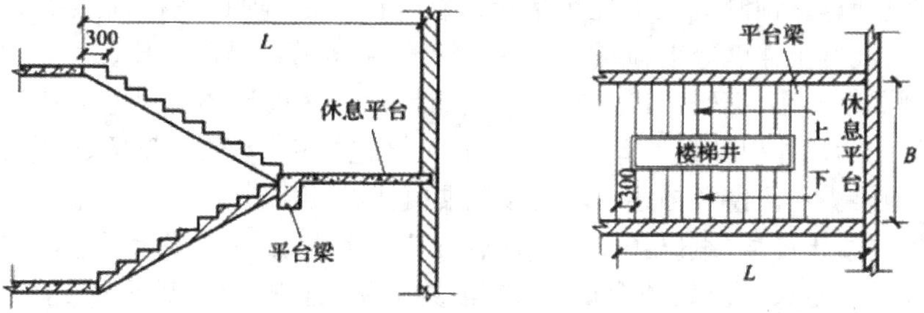

(a)整体楼梯与现浇楼板无梯梁连接

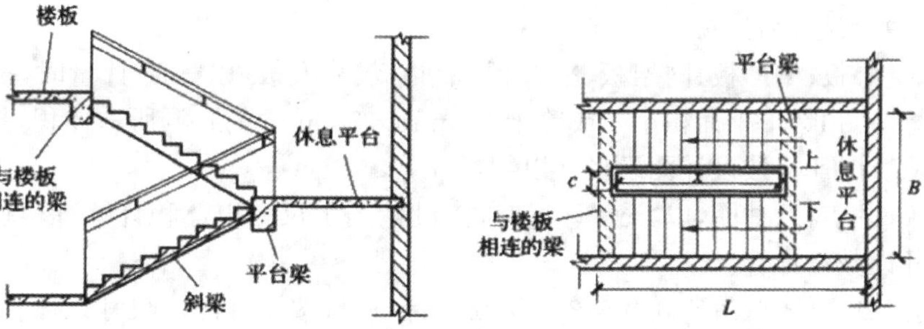

(b)整体楼梯与现浇楼板有梯梁连接

图 4.69　现浇混凝土楼梯示意图

(七)现浇混凝土其他构件(编码:010507)

现浇混凝土其他构件包括散水与坡道、室外地坪、电缆沟与地沟、台阶、扶手和压顶、化粪池和检查井、其他构件。

1. 工程量计算规则

(1)散水、坡道、室外地坪,按设计图示尺寸以水平投影面积以“m^2”计算。不扣除单个面积小于或等于 $0.3m^2$ 的孔洞所占面积。

(2)电缆沟、地沟,按设计图示以中心线长度“m”计算。

(3)台阶,以“m^2”计量,按设计图示尺寸水平投影面积计算;或者以“m^3”计量,按设计图示尺寸以体积计算。

(4)扶手、压顶,以“m”计量,按设计图示的中心线延长米计算;以“m^3”计量,按设计图示尺寸以体积计算。

(5)化粪池、检查井及其他构件,以“m^3”计量,按设计图示尺寸以体积计算;以“座”计量,按设计图示数量计算。

2. 相关说明

(1)现浇混凝土小型池槽、垫块、门框等,应按其他构件项目编码列项。

(2)架空式混凝土台阶,按现浇楼梯计算。

(八)后浇带(编码:010508)

后浇带工程量按设计图示尺寸以体积“m^3”计算,后浇带项目适用于梁、墙、板的后浇带。

(九)预制混凝土柱(编码:010509)

1. 工程量计算规则

(1)预制混凝土柱,以“m^3”计量时,按设计图示尺寸以体积计算;以“根”计量时,按设计图示尺寸以数量计算。预制混凝土柱包括矩形柱、异型柱。项目特征描述要求图代号、单件体积、安装高度、混凝土强度等级、砂浆（细石混凝土）强度等级及配合比。

（2）预制混凝土梁（编码：010510），以“m^3”计量时，按设计图示尺寸以体积计算；以“根”计量时，按设计图示尺寸以数量计算。预制混凝土梁包括矩形梁、异型梁、过梁、拱形梁、鱼腹式吊车梁和其他梁。项目特征描述要求与预制混凝土柱相同。

（3）预制混凝土屋架（编码：010511），以“m^3”计量时，按设计图示尺寸以体积计算；以“榀”计量时，按设计图示尺寸以数量计算。预制混凝土屋架包括折线型屋架、组合屋架、薄腹屋架、门式刚架屋架、天窗架屋架。三角形屋架按折线型屋架项目编码列项。

（4）预制混凝土板（编码：010512），包括平板、空心板、槽形板、网架板、折线板、带肋板、大型板、沟盖板（井盖板）和井圈。

①平板、空心板、槽形板、网架板、折线板、带肋板、大型板，以“m^3”计量时，按设计图示尺寸以体积计算，不扣除单个面积小于或等于300mm×300mm的孔洞所占体积，扣除空心板空洞体积；以“块”计量时，按设计图示尺寸以数量计算。

②沟盖板、井盖板、井圈，以“m^3”计量时，按设计图示尺寸以体积计算；以“块”计量时，按设计图示尺寸以数量计算。

（5）预制混凝土楼梯（编码：010513），以“m^3”计量时，按设计图示尺寸以体积计算，扣除空心踏步板空洞体；以“段”计量时，按设计图示数量计算；以“块”计量时，必须描述单件体积。

（6）其他预制构件（编码：010514），包括烟道、垃圾道、通风道及其他构件。以“块”“根”计量时，必须描述单件体积。预制钢筋混凝土小型池槽、压顶扶手、垫块、隔热板、花格等，按其他构件项目编码列项。

工程量计算以“m^3”计量时，按设计图示尺寸以体积计算，不扣除单个面积小于或等于300mm×300mm的孔洞所占体积，扣除烟道、垃圾道、通风道的孔洞所占体积；以“m^2”计量时，按设计图示尺寸以面积计算，不扣除单个面积小于或等于300mm×300mm的孔洞所占面积；以“根”计量时，按设计图示尺寸以数量计算。

2. 相关说明

（1）以上项目以“块、套、根、榀”计量时，项目特征必须描述单件体积。

（2）不带肋的预制遮阳板、雨篷板、挑檐板、拦板等，应按平板项目编码列项。预制F形板、双T形板、单肋板和带反挑檐的雨篷板、挑檐板、遮阳板等，应按带肋板项目编码列项。预制大型墙板、大型楼板、大型屋面板等，按中大型板项目编码列项。

（十）钢筋工程（编码：010515）

钢筋工程包括现浇构件钢筋、预制构件钢筋、钢筋网片、钢筋笼、先张法预应力钢筋、后张法预应力钢筋、预应力钢丝、预应力钢绞线、支撑钢筋（铁马）、声测管。

1. 工程量计算规则

（1）现浇构件钢筋、预制构件钢筋、钢筋网片、钢筋笼，按设计图示钢筋（网）长度（面积）乘以单位理论质量计算。项目特征描述：钢筋种类、规格。钢筋的工作内容中包括了焊接（或绑扎）连接，不需要计量，在综合单价中考虑，但机械连接需要单独列项计算工程量。

（2）先张法预应力钢筋，按设计图示钢筋长度乘以单位理论质量“t”计算。

（3）后张法预应力钢筋、预应力钢丝、预应力钢绞线，按设计图示钢筋（丝束、绞线）长度乘以单位理论质量计算。其长度应按以下规定计算：

①低合金钢筋两端均采用螺杆锚具时，钢筋长度按孔道长度减0.35m计算，螺杆另行计算。

②低合金钢筋一端采用墩头插片，另一端采用螺杆锚具时，钢筋长度按孔道长度计算，螺杆另行计算。

③低合金钢筋一端采用墩头插片，另一端采用帮条锚具时，钢筋增加 0.15m 计算；两端均采用帮条锚具时，钢筋长度按孔道长度增加 0.3m 计算。

④低合金钢筋采用后张混凝土自锚时，钢筋长度按孔道长度增加 0.35m 计算。

⑤低合金钢筋（钢绞线）采用 JM、XM、QM 型锚具，孔道长度小于 20m 时，钢筋长度增加 1m 计算；孔道长度大于 20m 时，钢筋长度增加 1.8m 计算。

⑥碳素钢丝采用锥形锚具，孔道长度小于或等于 20m 时，钢丝束长度按孔道长度增加 1m 计算；孔道长度大于 20m 时，钢丝束长度按孔道长度增加 1.8m 计算。

⑦碳素钢丝采用墩头锚具时，钢丝束长度按孔道长度增加 0.35m 计算。

(4)支撑钢筋（铁马），按钢筋长度乘以单位理论质量以“t”计算。在编制工程量清单时，如果设计未明确，其工程数量可为暂估量，结算时按现场签证数量计算。

(5)声测管，按设计图示尺寸以质量“t”计算。

2. 相关说明

(1)现浇构件中伸出构件的锚固钢筋应并入钢筋工程量内。除设计（包括规范规定）标明的搭接外，其他施工搭接不计算工程量，在综合单价中综合考虑。

(2)在工程计价中，钢筋连接的数量可参考《房屋建筑与装饰工程消耗量定额》（TY01-31-2015）中的规定确定，即钢筋连接的数量按设计图示及规范要求计算，设计图示及规范要求未标明的，按以下规定计算：

①ϕ10 以内的长钢筋按每 12m 计算一个钢筋接头；

②ϕ10 以上的长钢筋按每 9m 计算一个接头。

(3)钢筋工程量计算首先计算其图示长度，然后乘以单位理论质量来确定，如公式(4.4)所示。

$$\text{钢筋工程量} = \text{图示钢筋长度} \times \text{单位理论质量} \tag{4.4}$$

钢筋单位理论质量可根据公式(4.4)计算确定（d 为钢筋直径，单位 mm），或查表 4.13 确定；也可根据钢筋直径计算理论质量，钢筋的容重可按 7 850kg/m^3 计算。

$$\text{钢筋单位理论质量} = 0.006\,165 \times d^2 (\text{kg/m}) \tag{4.5}$$

表 4.13　钢筋每米长度理论质量表

直径(mm)	理论质量(kg/m)	横截面面积(cm^2)	直径(mm)	理论质量(kg/m)	横截面面积(cm^2)
4	0.099	0.126	18	1.998	2.545
5	0.154	0.196	20	2.466	3.142
6	0.222	0.283	22	2.984	3.801
6.5	0.26	0.332	24	3.551	4.524
8	0.395	0.503	25	3.850	4.909
10	0.617	0.785	28	4.830	5.153
12	0.888	1.131	30	5.550	7.069
14	1.208	1.539	32	6.310	8.043
16	1.578	2.011	40	9.865	12.561

3. 钢筋长度一般计算方法

(1)纵向钢筋图示长度的计算。在计算纵向钢筋图示长度时，需要考虑以下参数：

①混凝土保护层厚度。混凝土保护层是结构构件中最外层钢筋外边缘至构件表面范围用于保护钢筋的混凝土。根据《混凝土结构设计规范》(GB 50010-2010)的规定,构件中受力钢筋的保护层厚度不应小于钢筋的公称直径 d。设计使用年限为 50 年的混凝土结构,最外层钢筋的保护层厚度应符合表 4.14 的规定;设计使用年限为 100 年的混凝土结构,最外层钢筋的保护层厚度不应小于表 4.14 中数值的 1.4 倍。

表 4.14　　混凝土保护层最小厚度(mm)

环境等级	板、墙、壳	梁、柱、杆
一	15	20
二 a	20	25
二 b	25	35
三 a	30	40
三 b	40	50

注:(1)混凝土强度等级不大于 C25 时,表中保护层厚度数值应增加 5mm;

(2)钢筋混凝土基础宜设置混凝土垫层,基础中钢筋的混凝土保护层厚度应从垫层顶面算起,且不应小于 40mm。

②弯起钢筋增加长度。弯起钢筋的弯曲度数有 30°、45°、60°,如图 4.70 所示。

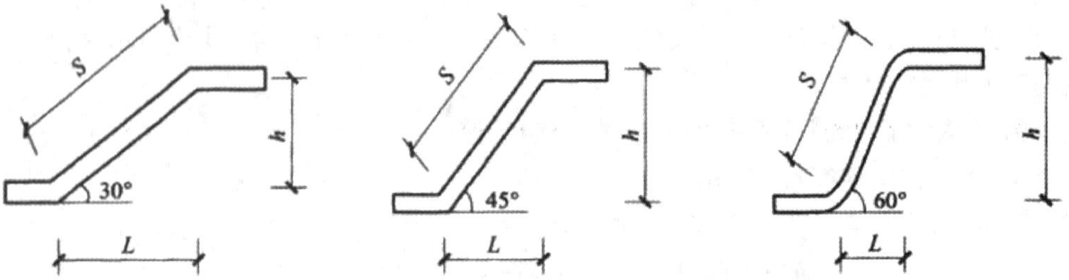

图 4.70　弯起钢筋增加长度示意图($S-L$)

弯起钢筋增加的长度为 $S-L$,不同弯起角度的 $S-L$ 值如表 4.15 所示。

表 4.15　　弯起钢筋增加长度计算表

弯起角度	S	L	$S-L$
30°	2.000h	1.732h	0.268h
45°	1.414h	1.000h	0.414h
60°	1.155h	0.577h	0.578h

注:弯起钢筋高度 h=构件高度-保护层厚度。

③钢筋弯钩增加长度。钢筋的弯钩主要有半圆弯钩(180°)、直弯钩(90°)和斜弯钩(135°),如图 4.71 所示。对于 HPB300 级光圆钢筋受拉时,钢筋末端作 180°弯钩时,钢筋弯折的弯弧内直径不应小于钢筋直径 d 的 2.5 倍,弯钩的弯折后平直段长度不应小于钢筋直径 d 的 3 倍。按弯弧内径为钢筋直径 d 的 2.5 倍,平直段长度为钢筋直径 d 的 3 倍,确定弯钩的增加长度为:半圆弯钩增加长度为 6.25d,直弯钩增加长度为 3.5d,斜弯钩增加长度为 4.9d。

④钢筋的锚固长度。受拉钢筋的锚固长度应符合《混凝土结构设计规范》(GB 50010-2010)的要求。为便于钢筋工程量计算,钢筋的锚固长度可以通过查 16G101-1 图集确定,受

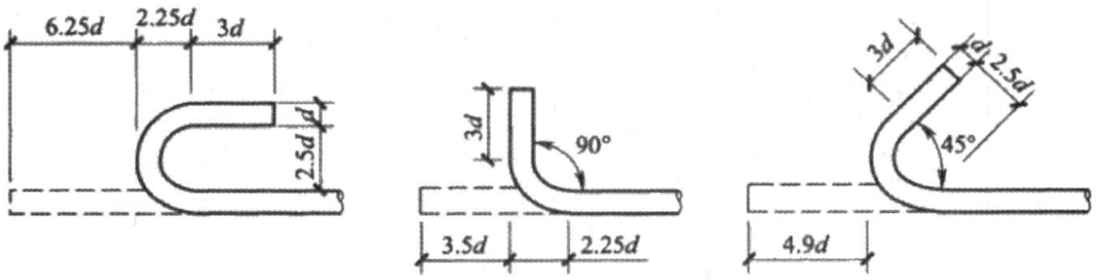

图 4.71　钢筋弯钩长度示意图

拉钢筋锚固长度如表 4.16 所示，受拉钢筋抗震锚固长度如表 4.17 所示。

⑤纵向受拉钢筋的搭接长度。纵向受拉钢筋绑扎搭接接头的搭接长度应符合《混凝土结构设计规范》(GB 50010-2010)的要求。纵向受拉钢筋搭接长度可以通过查 16G101-1 图集确定，纵向受拉钢筋搭接长度如表 4.18 所示。

(2)箍筋长度的计算。箍筋是为了固定主筋位置和组成钢筋骨架而设置的一种钢筋。计算长度时，要考虑混凝土保护层、箍筋的形式、箍筋的根数和箍筋单根长度。

箍筋单根长度的计算采用箍筋的外皮尺寸并考虑弯钩的增加长度，可按公式(4.6)计算。

箍筋单根长度＝箍筋的外皮尺寸周长＋2×弯钩增加长度　(4.6)

双肢箍的单根长度可按公式(4.7)计算。

双肢箍单根长度＝箍筋的外皮尺寸周长＋2×弯钩增加长度
＝构件周长－8×混凝土保护层厚度＋2×弯钩增加长度　(4.7)

《混凝土结构工程施工规范》(GB 50666-2011)对箍筋、拉筋末端弯钩的要求：对一般结构构件，箍筋弯钩的弯折角度不应小于 90°，弯折后平直段长度不应小于箍筋直径的 5 倍；对有抗震设防要求或设计有专门要求的结构构件，箍筋弯钩的弯折角度不应小于 135°，弯折后平直段长度不应小于箍筋直径的 10 倍和 75mm 两者之中的较大值(见图 4.72)；圆形箍筋的搭接长度不应小于其受拉锚固长度，且两末端均应做不小于 135°的弯钩，弯折后平直段长度对一般结构构件不应小于箍筋直径的 5 倍，对有抗震设防要求的结构构件不应小于箍筋直径的 10 倍和 75mm 的较大值，拉筋用作梁、柱复合箍筋中单肢箍筋或梁腰筋间拉结筋时，两端弯钩的弯折角度均不应小于 135°，弯折后平直段长度对一般结构构件不应小于箍筋直径的 5 倍，对有抗震设防要求的结构构件不应小于箍筋直径的 10 倍和 75mm 的较大值；拉筋用作剪力墙、楼板等构件中拉结筋时，两端弯钩可采用一端 135°另一端 90°，弯折后平直段长度不应小于拉筋直径的 5 倍。

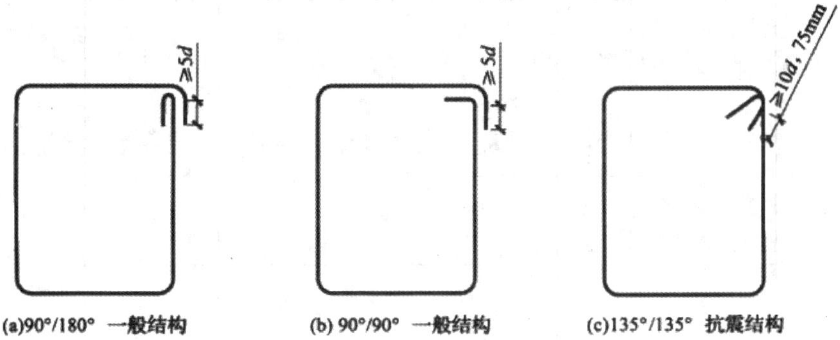

图 4.72　箍筋弯钩长度示意图

表 4.16　受拉钢筋锚固长度 l_a

钢筋种类	混凝土强度等级																
	C20	C25		C30		C35		C40		C45		C50		C55		≥C60	
	$d\leqslant25$	$d\leqslant25$	$d>25$	$d\leqslant25$	$d>25$	$d\leqslant25$	$d>25$	$d\leqslant25$	$d>25$	$d\leqslant25$	$d>25$	$d\leqslant25$	$d>25$	$d\leqslant25$	$d>25$	$d\leqslant25$	$d>25$
HPB300	39*d*	34*d*	—	30*d*	—	28*d*	—	25*d*	—	24*d*	—	23*d*	—	22*d*	—	21*d*	—
HPB335、HRBF335	38*d*	33*d*	—	29*d*	—	27*d*	—	25*d*	—	23*d*	—	22*d*	—	21*d*	—	21*d*	—
HRB400、HRBF400 RRB400	—	40*d*	44*d*	35*d*	39*d*	32*d*	35*d*	29*d*	32*d*	28*d*	31*d*	27*d*	30*d*	26*d*	29*d*	25*d*	28*d*
HRB500、HRBF500	—	48*d*	53*d*	43*d*	47*d*	39*d*	43*d*	36*d*	40*d*	34*d*	37*d*	32*d*	35*d*	31*d*	34*d*	30*d*	33*d*

表 4.17 受拉钢筋抗震锚固长度 l_{aE}

钢筋种类及抗震等级		混凝土强度等级																
		C20	C25		C30		C35		C40		C45		C50		C55		≥C60	
		$d≤25$	$d≤25$	$d>25$	$d≤25$	$d>25$	$d≤25$	$d>25$	$d≤25$	$d>25$	$d≤25$	$d>25$	$d≤25$	$d>25$	$d≤25$	$d>25$	$d≤25$	$d>25$
HPB300	一、二级	45d	39d	—	35d	—	32d	—	29d	—	28d	—	26d	—	25d	—	24d	—
	三级	41d	36d	—	32d	—	29d	—	26d	—	25d	—	24d	—	23d	—	22d	—
HRB335、HRBF335	一、二级	44d	38d	—	33d	—	31d	—	29d	—	26d	—	25d	—	24d	—	24d	—
	三级	40d	35d	—	30d	—	28d	—	26d	—	24d	—	23d	—	22d	—	22d	—
HRB400、HRBF400	一、二级	—	46d	51d	40d	45d	37d	40d	33d	37d	32d	36d	31d	35d	30d	33d	29d	32d
	三级	—	42d	46d	37d	41d	34d	37d	30d	34d	29d	33d	28d	32d	27d	30d	26d	29d
HRB500、HRBF500	一、二级	—	55d	61d	49d	54d	45d	49d	41d	46d	39d	43d	37d	40d	36d	39d	35d	38d
	三级	—	50d	56d	45d	49d	41d	45d	38d	42d	36d	39d	34d	37d	33d	36d	32d	35d

注：(1)当为环氧树脂涂层带肋钢筋时，表中数据应乘以 1.25。

(2)当纵向受拉钢筋在施工过程中易受扰动时，表中数据应乘以 1.1。

(3)当锚固长度范围内纵向受力钢筋周边保护层厚度为 3d、5d(d 为锚固钢筋的直径)时，表中数据可分别乘以 0.8、0.7；中间时按内插值。

(4)当纵向受拉普通钢筋锚固长度修正系数[注(1)～注(3)]多于一项时，可按连乘计算。

(5)四级抗震时，$l_{aE}=l_a$。

表 4.18　**受拉钢筋抗震锚固长度 l_{aE}**

钢筋种类及同一区段内搭接钢筋面积百分比		混凝土强度等级																
		C20	C25		C30		C35		C40		C45		C50		C55		≥C60	
		d≤25	d≤25	d>25	d≤25	d>25	d≤25	d>25	d≤25	d>25	d≤25	d>25	d≤25	d>25	d≤25	d>25	d≤25	d>25
HPB300	≤25%	47d	41d	—	36d	—	34d	—	30d	—	29d	—	28d	—	26d	—	25d	—
	50%	55d	48d	—	42d	—	39d	—	35d	—	34d	—	32d	—	31d	—	29d	—
	100%	62d	54d	—	48d	—	45d	—	40d	—	38d	—	37d	—	35d	—	34d	—
HPB335、HRBF335	≤25%	46d	40d	—	35d	—	32d	—	30d	—	28d	—	26d	—	25d	—	25d	—
	50%	53d	46d	—	41d	—	38d	—	35d	—	32d	—	31d	—	29d	—	29d	—
	100%	61d	53d	—	46d	—	43d	—	40d	—	37d	—	35d	—	34d	—	34d	—
HRB400、HRBF400、RRB400	≤25%	—	48d	53d	42d	47d	38d	42d	35d	38d	34d	37d	32d	36d	31d	35d	30d	34d
	50%	—	56d	62d	49d	55d	45d	49d	41d	45d	3d	43d	38d	42d	36d	41d	35d	39d
	100%	—	64d	70d	56d	62d	51d	56d	46d	51d	45d	50d	43d	48d	42d	46d	40d	45d
HRB500、HRBF500	≤25%	—	58d	64d	52d	56d	47d	52d	43d	48d	41d	44d	38d	42d	37d	41d	36d	40d
	50%	—	67d	74d	60d	66d	55d	60d	50d	56d	48d	52d	45d	49d	43d	48d	42d	46d
	100%	—	77d	85d	69d	75d	62d	69d	58d	64d	54d	59d	51d	56d	50d	54d	48d	53d

注：当为环氧树脂涂层带肋钢筋时，表中数据应乘以 1.25；当纵向受拉钢筋在施工过程中易受扰动时，表中数据应乘以 1.1；当锚固长度范围内纵向受力钢筋周边保护层厚度为 $3d$、$5d$（d 为锚固钢筋的直径）时，表中数据可分别乘以 0.8、0.7、中间时按内插值；当纵向受拉普通钢筋锚固长度修正系数（即 1.25、1.1、0.8 或 0.7）多于一项时，可连乘计算。

箍筋根数的计算，应按公式(4.8)计算：

$$箍筋根数=\frac{箍筋分布长度}{箍筋间距}+1 \tag{4.8}$$

4. 平法钢筋工程量计算方法

平法钢筋工程量计算时除了要依据平法施工图外，还要参考平法图集中的标准构造详图，方能正确计算钢筋图示长度，然后再确定其质量。以楼层框架梁为例说明平法钢筋工程量的计算方法。

楼层框架梁中常见钢筋包括纵向钢筋、吊筋、箍筋、拉筋等，主要的标准构造详图，如楼层框架梁纵向钢筋构造(见图 4.73)、端支座锚固(见图 4.74)、梁侧面纵向构造筋和拉筋(见图 4.75)、框架梁箍筋加密区范围(见图 4.76)、附加吊筋等构造详图(见图 4.77，其他构造详图参见 16G101-1 图集)。

楼层框架梁中的主要钢筋长度可参考以下公式计算。

(1)上部贯通钢筋长度按公式(4.9)计算：

$$上部贯通钢筋长度=通跨净长+两端支座锚固长度+搭接长度 \tag{4.9}$$

钢筋锚固长度区分直锚和弯锚，可按图 4.73、图 4.74 确定。当梁的端支座宽 h_c－保护层≥l_{aE} 时为直锚，锚固长度不小于 $\max(l_{aE}, 0.5h_c+5d)$；当梁端支座宽 h_c－保护层<l_{aE} 时为弯锚，锚固长度不小于 $0.4l_{aE}+15d$。

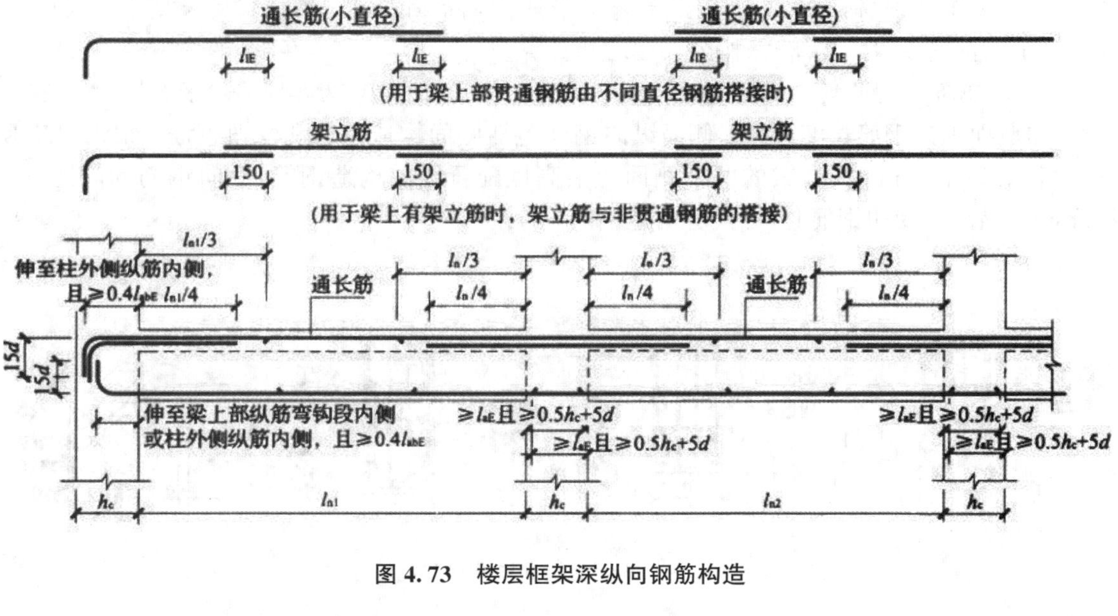

图 4.73　楼层框架深纵向钢筋构造

(2)端支座负筋长度按公式(4.10)计算：

$$端支座负筋长度=锚固长度+伸出支座的长度 \tag{4.10}$$

锚固长度同上部贯通钢筋；伸出支座的长度，第一排为净跨的 1/3，第二排为净跨的 1/4。

(3)中间支座负筋长度按公式(4.11)计算：

$$中间支座负筋长度=中间支座宽度+左右两边伸出支座的长度 \tag{4.11}$$

伸出支座的长度，第一排为净跨的 1/3，第二排为净跨的 1/4。当支座两端净跨不相等时，取左右跨中较大的跨度值。

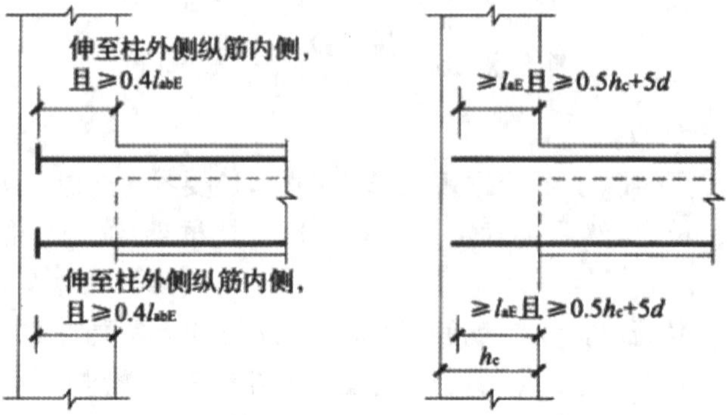

(a)加锚头(锚板)锚固　　(b)直锚锚固

图 4.74　端支座锚固

(4)架立筋长度按公式(4.12)计算：

架立筋长度=每跨净长－左右两边伸出支座的负筋长度+2×搭接长度　　(4.12)

架立筋与支座负筋搭接长度按150mm计算(见图4.73)。

(5)下部钢筋长度计算。下部钢筋一般为分跨布置，当布置有贯通钢筋时，与上部钢筋计算相同。当分跨布置时，下部钢筋长度按公式(4.13)计算。

下部钢筋长度(分跨布置)=净跨长+左侧锚固长度+右侧锚固长度　　(4.13)

当下部钢筋不深入支座时，按公式(4.14)计算。

下部钢筋长度(不伸入支座)=净跨长－2×0.1l_{ni}(l_{ni}为各跨净跨长度)　　(4.14)

(6)侧面纵向钢筋长度计算。侧面纵向钢筋包括侧面构造钢筋和受扭钢筋，如图4.75所示。当h_w≥450mm时，在梁的两个侧面应沿高度配置纵向构造钢筋，纵向钢筋的间距a≤200mm。当配置受扭钢筋时，可代替构造钢筋。

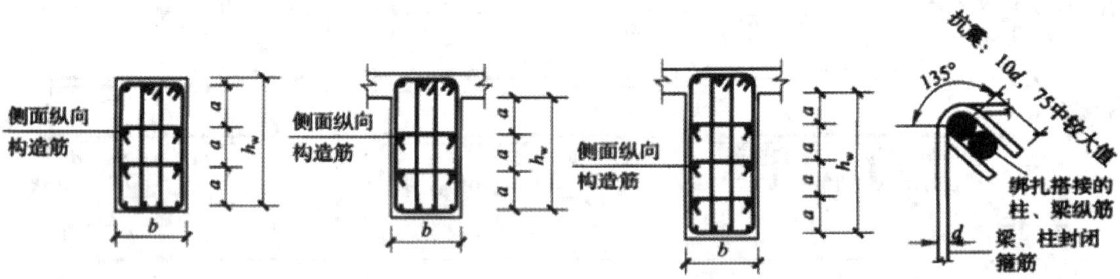

图 4.75　梁侧面纵向构造筋和拉筋

梁侧面构造纵筋的搭接与锚固长度可取15d；受扭钢筋的搭接长度为l_{1e}或l_1，锚固长度为l_{ae}或l_a，锚固方式同框架梁下部纵筋。梁侧面纵向钢筋长度计算见公式(4.15)和公式(4.16)。

侧面纵向构造钢筋长度=净跨长+2×15d+搭接长度　　(4.15)

侧面纵向抗扭钢筋长度=净跨长+锚固长度+搭接长度　　(4.16)

(7)箍筋和拉筋长度的计算。对于有抗震设防要求的结构构件的两肢箍箍筋的单根长度可按公式(4.17)计算。

$$两肢箍单根长度=(梁宽+梁高)\times 2-8\times 保护层+2\times \max(75+1.9d,11.9d) \tag{4.17}$$

箍筋根数可按公式(4.18)计算。图4.76中加密区的范围:抗震等级为一级的≥2.0h_b且≥500,抗震等级为二~四级的≥1.5h_b且≥500;h_b为梁截面高度。

$$箍筋根数=[(加密区长度-50)/加密区间距+1]\times 2+(非加密区长度-50)/非加密区间距-1 \tag{4.18}$$

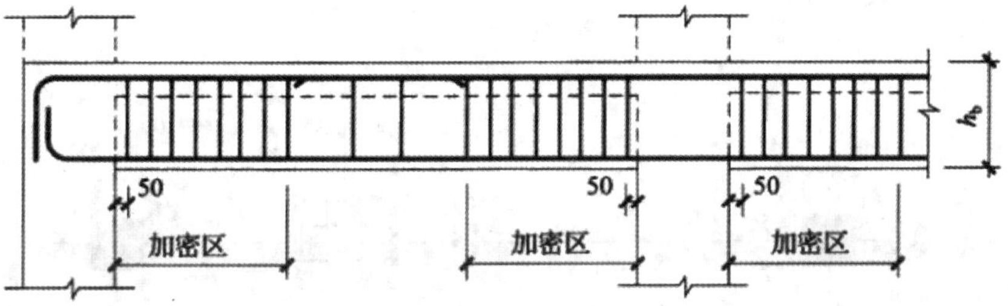

图4.76　框架梁箍筋加密区范围

拉筋单根长度的计算可参考公式(4.18)确定。拉筋的直径,当梁宽≤350mm时,直径为6mm,当梁宽>350mm时,直径为8mm。

$$拉筋单根长度=梁宽-2\times 保护层+2\times \max(75+1.9d,11.9d) \tag{4.19}$$

拉筋的根数计算,其间距为非加密区箍筋间距的2倍,当有多排拉筋时,上下两排拉筋竖向错开设置(见图4.75)。

(8)吊筋长度按公式(4.20)计算。

$$吊筋长度=2\times 锚固长度+2\times 斜段长度+次梁宽度+2\times 50 \tag{4.20}$$

吊筋构造如图4.77所示。

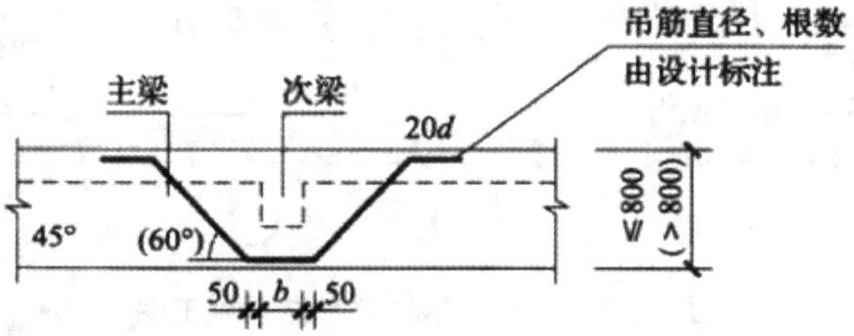

图4.77　附加吊筋构造

当梁高度>800mm时,$a=60°$;当梁高度≤800mm时,$a=45°$。

(十一)螺栓、铁件(编号:010516)

螺栓、铁件包括螺栓、预埋铁件和机械连接。

1. 工程量计算规则

(1)螺栓、预埋铁件,按设计图示尺寸以质量"t"计算。

(2)机械连接,按数量以"个"计算。

2. 相关说明

编制工程量清单时,如果设计未明确,其工程数量可为暂估量,实际工程量按现场签证数量计算。

【例 4.16】 某框架结构局部如图 4.78 所示，基础、柱、梁混凝土强度等级均为 C30(碎石≤40mm)，基础混凝土保护层厚 40mm，梁、柱混凝土保护层厚 30mm，抗震等级为一级抗震。独立基础基底标高−1.8m，框架柱 KZ1 起止段为基础顶面至 6.27m 处，柱的截面尺寸为 400mm×400mm，轴线与柱中心线重合。请计算图中楼层框架梁 KL1、独立基础 DJ_J01 和框架柱 KZ1 混凝土工程量，以及 KL1、DJ_J01 中钢筋工程量(KL1 按矩形梁计算，不考虑板的因素)。

解：计算结果如表 4.19 所示。

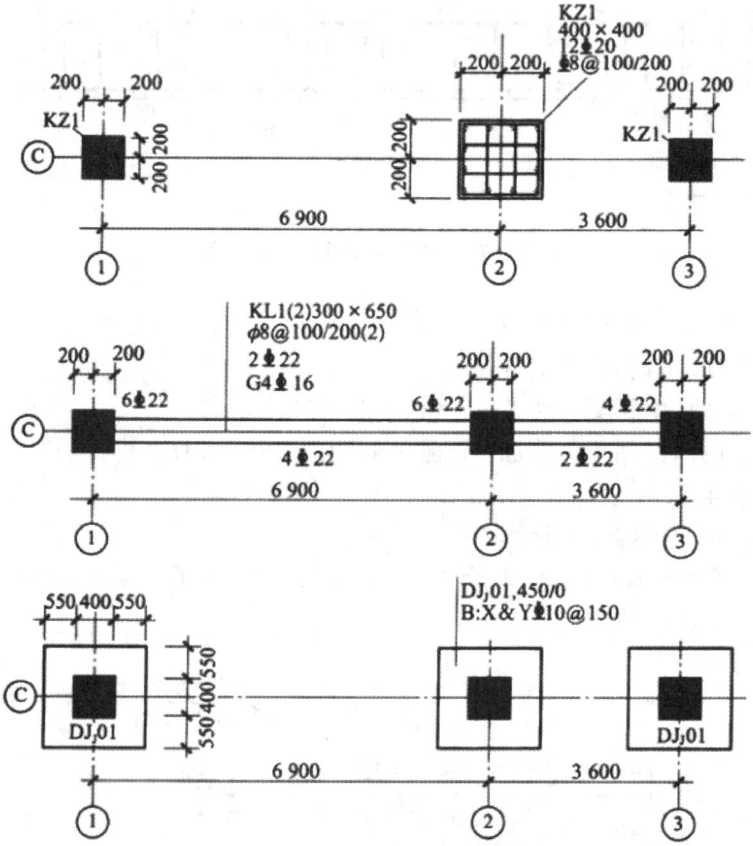

图 4.78 某框架结构局部结构施工图

表 4.19 **工程量计算表**

序号	清单项目编码	清单项目名称	计 算 式	工程量合计
1	010503002001	矩形梁(KL1)	0.3×0.65×(3.6−0.4+6.9−0.4)=1.89(m^3)	1.89m^3
2	010501003001	独立基础(DJ_J01)	1.5×1.5×0.45×3=3.04(m^3)	3.04m^3
3	010502001001	矩形柱(KZ1)	0.4×0.4×(1.8−0.45+6.27)×3=3.66(m^3)	3.66m^3
4	011702001001	基础模板(DJ_J01)	1.5×4×0.45×3=8.10(m^2)	8.10m^2

续表

序号	清单项目编码	清单项目 名称	计　算　式	工程量 合计
5	010515001001	现浇 构件钢筋 (梁Φ22)	直锚长度=40×22=880mm>400mm,按弯锚计算 (1)KL1 上部通长钢筋(2Φ22)。 弯锚锚固长度:400−30+15×22=700(mm) [700+(6 900+3 600−400)+700]×=23 000(mm) (2)KL1 上部支座负筋。 左支座负筋(4Φ22): (700+6 500/3)×4=11 467(mm) 中支座及右支座通跨布置的负筋(2Φ22): (6 500/3+3 600+700)×2=12 933(mm) 中支座负筋(2Φ22): (6 500/3+400+6 500/3)×2=9 467(mm) (3)KL1 下部钢筋。 第一跨下部纵筋(4Φ22): (700+6 500+880)×4=32 320(mm) 第二跨下部纵筋(2Φ22): (880+3 200+700)×2=9 560(mm) 合计长度:98 747mm 质量=2.984×98 747=294.66(kg)	0.295t
6	010515001002	现浇 构件钢筋 (Φ16)	KL1 侧面构造钢筋(4Φ16): (15×16+10 100+15×16)×4=42 320(mm) 质量=1.578×42.320=66.78(kg)	0.067t
7	010515001003	现浇 构件钢筋 (Φ10)	(1)DJ_J01 的 X 向钢筋: 单根长度=1 500−40×2=1 420(mm) 根数=[1 500−2×max(75 150/2)]/150+1 =10(根) (2)DJ_J01 的 Y 向钢筋;与 X 向钢筋一样 总长度=1 420×10×2=28 400(mm) 质量=0.617×28.4=17.52(kg)	0.018t
8	010515001004	现浇 构件钢筋 (Φ8)	KL1 箍筋单根长度: (300−2×30+650−2×30)×2+2×11.9×8=1 850(mm) KL1 箍筋根数: 加密区长度=max(2×650 500)=1 300(mm) 第一跨箍筋根数=[(1 300−50)/100+1]×2+(3 900/200−1)=47(根) 第二跨箍筋根数=[(1 300−50)/100+1]×2+(600/200−1)=30(根) 总长度=1 850×(47+30)=142 450(mm) 质量=0.395×142.45=56.27(kg)	0.056t

六、金属结构工程(编码:0106)

金属结构工程包括钢网架、钢屋架、钢托架、钢桁架、钢架桥、钢柱、钢梁、钢板楼板、墙板、钢构件、金属制品。金属构件的切边,不规则及多边形钢板发生的损耗在综合单价中考虑;工作内容中综合了补刷油漆,但不包括刷防火涂料,金属构件刷防火涂料单独列项计算工程量。

(一)钢网架(编码:010601)

1. 工程量计算规则

钢网架工程量按设计图示尺寸以质量"t"计算,不扣除孔眼的质量,焊条、铆钉等不另增加质量。项目特征描述:钢材品种、规格;网架节点形式、连接方式;网架跨度、安装高度;探伤要求;防火要求等。其中防火要求是指耐火极限。

2. 相关说明

(1)钢网架项目适用于一般钢网架和不锈钢网架,不论节点形式(球形节点、板式节点等)和节点连接方式(焊接、丝接)等均使用该项目。

(2)注意焊条、铆钉等不另增加质量,与钢屋架等不同(钢屋架焊条、铆钉、螺栓等不另增加)。

(二)钢屋架、钢托架、钢桁架、钢架桥(编码:010602)

1. 工程量计算规则

(1)钢屋架,以"榀"计量时,按设计图示数量计算;以"t"计量时,按设计图示尺寸以质量计算。不扣除孔眼的质量,焊条、铆钉、螺栓等不另增加质量。

(2)钢托架、钢桁架、钢架桥,按设计图示尺寸以质量"t"计算,不扣除孔眼,切边、切肢的质量,焊条、铆钉、螺栓等不另增加质量。

2. 相关说明

(1)钢托架是指在工业厂房中,由于工业或者交通需要而在大开间位置设置的承托屋架的钢构件。

(2)以"榀"计量,按标准图设计的应注明标准图代号,按非标准图设计的项目特征必须描述单榀屋架的质量。

(3)项目特征中螺栓的种类是指普通螺栓或高强螺栓。

(三)钢柱(编码:010603)

钢柱包括实腹钢柱、空腹钢柱、钢管柱等项目。

1. 工程量计算规则

(1)实腹钢柱、空腹钢柱,按设计图示尺寸以质量"t"计算。不扣除孔眼的质量,焊条、铆钉、螺栓等不另增加质量,依附在钢柱上的牛腿及悬臂梁等并入钢柱工程量内。

(2)钢管柱,按设计图示尺寸以质量"t"计算。不扣除孔眼的质量,焊条、铆钉、螺栓等不另增加质量,钢管柱上的节点板、加强环、内衬管、牛腿等并入钢管柱工程量内。

2. 相关说明

(1)型钢混凝土柱浇筑钢筋混凝土,其混凝土和钢筋应按"混凝土及钢筋混凝土工程"中相关项目编码列项。

(2)实腹钢柱类型是指十字形、T 形、L 形、H 形等;空腹钢柱类型是指箱形、格构式等。

(四)钢梁(编码:010604)

钢梁包括钢梁、钢吊车梁等项目。

1. 工程量计算规则

钢梁、钢吊车梁,按设计图示尺寸以质量"t"计算。不扣除孔眼的质量,焊条、铆钉、螺栓等不另增加质量,制动梁、制动板、制动桁架、车挡并入钢吊车梁工程量内。

2. 相关说明

(1)项目特征中梁类型指 H 形、L 形、T 形、箱形、格构式等。

(2)型钢混凝土梁浇筑钢筋混凝土,其混凝土和钢筋应按"混凝土及钢筋混凝土工程"中相关项目编码列项。

(五)钢板楼板、墙板(编码:010605)

1. 工程量计算规则

(1)压型钢板楼板,按设计图示尺寸以铺设水平投影面积“m^2”计算,不扣除单个面积小于或等于 0.3m^2 柱、垛及孔洞所占面积。

(2)压型钢板墙板,按设计图示尺寸以铺挂展开面积“m^2”计算。不扣除单个面积小于或等于 0.3m^2 的梁、孔洞所占面积,包角、包边、窗台泛水等不另加面积。

2. 相关说明

(1)钢板楼板上浇筑钢筋混凝土,其混凝土和钢筋应按“混凝土及钢筋混凝土工程”中相关项目编码列项。

(2)压型钢楼板按钢板楼板项目编码列项。

(六)钢构件(编码:010606)

钢构件包括钢支撑、钢拉条、钢檩条、钢天窗架、钢挡风架、钢墙架、钢平台、钢走道、钢梯、钢护栏、钢漏斗、钢板天沟、钢支架、零星钢构件。

1. 工程量计算规则

(1)钢支撑、钢拉条、钢檩条、钢天窗架、钢挡风架、钢墙架、钢平台、钢走道、钢梯、钢护栏、钢支架、零星钢构件,按设计图示尺寸以质量“t”计算。不扣除孔眼的质量,焊条、铆钉、螺栓等不另增加质量。

(2)钢漏斗、钢板天沟,按设计图示尺寸以重量“t”计算。不扣除孔眼的质量,焊条、铆钉、螺栓等不另增加质量,依附漏斗的型钢并入漏斗工程量内。

2. 相关说明

(1)钢支撑、钢拉条类型是指单式、复式;钢檩条类型是指型钢式、格构式;钢漏斗形式是指方形、圆形;钢板天沟形式是指矩形沟或半圆形沟;加工铁件等小型构件,按零星钢构件项目编码列项。

(2)钢墙架项目包括墙架柱、墙架梁和连接杆件。

(七)金属制品(编码:010607)

金属制品包括成品空调金属百页护栏、成品栅栏、成品雨篷、金属网栏、砌块墙钢丝网加固、后浇带金属网。

1. 工程量计算规则

(1)成品空调金属百页护栏、成品栅栏、金属网栏,按设计图示尺寸以面积“m^2”计算。

(2)成品雨篷,以“m”计量时,按设计图示接触边以长度计算;以“m^2”计量时,按设计图示尺寸以展开面积计算。

(3)砌块墙钢丝网加固、后浇带金属网,按设计图示尺寸以面积“m^2”计算。

2. 相关说明

抹灰钢丝网加固按砌块墙钢丝网加固项目编码列项。

【例 4.17】 某工程空腹钢柱如图 4.79 所示(最底层钢板为 12mm 厚),共 2 根,加工厂制作,运输到现场拼装、安装、超声波探伤、耐火极限为二级,根据工程量计算该工程空腹钢柱的分部分项工程量(表 4.20 为钢材单位理论质量)。

解:计算结果如表 4.21 所示。

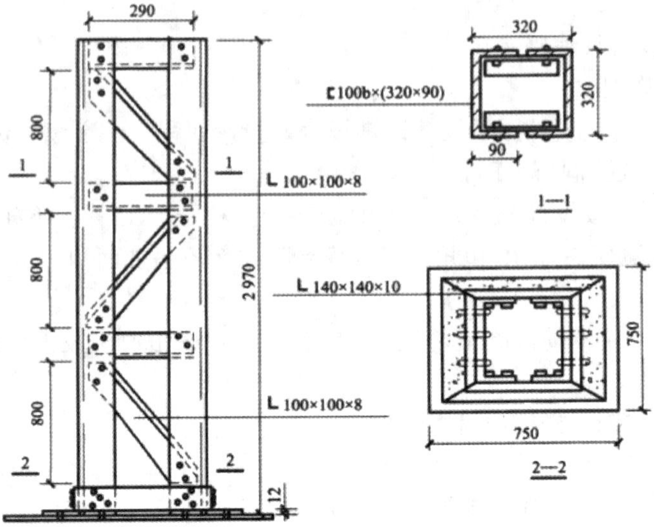

图 4.79 空腹钢柱示意图

表 4.20 **钢材单位理论质量表**

规 格	单位质量	备 注
[100b×(320×90)	43.25kg/m	槽钢
[100×100×8	12.28kg/m	角钢
∟ 140×140×10	21.49kg/m	角钢
—12	94.20kg/m^2	钢板

表 4.21 **工程量计算表**

序号	清单项目编码	清单项目名称	计 算 式	工程量合计
1	010603002001	空腹钢柱	(1)[100b×(320×90):G_1=2.97×2×43.25×2=513.81(kg) (2)[100×100×8:G_2=(0.29×6+$\sqrt{0.8^2+0.29^2}$×6)×12.28×2=168.13(kg) (3)∟ 140×140×10:G_3=(0.32+0.14×2)×4×21.49×2=103.15(kg) (4)—12:G_4=0.75×0.75×94.20×2=105.98(kg) $G=G_1+G_2+G_3+G_4$=513.81+168.13+103.15+105.95=891.07(kg)	0.891t

七、木结构工程(编码:0107)

木结构工程包括木屋架、木构件、屋面木基层。

(一)木屋架(编码:010701)

木屋架包括木屋架和钢木屋架。

1. 工程量计算规则

(1)木屋架,以"榀"计量时,按设计图示数量计算;以"m^3"计量时,按设计图示的规格尺寸以体积计算。

(2)钢木屋架,以"榀"计量,按设计图示数量计算。

2. 相关说明

(1)对于屋架的跨度应以上、下弦中心线两交点之间的距离计算。

(2)带气楼的屋架和马尾、折角以及正交部分的半屋架,应按相关屋架项目编码列项。

(3)以"榀"计量,按标准图设计的应注明标准图代号,按非标准图设计的项目特征需要描述木屋架的跨度、材料品种及规格、刨光要求、拉杆及夹板种类、防护材料种类。

(4)屋架中钢拉杆、钢夹板等应包括在清单项目的综合单价内。

(二)木构件(编码:010702)

木构件包括木柱、木梁、木檩条、木楼梯及其他木构件。

1. 工程量计算规则

(1)木柱、木梁,按设计图示尺寸以体积"m^3"计算。

(2)木檩条,以"m^3"计量时,按设计图示尺寸以体积计算;以"m"计量时,按设计图示尺寸以长度计算。

(3)木楼梯,按设计图示尺寸以水平投影面积"m^2"计算,不扣除宽度小于300mm的楼梯井,伸入墙内部分不计算。

2. 相关说明

(1)若按图示数量以"m"计量,项目特征必须描述构件规格尺寸。

(2)木楼梯的栏杆(栏板)、扶手,应按其他装饰工程中的相关项目编码列项。

(三)屋面木基层(编码:010703)

按设计图示尺寸以斜面积计算,不扣除房上烟囱、风帽底座、风道、小气窗、斜沟等所占面积,小气窗的出檐部分不增加面积。

【例4.18】 某厂房,方木屋架如图4.80所示,共4榀,现场制作,不刨光,拉杆为Φ10的圆钢,铁件刷防锈漆一遍,轮胎式起重机安装,安装高度6m。根据工程量计算规范计算该工程方木屋架以立方米计量的分部分项工程量。

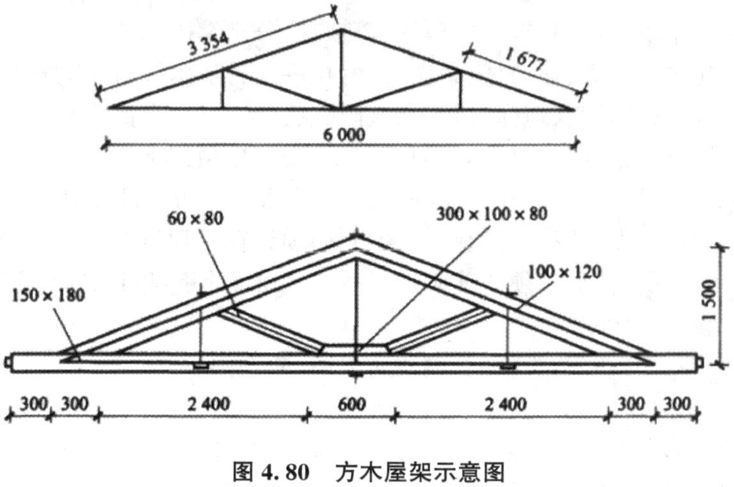

图4.80　方木屋架示意图

解:计算结果如表 4.22 所示。

表 4.22 **工程量计算表**

序号	清单项目编码	清单项目名称	计算式	工程量合计
1	010701001001	方木屋架	下弦杆体积＝0.15×0.18×6.6×4 ＝0.713(m^3) 上弦杆体积＝0.10×0.12×3.354×2×4 ＝0.322(m^3) 斜撑体积＝0.06×0.08×1.677×2×4 ＝0.064(m^3) 元宝垫木体积＝0.30×0.10×0.08×4 ＝0.010(m^3) 合计:0.713＋0.322＋0.064＋0.010＝1.11(m^3)	1.11m^3

八、门窗工程(编码:0108)

门窗工程包括木门、金属门、金属卷帘(闸)门、厂库房大门及特种门、其他门、木窗、金属窗、门窗套、窗台板、窗帘、窗帘盒(轨)等。

(一)木门(编码:010801)

木门包括木质门、木质门带套、木质连窗门、木质防火门、木门框、门锁安装。

1. 工程量计算规则

(1)木质门、木质门带套、木质连窗门、木质防火门,以“樘”计量,按设计图示数量计算;以“m^2”计量,按设计图示洞口尺寸以面积计算。项目特征描述:门代号及洞口尺寸;镶嵌玻璃品种、厚度。

(2)木门框以“樘”计量,按设计图示数量计算;以“m”计量,按设计图示框的中心线以延长米计算。单独制作安装木门框,按木门框项目编码列项。木门框项目特征除了描述门代号及洞口尺寸、防护材料的种类外,还需描述框截面尺寸。

(3)门锁安装,按设计图示数量“个(套)”计算。

2. 相关说明

(1)木质门应区分镶板木门、企口木板门、实木装饰门、胶合板门、夹板装饰门、木纱门、全玻门(带木质扇框)、木质半玻门(带木质扇框)等项目,分别编码列项。

(2)木门五金应包括折页、插销、门碰珠、弓背拉手、搭机、木螺钉、弹簧折页(自动门)、管子拉手(自由门、地弹门)、地弹簧(地弹门)、角铁、门轧头(地弹门、自由门)等,五金安装应计算在综合单价中,需要注意的是木门五金不含门锁,门锁安装单独列项计算。

(3)木质门带套计量按洞口尺寸以面积计算,不包括门套的面积,但门套应计算在综合单价中。单独门套的制作、安装,按木门套项目编码列项计算工程量。

(4)以“樘”计量,项目特征必须描述洞口尺寸;以“m^2”计量,项目特征可不描述洞口尺寸。

(二)金属门(编码:010802)

金属门包括金属(塑钢)门、彩板门、钢质防火门、防盗门。

1. 工程量计算规则

金属(塑钢)门、彩板门。钢质防火门、防盗门,以“樘”计量,按设计图示数量计算;以“m^2”计量,按设计图示洞口尺寸以面积计算。

2. 相关说明

(1)金属门应区分金属平开门、金属推拉门、金属地弹门、全玻门(带金属扇框)、金属半玻门(带扇框)等项目,分别编码列项。

(2)金属门五金包括L形执手插锁(双舌)、执手锁(单舌)、门轨头、地锁、防盗门机、门眼(猫眼)、门碰珠、电子锁(磁卡锁)、闭门器、装饰拉手等;铝合金门五金包括地弹簧、门锁、拉手、门插、门铰、螺钉等,五金安装应计算在综合单价中,但应注意,金属门门锁已包含在门五金中,不需要另行计算。

(3)以"樘"计量,项目特征必须描述洞口尺寸,没有洞口尺寸的必须描述门框或扇外围尺寸;以"m^2"计量,项目特征可不描述洞口尺寸及框、扇的外围尺寸。以"m^2"计量,无设计图示洞口尺寸,按门框、扇外围以面积计算。

(4)各金属门项目工程量计算分两种情况:以"樘"计量,按设计图示数量计算;以"m^2"计量,按设计图示洞口尺寸以面积计算(无设计图示洞口尺寸,按门框、扇外围以面积计算)。

(三)金属卷帘(闸)门(编码:010803)

金属卷帘(闸)门包括金属卷帘(闸)门、防火卷帘(闸)门,以"樘"计量,按设计图示数量计算;以"m^2"计量,按设计图示洞口尺寸以面积计算。

以"樘"计量,项目特征必须描述洞口尺寸;以"m^2"计量,项目特征可不描述洞口尺寸。

(四)厂库房大门、特种门(编码:010804)

厂库房大门、特种门包括木板大门、钢木大门、全钢板大门、防护铁丝门、金属格栅门、钢质花饰大门、特种门。

1. 工程量计算规则

(1)木板大门、钢木大门、全钢板大门、金属格栅门、特种门,以"樘"计量,按设计图示数量计算;以"m^2"计量,按设计图示洞口尺寸以面积计算。项目特征描述:门代号及洞口尺寸、门框或扇外围尺寸、门框、扇材质、五金种类、规格、防护材料种类等;刷防护涂料应包括在综合单价中。

(2)防护铁丝门、钢质花饰大门,以"樘"计量,按设计图示数量计算;以"m^2"计量,按设计图示门框或扇以面积计算。

2. 相关说明

(1)特种门应区分冷藏门、冷冻间门、保温门、变电室门、隔声门、防射线门、人防门、金库门等项目,分别编码列项。

(2)工程量以"樘"计量,按设计图示数量计算;以"m^2"计量,按设计图示门框或扇以面积计算。

(3)工程量以"m^2"计量时,无设计图示洞口尺寸,应按门框、扇外围以面积计算,如防护铁丝门、钢质花饰大门。

(五)其他门(编码:010805)

其他门包括平开电子感应门、旋转门、电子对讲门、电动伸缩门、全玻璃自由门、镜面不锈钢饰面门、复合材料门。

1. 工程量计算规则

工程量以"樘"计量,按设计图示数量计算;以"m^2"计量,按设计图示洞口尺寸以面积计算。

2. 相关说明

(1)以"樘"计量,项目特征必须描述洞口尺寸,没有洞口尺寸必须描述门框或扇外围尺寸;以"m^2"计量,项目特征可不描述洞口尺寸及框、扇的外围尺寸。

(2)以"m^2"计量,无设计图示洞口尺寸,按门框、扇外围以面积计算。

(六)木窗(编码:010806)

木窗包括木质窗、木飘(凸)窗、木橱窗、木纱窗。

1. 工程量计算规则

(1)木质窗以"樘"计量,按设计图示数量计算;以"m^2"计量,按设计图示洞口尺寸以面积计算。

(2)木飘(凸)窗、木橱窗,以"樘"计量,按设计图示数量计算;以"m^2"计量,按设计图示尺寸以框外围展开面积计算。木橱窗、木飘(凸)窗以"樘"计量,项目特征必须描述框截面及外围展开面积。

(3)木纱窗以"樘"计量,按设计图示数量计算,以"m^2"计量,按框的外围尺寸以面积计算。

2. 相关说明

(1)木质窗应区分木百叶窗、木组合窗、木天窗、木固定窗、木装饰空花窗等项目,分别编码列项。

(2)以"樘"计量,项目特征必须描述洞口尺寸,没有洞口尺寸的必须描述窗框外围尺寸;以"m^2"计量,项目特征可不描述洞口尺寸及框的外围尺寸。

(3)以"m^2"计量,无设计图示洞口尺寸,按窗框外围以面积计算。

(4)木窗五金包括折页、插销、风钩、木螺钉、滑轮滑轨(推拉窗)等。

(七)金属窗(编码:010807)

金属窗包括金属(塑钢、断桥)窗、金属防火窗、金属百叶窗、金属纱窗、金属格栅窗、金属(塑钢、断桥)橱窗、金属(塑钢、断桥)飘(凸)窗、彩板窗、复合材料窗。

1. 工程量计算规则

(1)金属(塑钢、断桥)窗、金属防火窗、金属百叶窗、金属格栅窗工程量,以"樘"计量,按设计图示数量计算;以"m^2"计量,按设计图示洞口尺寸以面积计算。

(2)金属纱窗以"樘"计量,按设计图示数量计算;以"m^2"计量,按框的外围尺寸以面积计算。

(3)金属(塑钢、断桥)橱窗、金属(塑钢、断桥)飘(凸)窗的工程量,以"樘"计量,按设计图示数量计算;以"m^2"计量,按设计图示尺寸以框外围展开面积计算。

(4)彩板窗、复合材料窗以"樘"计量,按设计图示数量计算;以"m^2"计量,按设计图示洞口尺寸或框外围以面积计算。

2. 相关说明

(1)金属窗应区分金属组合窗、防盗窗等项目,分别编码列项。

(2)以"樘"计量,项目特征必须描述洞口尺寸,没有洞口尺寸的必须描述窗框外围尺寸;以"m^2"计量,项目特征可不描述洞口尺寸及框的外围尺寸。

(3)以"m^2"计量,无设计图示洞口尺寸,按窗框外围以面积计算。

(4)金属橱窗、飘(凸)窗以"樘"计量,项目特征必须描述框外围展开面积。

(5)金属窗五金包括折页、螺钉、执手、卡锁铰拉、风撑、滑轮、滑轨、拉把、拉手、角码、牛角制等。

(八)门窗套(编码:010808)

门窗套包括木门窗套、木筒子板、饰面夹板筒子板、金属门窗套、石材门窗套、门窗木贴脸、成品木门窗套。

1. 工程量计算规则

(1)木门窗套、木筒子板、饰面夹板筒子板、金属门窗套、石材门窗套、成品木门窗套,以

“樘”计量，按设计图示数量计算；以“m^2”计量，按设计图示尺寸以展开面积计算；以“m”计量，按设计图示尺寸以延长米计算。

(2)门窗木贴脸，以“樘”计量，按设计图示数量计算；以“m”计量，按设计图示尺寸以延长米计算。

2. 相关说明

(1)木门窗套适用于单独门窗套的制作、安装。

(2)当以“樘”计量，项目特征必须描述洞口尺寸、门窗套展开宽度；当以“m^2”计量时，项目特征可不描述洞口尺寸、门窗套展开宽度；当以“m”计量时，项目特征必须描述门窗套展开宽度、筒子板及贴脸宽度。

(九)窗台板(编码:010809)

窗台板包括木窗台板、铝塑窗台板、金属窗台板、石材窗台板。工程量按设计图示尺寸以展开面积“m^2”计算。

(十)窗帘、窗帘盒及窗帘轨(编码:010810)

窗帘、窗帘盒及窗帘轨包括窗帘、木窗帘盒、饰面夹板、塑料窗帘盒、铝合金窗帘盒、窗帘轨。

1. 工程量计算规则

(1)窗帘工程量以“m”计量，按设计图示尺寸以成活后长度计算；以“m^2”计量，按图示尺寸以成活后展开面积计算。

(2)木窗帘盒、饰面夹板、塑料窗帘盒、铝合金属窗帘盒、窗帘轨，按设计图示尺寸以长度“m”计算。

2. 相关说明

(1)窗帘若是双层，项目特征必须描述每层材质。

(2)当窗帘以“m”计量时，项目特征必须描述窗帘高度和宽。

(3)当窗帘盒为弧形时，其长度应按中心线计算。

九、屋面及防水工程(编码:0109)

屋面及防水工程包括瓦、型材及其他屋面，屋面防水及其他，墙面防水、防潮，楼(地)面防水、防潮。

(一)瓦、型材及其他屋面(编码:010901)

瓦、型材及其他屋面包括瓦屋面、型材屋面、阳光板屋面、玻璃钢屋面、膜结构屋面。

1. 工程量计算规则

(1)瓦屋面、型材屋面，按设计图示尺寸以斜面积“m^2”计算。不扣除房上烟囱、风帽底座、风道、小气窗、斜沟等所占面积。小气窗的出檐部分不增加面积。

(2)阳光板屋面、玻璃钢屋面，按设计图示尺寸以斜面积“m^2”计算，不扣除屋面面积小于或等于 0.3m^2 的孔洞所占面积。

(3)膜结构屋面，按设计图示尺寸以需要覆盖的水平投影面积计算，如图 4.81 所示。

2. 相关说明

(1)瓦屋面若是在木基层上铺瓦，项目特征不必描述黏结层砂浆的配合比，瓦屋面铺防水层，按本屋面防水及其他相关项目编码列项，木基层按木结构工程中相关项目编码列项。

(2)型材屋面，阳光板屋面，玻璃钢屋面的柱、梁、屋架，按金属结构工程、木结构工程中相关项目编码列项。

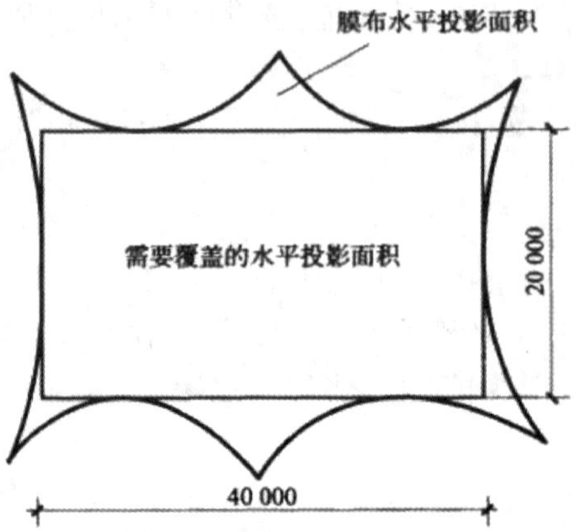

图 4.81 膜结构屋面工程量计算图

(3)型材屋面的金属檩条应包含在综合单价内计算,其工作内容包含了檩条制作、运输及安装。

(4)瓦屋面斜面积按屋面水平投影面积乘以屋面延尺系数,计量单位为"m^2"。延尺系数可根据屋面坡度的大小确定,如表 4.23 和图 4.82 所示。

表 4.23 屋面坡度系数表

坡度			延尺系数 C (A=1)	隅延尺系数 D (A=1)	坡度			延尺系数 C (A=1)	隅延尺系数 D (A=1)
B(A=1)	B/2A	角度 θ			B(A=1)	B/2A	角度 θ		
1	1/2	45°	1.414 2	1.732 1	0.4	1/5	21°48′	1.077 0	1.469 7
0.75	—	36°52′	1.250 0	1.600 8	0.35	—	19°17′	1.059 4	1.456 9
0.7	—	35°	1.220 7	1.577 9	0.30	—	16°42′	1.044 0	1.445 7
0.666	1/3	33°40′	1.201 5	1.562 0	0.25	—	14°02′	1.030 8	1.436 2
0.65	—	33°01′	1.192 6	1.556 4	0.20	1/10	11°19′	1.019 8	1.428 3
0.6	—	30°58′	1.166 2	1.536 2	0.15	—	8°32′	1.011 2	1.422 1
0.577	—	30°	1.154 7	1.527 0	0.125	—	7°08′	1.007 8	1.419 1
0.55	—	28°49′	1.141 3	1.517 0	0.100	1/20	5°42′	1.005 0	1.417 7
0.5	1/4	26°34′	1.118 0	1.500 0	0.083	—	4°45′	1.003 5	1.416 6
0.45	—	24°14′	1.096 6	1.483 9	0.066	1/30	3°49′	1.002 2	1.415 8

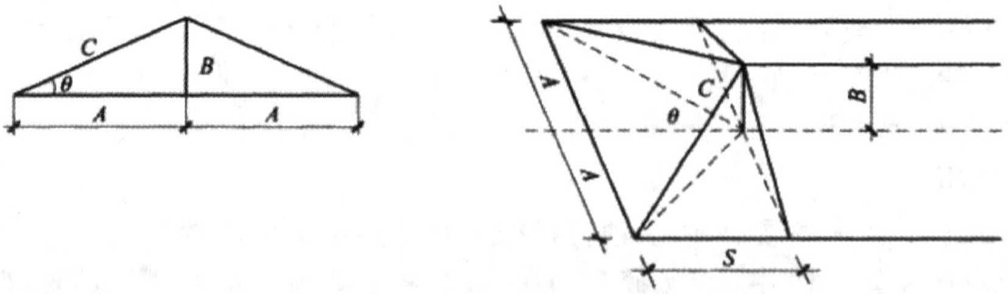

图 4.82 屋面坡度示意图

(二)屋面防水及其他(编码:010902)

屋面防水及其他包括屋面卷材防水、屋面涂膜防水、屋面刚性层、屋面排水管、屋面排(透)气管、屋面(廊、阳台)泄(吐)水管、屋面天沟及檐沟、屋面变形缝。

1. 工程量计算规则

(1)屋面卷材防水、屋面涂膜防水,按设计图示尺寸以面积"m^2"计算。斜屋顶(不包括平屋顶找坡)按斜面积计算,平屋顶按水平投影面积计算。不扣除房上烟囱、风帽底座、风道、屋面小气窗和斜沟所占面积。屋面的女儿墙、伸缩缝和天窗等处的弯起部分,并入屋面工程量内。

(2)屋面刚性层,按设计图示尺寸以面积"m^2"计算。不扣除房上烟囱、风帽底座、风道等所占面积。项目特征描述:刚性层厚度、混凝土种类、混凝土强度等级、嵌缝材料种类、钢筋规格及型号,当无钢筋时,其钢筋项目特征不必描述。同时还应注意,当有钢筋时,其工作内容中包含了钢筋制作安装,即钢筋计入综合单价,不另编码列项。

(3)屋面排水管,按设计图示尺寸以长度"m"计算。如设计未标注尺寸,以檐口至设计室外散水上表面垂直距离计算。

(4)屋面排(透)气管,按设计图示尺寸以长度"m"计算。

(5)屋面(廊、阳台)泄(吐)水管,按设计图示数量以"根(个)"计算。

(6)屋面天沟及檐沟,按设计图示尺寸以展开面积"m^2"计算。

(7)屋面变形缝,按设计图示尺寸以长度"m"计算。

2. 相关说明

(1)屋面防水搭接及附加层用量不另行计算,在综合单价中考虑。

(2)屋面找平层按楼地面装饰工程"平面砂浆找平层"项目编码列项。屋面保温找坡层按保温、隔热,防腐工程"保温隔热屋面"项目编码列项。

如某屋面做法(自下而上):120mm 厚现浇混凝土板,现浇水泥珍珠岩最薄处 30mm 厚,20 厚 1∶2.5 水泥砂浆找平层,冷底子一遍,热粘满铺 SBS 防水层、隔热层。清单项目列项时,"现浇水泥珍珠岩"按保温隔热层列项计算,"20 厚 1∶2.5 水泥砂浆找平层"按平面砂浆找平层列项计算,"冷底子一遍,热粘满铺 SBS 防水层"按屋面卷材防水列项。

(三)墙面防水、防潮(编码:010903)

墙面防水、防潮包括墙面卷材防水、墙面涂膜防水、墙面砂浆防水(防潮)、墙面变形缝。

1. 工程量计算规则

(1)墙面卷材防水、墙面涂膜防水、墙面砂浆防水(防潮),按设计图示尺寸以面积"m^2"计算。

(2)墙面变形缝,按设计图示尺寸以长度"m"计算。墙面变形缝若做双面,工程量乘以系数 2。

2. 相关说明

(1)墙面防水搭接及附加层用量不另行计算,在综合单价中考虑。

(2)墙面找平层按墙、柱面装饰与隔断、幕墙工程"立面砂浆找平层"项目编码列项。

(3)墙面砂浆防水(防潮)项目特征描述防水层做法、砂浆厚度及配合比、钢丝网规格,要注意在其工作内容中已包含了挂钢丝网,即钢丝网不另行计算,在综合单价中考虑。

(四)楼(地)面防水、防潮(编码:010904)

楼(地)面防水、防潮包括楼(地)面卷材防水、楼(地)面涂膜防水、楼(地)面砂浆防水(防潮)、楼(地)面变形缝。

1. 工程量计算规则

(1)楼(地)面卷材防水、楼(地)面涂膜防水、楼(地)面砂浆防水(防潮),按设计图示尺寸以面积“m^2”计算。

①楼(地)面防水,按主墙间净空面积计算,扣除凸出地面的构筑物、设备基础等所占面积,不扣除间壁墙及单个面积小于或等于 $0.3m^2$ 柱、垛、烟囱和孔洞所占面积。

②楼(地)面防水反边高度小于或等于 300mm 算作地面防水,反边高度大于 300mm 算作墙面防水。

(2)楼(地)面变形缝,按设计图示尺寸以长度“m”计算。

2. 相关说明

(1)楼(地)面防水找平层按楼地面装饰工程“平面砂浆找平层”项目编码列项。

(2)楼(地)面防水搭接及附加层用量不另行计算,在综合单价中考虑。

【例 4.19】 某工程 SBS 改性沥青卷材防水屋面平面,剖面图如图 4.83 所示,其自结构层由下向上的做法为:钢筋混凝土板上用 1∶12 水泥珍珠岩找坡,坡度 2%,最薄处 60mm,保温隔热层上 1∶3 水泥砂浆找平层反边高 300mm,在找平层上刷冷底子油,加热烤铺,贴 3mm 厚 SBS 改性沥青防水卷材一道(反边高 300mm),在防水卷材上抹 1∶2.5 水泥砂浆找平层(反边高 300mm)。不考虑嵌缝,砂浆以使用中砂为拌和料,女儿墙不计算,未列项目不补充。根据工程量计算规范计算该屋面找平层、保温及卷材防水分部分项工程量。

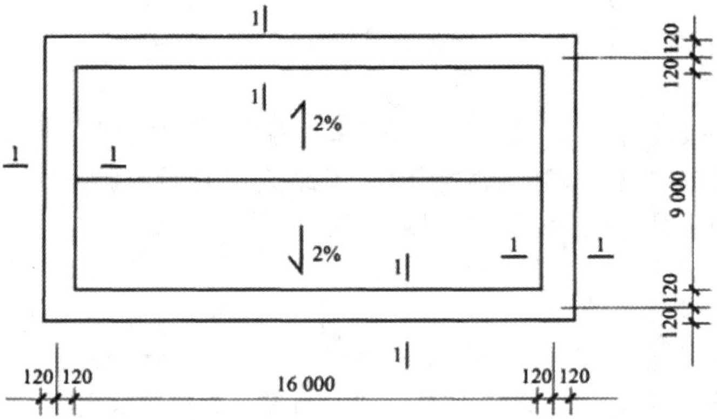

(a)屋面平面图

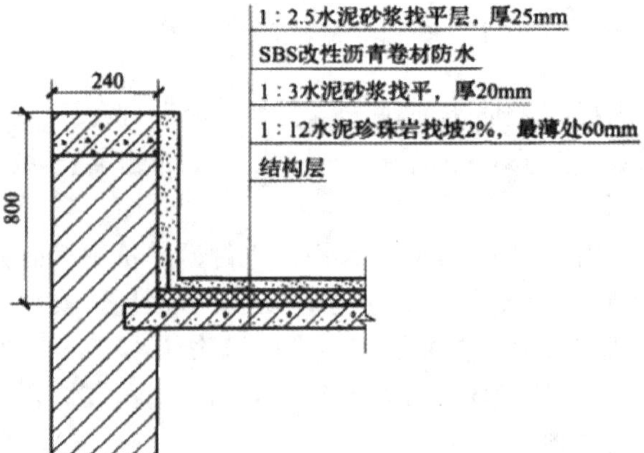

(b)1—1剖面大样

图 4.83 屋面平面、剖面图

解：计算结果如表 4.24 所示。

表 4.24　　　　　　　　　　　　　　**工程量计算表**

序号	清单项目编码	清单项目名称	计　算　式	工程量合计
1	011001001001	屋面保温	$S=16\times9=144.00(m^2)$	$144.00m^2$
2	010902001001	屋面卷材防水	$S=16\times9+(16+9)\times2\times0.3=159.00(m^2)$	$159.00m^2$
3	011101006001	屋面找平层	$S=16\times9+(16+9)\times2\times0.3=159.00(m^2)$	$159.00m^2$

十、保温、隔热、防腐工程（编码：0110）

保温、隔热、防腐工程包括保温、隔热，防腐面层，其他防腐。

（一）保温、隔热（编码：011001）

保温、隔热包括保温隔热屋面，保温隔热天棚，保温隔热墙面，保温柱、梁，保温隔热楼地面，其他保温隔热。

1. 工程量计算规则

（1）保温隔热屋面，按设计图示尺寸以面积“m^2”计算。扣除面积大于 $0.3m^2$ 的孔洞及占位面积。

（2）保温隔热天棚，按设计图示尺寸以面积“m^2”计算。扣除面积大于 $0.3m^2$ 的柱、垛、孔洞所占面积，与天棚相连的梁按展开面积计算，并入天棚工程量内。柱帽保温隔热应并入天棚保温隔热工程量内。

（3）保温隔热墙面，按设计图示尺寸以面积“m^2”计算。扣除门窗洞口以及面积大于 $0.3m^2$ 的梁、孔洞所占面积；门窗洞口侧壁以及与墙相连的柱，并入保温墙体工程量内。

（4）保温柱、梁，按设计图示尺寸以面积“m^2”计算。

①柱按设计图示柱断面保温层中心线展开长度乘以保温层高度以面积“m^2”计算，扣除面积大于 $0.3m^2$ 的梁所占面积；

②梁按设计图示梁断面保温层中心线展开长度乘以保温层长度以面积“m^2”计算。

（5）保温隔热楼地面，按设计图示尺寸以面积“m^2”计算，扣除面积大于 $0.3m^2$ 的柱、垛、孔洞所占面积。门洞、空圈、暖气包槽、壁龛的开口部分不增加面积。

（6）其他保温隔热，按设计图示尺寸以展开面积“m^2”计算，扣除面积大于 $0.3m^2$ 的孔洞及占位面积。

2. 相关说明

（1）池槽保温隔热应按其他保温隔热项目编码列项。

（2）项目特征中保温隔热方式是指内保温、外保温、夹心保温。

（3）保温隔热装饰面层，按装饰工程中相关项目编码列项。

（4）仅做找平层按楼地面装饰工程“平面砂浆找平层”或墙、柱面装饰与隔断、幕墙工程“立面砂浆找平层”项目编码列项。

(5)保温柱、梁适用于不与墙、天棚相连的独立柱、梁,与墙、天棚相连的柱、梁并入墙、天棚工程量内。

(二)防腐面层(编码:011002)

防腐面层包括防腐混凝土面层、防腐砂浆面层、防腐胶泥面层、玻璃钢防腐面层、聚氯乙烯板面层、块料防腐面层、池及槽块料防腐面层。

1. 工程量计算规则

(1)防腐混凝土面层、防腐砂浆面层、防腐胶泥面层、玻璃钢防腐面层、聚氯乙烯板面层、块料防腐面层,按设计图示尺寸以面积"m^2"计算。

①平面防腐:扣除凸出地面的构筑物、设备基础等以及面积大于 0.3m^2 的孔洞、柱垛所占面积,门洞、空圈、暖气包槽、壁龛的开口部分不增加面积。

②立面防腐:扣除门、窗、洞口以及面积大于 0.3m^2 的孔洞、梁所占面积,门、窗、洞口侧壁、垛凸出部分按展开面积并入墙面积内。

(2)池及槽块料防腐面层,按设计图示尺寸以展开面积"m^2"计算。

2. 相关说明

(1)防腐踢脚线,应按楼地面装饰工程"踢脚线"项目编码列项。

(2)防腐混凝土面层、防腐砂浆面层、防腐胶泥面层等项目在描述项目特征时,应描述混凝土、砂浆、胶泥等材料的种类和防腐的部位。

(三)其他防腐(编码:011003)

其他防腐包括隔离层、砌筑沥青浸渍砖、防腐涂料。

1. 工程量计算规则

(1)隔离层,按设计图示尺寸以面积"m^2"计算。

①平面防腐:扣除凸出地面的构筑物、设备基础等以及面积大于 0.3m^2 的孔洞、柱、垛所占面积,门洞、空圈、暖气包槽、壁龛的开口部分不增加面积。

②立面防腐:扣除门、窗、洞口以及面积大于 0.3m^2 的孔洞、梁所占面积,门、窗、洞口侧壁、垛凸出部分按展开面积并入墙面积内。

(2)砌筑沥青浸渍砖,按设计图示尺寸以体积"m^3"计算。

(3)防腐涂料,按设计图示尺寸以面积"m^2"计算。

①平面防腐,扣除凸出地面的构筑物、设备基础等以及面积大于 0.3m^2 的孔洞、柱、垛所占面积,门洞、空圈、暖气包槽、壁龛的开口部分不增加面积。

②立面防腐,扣除门、窗、洞口以及面积大于 0.3m^2 的孔洞、梁所占面积,门、窗、洞口侧壁、垛凸出部分按展开面积并入墙面积内。

2. 相关说明

(1)砌筑沥青浸渍砖项目特征中的浸渍砖砌法是指平砌、立砌。

(2)防腐涂料需要刮腻子时,项目特征应描述刮腻子的种类及遍数并包含在综合单价内,不另计算。

【例 4.20】 某库房地面做 1∶0.533∶0.533∶3.121 不发火沥青砂浆防腐面层,踢脚线抹 1∶0.3∶1.5∶4 铁屑砂浆,厚度均为 20mm,踢脚线高度 200mm,如图 4.84 所示。墙厚均为 240mm,门洞地面做防腐面层,侧边不做踢脚线。根据工程量计算规范计算该库房工程防腐面层及踢脚线的工程量。

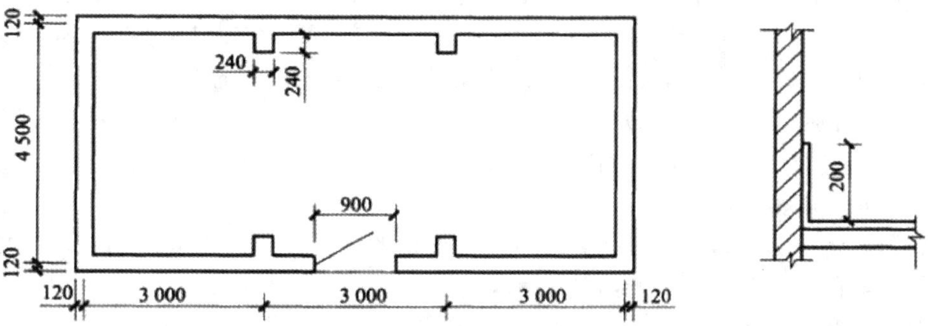

图 4.84　某库房平面示意图

解：计算结果如表 4.25 所示。

表 4.25　工程量计算表

序号	清单项目编码	清单项目名称	计　算　式	工程量合计
1	011002002001	防腐砂浆面层	(9.00－0.24)×(4.5－0.24)＝37.32(m^2)	37.32m^2
2	011105001001	砂浆踢脚线	(9.00－0.24＋0.24×4＋4.5－0.24)×2－0.90＝27.06(m)	27.06m^2

十一、楼地面装饰工程(编码:0111)

楼地面装饰工程包括整体面层及找平层、块料面层、橡塑面层、其他材料面层、踢脚线、楼梯面层、台阶装饰、零星装饰项目。楼梯、台阶侧面装饰,小于或等于 0.5m^2 少量分散的楼地面装修,应按零星装饰项目编码列项。

(一)整体面层及找平层(编码:011101)

整体面层及找平层包括水泥砂浆楼地面、现浇水磨石楼地面、细石混凝土楼地面、菱苦土楼地面、自流坪楼地面、平面砂浆找平层。

1. 工程量计算规则

(1)水泥砂浆楼地面、现浇水磨石楼地面、细石混凝土楼地面、菱苦土楼地面、自流坪楼地面,按设计图示尺寸以面积“m^2”计算。扣除凸出地面构筑物、设备基础、室内铁道、地沟等所占面积,不扣除间壁墙及小于或等于 0.3m^2 的柱、垛、附墙烟囱及孔洞所占面积。门洞、空圈、暖气包槽、壁龛的开口部分不增加面积。

(2)平面砂浆找平层,按设计图示尺寸以面积“m^2”计算,平面砂浆找平层适用于仅做找平层的平面抹灰。

2. 相关说明

(1)楼地面混凝土垫层另按现浇混凝土基础中垫层项目编码列项,除混凝土外的其他材料垫层按砌筑工程中垫层项目编码列项。

(2)间壁墙是指厚度小于或等于 120mm 的墙。

(3)水泥砂浆面层处理是拉毛还是提浆压光应在面层做法要求中描述。

(4)地面做法中,垫层需单独列项计算,而找平层综合在地面清单项目中,在综合单价中考虑，不需另行计算。如"某地面做法：3∶7灰土垫层300mm厚，40mm厚C20细石混凝土找平层，细石混凝土现场搅拌，20mm厚1∶3水泥砂浆面层"，则该地面中涉及垫层(010404001)、水泥砂浆楼地面(011101001)两个清单项目，而找平层属于水泥砂浆楼地面的工作内容，不单独列项。

(二)块料面层(编码：011102)

块料面层包括石材楼地面、碎石材楼地面、块料楼地面。

1. 工程量计算规则

石材楼地面、碎石材楼地面、块料楼地面，按设计图示尺寸以面积"m^2"计算。门洞、空圈、暖气包槽、壁龛的开口部分并入相应的工程量内。

2. 相关说明

(1)在描述碎石材项目的面层材料特征时可不用描述规格、颜色。

(2)石材、块料与黏结材料的结合面刷防渗材料的种类在防护层材料种类中描述。

(3)工作内容中的磨边是指施工现场磨边(下同)。

(4)与整体面层工程量计算上的不同之处在于门洞、空圈、暖气包槽、壁龛的开口部分是否并入相应的工程量。

(5)找平层计入相应清单项目的综合单价，不单独列项计算工程量。

(三)橡塑面层(编码：011103)

橡塑面层包括橡胶板楼地面、橡胶卷材楼地面、塑料板楼地面、塑料卷材楼地面。

1. 工程量计算规则

橡胶板楼地面、橡胶卷材楼地面、塑料板楼地面、塑料卷材楼地面，按设计图示尺寸以面积"m^2"计算，门洞、空圈、暖气包槽、壁龛的开口部分并入相应的工程量内。

2. 相关说明

橡塑面层项目中如涉及找平层，另按"找平层"项目编码列项。这一点与整体面层和块料面层不同，即橡塑面层工作内容中不含找平层，不计入综合单价，需要另外计算。

(四)其他材料面层(编码：011104)

其他材料面层包括地毯楼地面，竹、木(复合)地板，金属复合地板，防静电活动地板。地毯楼地面，竹、木(复合)地板，金属复合地板，防静电活动地板，按设计图示尺寸以面积"m^2"计算。门洞、空圈、暖气包槽、壁龛的开口部分并入相应的工程量内。

(五)踢脚线(编码：011105)

踢脚线包括水泥砂浆踢脚线、石材踢脚线、块料踢脚线、塑料板踢脚线、木质踢脚线、金属踢脚线、防静电踢脚线，按设计图示长度乘以高度以面积"m^2"计算；以"m"计量，按延长米计算。

(六)楼梯面层(编码：011106)

楼梯面层包括石材楼梯面层、块料楼梯面层、拼碎块料面层、水泥砂浆楼梯面层、现浇水磨石楼梯面层、地毯楼梯面层、木板楼梯面层、橡胶板楼梯面层、塑料板楼梯面层。

1. 工程量计算规则

石材楼梯面层、块料楼梯面层、拼碎块料面层、水泥砂浆楼梯面层、现浇水磨石楼梯面层、地毯楼梯面层、木板楼梯面层、橡胶板楼梯面层、塑料板楼梯面层，按设计图示尺寸以楼梯(包括踏步、休息平台及小于或等于500mm的楼梯井)水平投影面积"m^2"计算。楼梯与楼地面相连时，算至梯口梁内侧边沿；无梯口梁者，算至最上一层踏步边沿加300mm。

2. 相关说明

(1)在描述碎石材项目的面层材料特征时可不用描述规格、颜色。

(2)石材、块料与黏结材料的结合面刷防渗材料的种类在防护材料种类中描述。

(3)与整体楼地面一样,找平层计入综合单价,不需要另行计算,防滑条也计入综合单价,不另计算。

(七)台阶装饰(编码:011107)

台阶装饰包括石材台阶面、块料台阶面、拼碎块料台阶面、水泥砂浆台阶面、现浇水磨石台阶面、剁假石台阶面。

1. 工程量计算规则

石材台阶面、块料台阶面、拼碎块料台阶面、水泥砂浆台阶面、现浇水磨石台阶面、剁假石台阶面,工程量按设计图示尺寸以台阶(包括最上层踏步边沿加 300mm)水平投影面积"m^2"计算。

2. 相关说明

(1)在描述碎石材项目的面层材料特征时可不用描述规格、颜色。

(2)石材、块料与黏结材料的结合面刷防渗材料的种类在防护材料种类中描述。

(八)零星装饰项目(编码:011108)

零星装饰项目包括石材零星项目、拼碎石材零星项目、块料零星项目、水泥砂浆零星项目。

1. 工程量计算规则

石材零星项目、拼碎石材零星项目、块料零星项目、水泥砂浆零星项目,按设计图示尺寸以面积"m^2"计算。

2. 相关说明

(1)楼梯、台阶牵边和侧面镶贴块料面层,不大于 $0.5m^2$ 的少量分散的楼地面镶贴块料面层,应按零星项目列项。

(2)石材、块料与黏结材料的结合面刷防渗材料的种类在防护材料种类中描述。

十二、墙、柱面装饰与隔断、幕墙工程(编码:0112)

墙、柱面装饰与隔断、幕墙工程包括墙面抹灰、柱(梁)面抹灰、零星抹灰、墙面块料面层、柱(梁)面镶贴块料、镶贴零星块料、墙饰面、柱(梁)饰面、幕墙工程、隔断。

(一)墙面抹灰(编码:011201)

墙面抹灰包括墙面一般抹灰、墙面装饰抹灰、墙面勾缝、立面砂浆找平层。

1. 工程量计算规则

墙面一般抹灰、墙面装饰抹灰、墙面勾缝、立面砂浆找平层,按设计图示尺寸以面积"m^2"计算。扣除墙裙、门窗洞口及单个大于 $0.3m^2$ 的孔洞面积,不扣除踢脚线、挂镜线和墙与构件交接处的面积,门窗洞口和孔洞的侧壁及顶面不增加面积。附墙柱、梁、垛、烟囱侧壁并入相应的墙面面积内。飘窗凸出外墙面增加的抹灰并入外墙工程量内。

(1)外墙抹灰面积按外墙垂直投影面积计算。

(2)外墙裙抹灰面积按其长度乘以高度计算。

(3)内墙抹灰面积按主墙间的净长乘以高度计算。无墙裙的内墙高度按室内楼地面至天棚底面计算;有墙裙的内墙高度按墙裙顶至天棚底面计算。但有吊顶天棚的内墙面抹灰,抹至吊顶以上部分在综合单价中考虑,不另计算。

(4)内墙裙抹灰面积按内墙净长乘以高度计算。

2. 相关说明

(1)立面砂浆找平项目适用于仅做找平层的立面抹灰,即墙面抹灰中找平层在综合单价中考虑，不另计算。

(2)墙面抹石灰砂浆、水泥砂浆、混合砂浆、聚合物水泥砂浆、麻刀石灰浆、石膏灰浆等按墙面一般抹灰列项；墙面水刷石、斩假石、干粘石、假面砖等按墙面装饰抹灰列项。

(二)柱(梁)面抹灰(编码:011202)

柱(梁)面抹灰包括柱(梁)面一般抹灰、柱(梁)面装饰抹灰、柱(梁)面砂浆找平层、柱面勾缝。

1. 工程量计算规则

(1)柱面一般抹灰、柱面装饰抹灰、柱面砂浆找平层，按设计图示柱断面周长乘以高度以面积"m^2"计算。

(2)梁面一般抹灰、梁面装饰抹灰、梁面砂浆找平层，按设计图示梁断面周长乘以长度以面积"m^2"计算。

(3)柱面勾缝，按设计图示柱断面周长乘以高度以面积"m^2"计算。

2. 相关说明

(1)砂浆找平项目适用于仅做找平层的柱(梁)面抹灰。

(2)柱(梁)面抹石灰砂浆、水泥砂浆、混合砂浆、聚合物水泥砂浆、麻刀石灰浆、石膏灰浆等按柱(梁)面一般抹灰编码列项；柱(梁)面水刷石、斩假石、干粘石，假面砖等按柱(梁)面装饰抹灰项目编码列项。

(三)零星抹灰(编码:011203)

零星抹灰包括零星项目一般抹灰、零星项目装饰抹灰、零星项目砂浆找平。

1. 工程量计算规则

零星项目一般抹灰、零星项目装饰抹灰、零星项目砂浆找平，按设计图示尺寸以面积"m^2"计算。

2. 相关说明

(1)零星项目抹石灰砂浆、水泥砂浆、混合砂浆、聚合物水泥砂浆、麻刀石灰浆、石膏灰浆等按零星项目一般抹灰编码列项，水刷石、斩假石、干粘石、假面砖等按零星项目装饰抹灰编码列项。

(2)墙、柱(梁)面小于或等于 $0.5m^2$ 的少量分散的抹灰按零星抹灰项目编码列项。

(四)墙面块料面层(编码:011204)

墙面块料面层包括石材墙面、拼碎石材墙面、块料墙面、干挂石材钢骨架。

1. 工程量计算规则

(1)石材墙面、拼碎石材墙面、块料墙面，按镶贴表面积"m^2"计算。项目特征描述：墙体类型，安装方式，面层材料品种、规格、颜色，缝宽、嵌缝材料种类，防护材料种类，磨光、酸洗、打蜡要求。

(2)干挂石材钢骨架，按设计图示尺寸以质量"t"计算。

2. 相关说明

(1)在描述碎块项目的面层材料特征时可不用描述规格、颜色。

(2)石材、块料与黏结材料的结合面刷防渗材料的种类在防护层材料种类中描述。

(3)安装方式可描述为砂浆或黏结剂粘贴、挂贴、干挂等，不论哪种安装方式，都要详细描述与组价相关的内容。

(五)柱(梁)面镶贴块料(编码:011205)

柱(梁)面镶贴块料包括石材柱面、块料柱面、拼碎块柱面、石材梁面、块料梁面。

1. 工程量计算规则

石材柱面、块料柱面、拼碎块柱面、石材梁面、块料梁面，按设计图示尺寸以镶贴表面积

“m^2”计算。

2. 相关说明

(1)在描述碎块项目的面层材料特征时可不用描述规格、颜色。

(2)石材、块料与黏结材料的结合面刷防渗材料的种类在防护层材料种类中描述。

(3)柱梁面干挂石材的钢骨架按“墙面块料面层”中相应项目编码列项。

(六)镶贴零星块料(编码:011206)

镶贴零星块料包括石材零星项目、块料零星项目、拼碎块零星项目。

1. 工程量计算规则

石材零星项目、块料零星项目、拼碎块零星项目,按镶贴表面积以“m^2”计算。

2. 相关说明

(1)墙柱面小于或等于 0.5m^2 的少量分散的镶贴块料面层按零星项目执行。

(2)在描述碎块项目的面层材料特征时可不用描述规格、颜色。

(3)石材、块料与黏结材料的结合面刷防渗材料的种类在防护材料种类中描述。

(4)零星项目干挂石材的钢骨架按“墙面块料面层”相应项目编码列项。

(七)墙饰面(编码:011207)

墙饰面包括墙面装饰板、墙面装饰浮雕。

1. 工程量计算规则

(1)墙面装饰板,按设计图示墙净长乘以净高以面积“m^2”计算。扣除门窗洞口及单个大于 0.3m^2 的孔洞所占面积。

(2)墙面装饰浮雕,按设计图示尺寸以面积“m^2”计算。

2. 相关说明

(1)墙面装饰板综合了龙骨制作、运输、安装,应在综合单价中考虑。

(2)基层材料是在龙骨上粘贴或铺订一层加强面层的底板。墙面装饰板中基层铺订应在综合单价中考虑。

(八)柱(梁)饰面(编码:011208)

柱(梁)饰面包括柱(梁)面装饰、成品装饰柱。

1. 工程量计算规则

(1)柱(梁)面装饰,按设计图示饰面外围尺寸以面积“m^2”计算。柱帽、柱墩并入相应柱饰面工程量内。

(2)成品装饰柱,工程量以“根”计量,按设计数量计算;以“m”计量,按设计长度计算。

2. 相关说明

(1)柱(梁)面装饰综合了龙骨制作、运输、安装,应在综合单价中考虑。

(2)饰面外围尺寸即饰面的表面尺寸。

(九)幕墙工程(编码:011209)

幕墙工程包括带骨架幕墙、全玻(无框玻璃)幕墙。

1. 工程量计算规则

(1)带骨架幕墙,按设计图示框外围尺寸以面积“m^2”计算。与幕墙同种材质的窗所占面积不扣除。

(2)全玻(无框玻璃)幕墙,按设计图示尺寸以面积“m^2”计算。带肋全玻璃幕墙按展开面积计算。

2. 相关说明

(1)与幕墙同种材质的窗并入幕墙工程量内容,包含在幕墙综合单价中;不同种材料窗应另列项计算工程量。但幕墙上的门应单独计算工程量。

(2)幕墙钢骨架按干挂石材钢骨架编码列项。

(3)带肋全玻璃幕墙是指玻璃幕墙带玻璃肋,玻璃肋的工程量并入玻璃幕墙工程量内计算。

(十)隔断(编码:011210)

隔断包括木隔断、金属隔断、玻璃隔断、塑料隔断、成品隔断,其他隔断。

1. 工程量计算规则

(1)木隔断、金属隔断,按设计图示框外围尺寸以面积"m^2"计算。不扣除单个小于或等于0.3m^2 的孔洞所占面积;浴厕门的材质与隔断相同时,门的面积并入隔断面积内。

(2)玻璃隔断、塑料隔断、其他隔断,按设计图示框外围尺寸以面积"m^2"计算。不扣除单个小于或等于 0.3m^2 的孔洞所占面积。

(3)成品隔断,以"m^2"计量,按设计图示框外围尺寸以面积计算;以"间"计量,按设计间的数量计算。

2. 相关说明

(1)浴厕门材质与隔断相同时,工程量并入隔断面积内;材质不同时,分别列项计算工程量。

(2)隔断龙骨制作、运输、安装在木隔断综合单价中考虑,不另计算工程量。

十三、天棚工程(编码:0113)

天棚工程包括天棚抹灰、天棚吊顶、采光天棚、天棚其他装饰。

(一)天棚抹灰(编码:011301)

1. 工程量计算规则

天棚抹灰,按设计图示尺寸以水平投影面积"m^2"计算。不扣除间壁墙、垛、柱、附墙烟囱、检查口和管道所占的面积,带梁天棚、梁两侧抹灰面积并入天棚面积内,板式楼梯底面抹灰按斜面积计算,锯齿形楼梯底板抹灰按展开面积计算。

2. 相关说明

天棚抹灰项目特征描述包括基层类型、抹灰厚度及材料种类、砂浆配合比,其中基层类型是指混凝土现浇板、预制混凝土板或木板条等。

(二)天棚吊顶(编码:011302)

天棚吊顶包括天棚吊顶、格栅吊顶、吊筒吊顶、藤条造型悬挂吊顶、织物软雕吊顶、装饰网架吊顶。

1. 工程量计算规则

(1)天棚吊顶,按设计图示尺寸以水平投影面积"m^2"计算。天棚面中的灯槽及跌级、阶梯式、锯齿形、吊挂式、藻井式天棚面积不展开计算。不扣除间壁墙、检查口、附墙烟囱、柱垛和管道所占面积,扣除单个大于 0.3m^2 的孔洞、独立柱及与天棚相连的窗帘盒所占的面积。

(2)格栅吊顶、吊筒吊顶、藤条造型悬挂吊顶、织物软雕吊顶、装饰网架吊顶,按设计图示尺寸以水平投影面积"m^2"计算。

2. 相关说明

(1)天棚的检查口应在综合单价中考虑,计算工程量时不扣除,但灯带(槽)、送风口和回风口单独列项计算工程量。

(2)吊顶的形式应如平面、跌级、锯齿形、吊挂式、藻井式等应在项目特征中描述。

(3)吊顶龙骨安装应在综合单价中考虑,不另列项计算工程量。

(三)采光天棚(编码:011303)

采光天棚工程量计算按框外围展开面积计算。采光天棚骨架应单独按“金属结构”中相关项目编码列项。

(四)天棚其他装饰(编码:011304)

天棚其他装饰包括灯带(槽)、送风口及回风口。

1. 工程量计算规则

(1)灯带(槽),按设计图示尺寸以框外围面积“m^2”计算。

(2)送风口、回风口,按设计图示数量以“个”计算。

2. 相关说明

(1)格栅片材料品种有不锈钢格栅、铝合金格栅、玻璃格栅等。

(2)送风口、回风口无论所占面积大小均按数量计算。

【例 4.21】 某装饰工程,地面、墙面、天棚的装饰如图 4.85～图 4.88 所示,房间外墙厚度 240mm。800mm×800mm 独立柱 4 根,墙体抹灰厚度 20mm(门窗占位面积 $80m^2$,门窗洞口侧壁抹灰 $15m^2$、柱跺展开面积 $11m^2$),地砖地面施工完成后尺寸如图示为(12－0.24－0.04)×(18－0.24－0.04),吊顶高度 3 600mm(窗帘盒占位面积 $7m^2$),做法:地面 20 厚 1∶3 水泥砂浆找平,20 厚 1∶2 干性水泥砂浆粘贴玻化砖,玻化砖踢脚线,高度 150mm(门洞宽度合计 4m),乳胶漆一底两面,天棚轻钢龙骨石膏板面刮成品腻子面罩乳胶漆一底两面。柱面挂贴 30 厚花岗石板,花岗石板和柱结构面之间空隙填灌 50 厚的 1∶3 水泥砂浆。根据工程量计算规范计算该装饰工程地面、墙面、天棚等分部分项工程量。

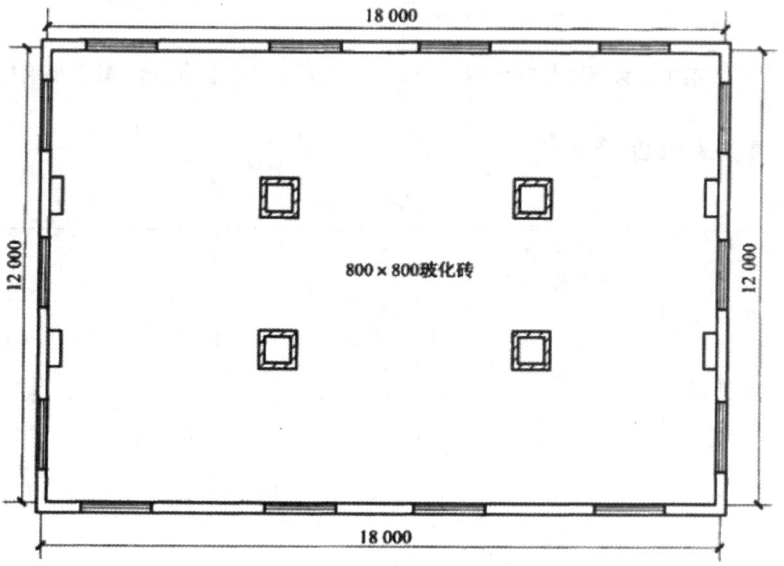

图 4.85 某工程地面示意图

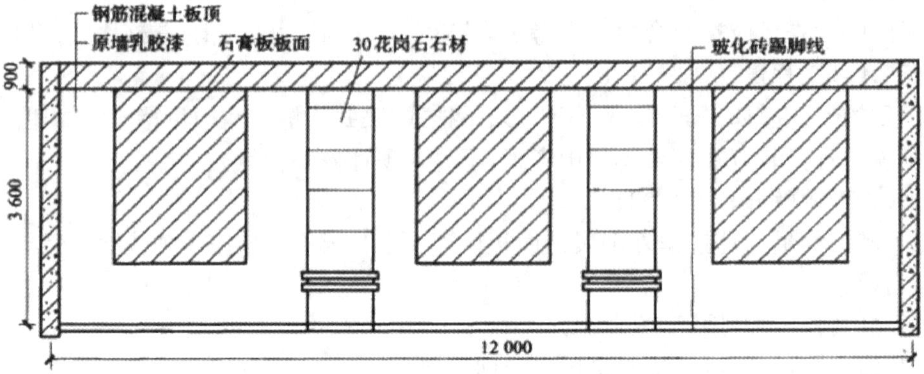

图 4.86 某工程大厅立面图

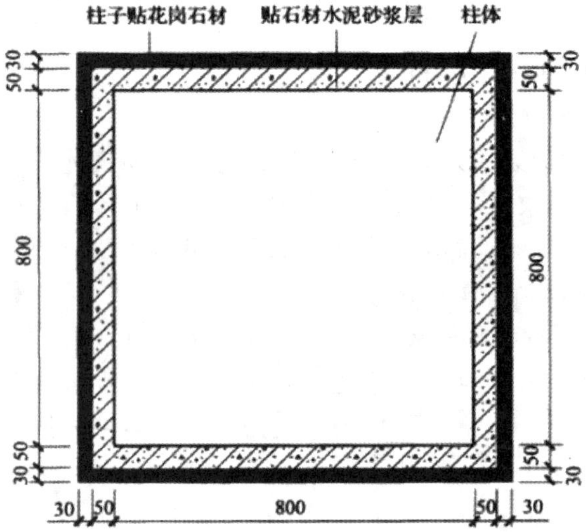

图 4.87 某工程大厅立柱剖面图

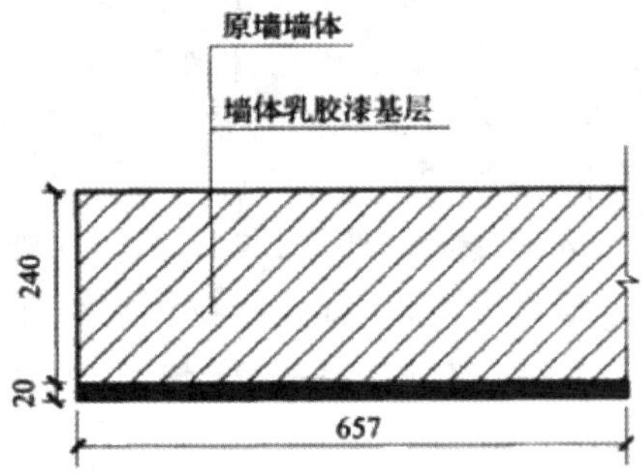

图 4.88 某工程墙体抹灰剖面图

解:计算结果如表 4.26 所示。

表 4.26 工程量计算表

序号	清单项目编码	清单项目名称	计　算　式	工程量合计
1	011102001001	玻化砖地面	(12－0.24－0.04)×(18－0.24－0.04)＝207.68(m^2) 扣柱占位面积:(0.8×0.8)×4 根＝2.56(m^2) 小计:207.68－2.56＝205.12(m^2)	205.12m^2
2	011105003001	玻化砖踢脚线	[(12－0.24－0.04)＋(18－0.24－0.04)]×2－4(门洞宽度)＝54.88(m) 54.88×0.15＝8.23(m^2)	8.23m^2

续表

序号	清单项目编码	清单项目名称	计　算　式	工程量合计
3	011201001001	墙面混合砂浆抹灰	[(12－0.34)＋(18－0.24)]×2×3.6(高度)－80(门窗口占位面积)＋11(柱跺展开面积)＝143.54(m^2)	143.54m^2
4	011205001001	花岗石柱面	柱周长:[0.8＋(0.05＋0.03)×2]×4＝3.84(m) 3.84×3.6(高度)×4 根＝55.30(m^2)	55.30m^2
5	011302001001	轻钢龙骨石膏板吊顶天棚	同地面 207.68－0.8×0.8×4－7(窗帘盒占位面积)＝198.12(m^2)	198.12m^2
6	011407001001	墙面喷刷乳胶漆	同墙面抹灰 143.54＋15(门窗洞口倒壁)＝158.54(m^2)	158.54m^2
7	011407002001	天棚喷刷乳胶漆	207.68－(0.8＋0.05×2＋0.03×2)×(0.8＋0.05×2＋0.03×2)×4－7(窗帘盒占位面积)＝196.99(m^2)	196.99m^2

十四、油漆、涂料、裱糊工程(编码:0114)

油漆、涂料、裱糊工程包括门油漆、窗油漆、木扶手及其他板条(线条)油漆、木材面油漆、金属面油漆、抹灰面油漆、喷刷涂料、裱糊。

(一)门油漆(编码:011401)

门油漆包括木门油漆、金属门油漆。

1. 工程量计算规则

木门油漆、金属门油漆,工程量以“樘”计量,按设计图示数量计量;以“m^2”计量,按设计图示洞口尺寸以面积计算。

2. 相关说明

(1)木门油漆应区分木大门、单层木门、双层(一玻一纱)木门、双层(单裁口)木门、全玻自由门、半玻自由门、装饰门及有框门或无框门等项目,分别编码列项。金属门油漆应区分平开门、推拉门、钢制防火门等项目,分别编码列项。

(2)以“m^2”计量,项目特征可不必描述洞口尺寸。

(3)木门油漆、金属门油漆工作内容中包括“刮腻子”,应在综合单价中考虑,不另计算工程量。

(二)窗油漆(编码:011402)

窗油漆包括木窗油漆、金属窗油漆。

1. 工程量计算规则

木窗油漆、金属窗油漆,以“樘”计量,按设计图示数量计量;以“m^2”计量,按设计图示洞口尺寸以面积计算。

2. 相关说明

(1)木窗油漆应区分单层木门、双层(一玻一纱)木窗、双层框扇(单裁口)木窗、双层框三层(二玻一纱)木窗、单层组合窗、双层组合窗、木百叶窗、木推拉窗等项目,分别编码列项。

(2)金属窗油漆应区分平开窗、推拉窗、固定窗、组合窗、金属隔栅窗等项目,分别编码列项。

(3)以“m^2”计量，项目特征可不必描述洞口尺寸。

(4)窗油漆工作内容中包括“刮腻子”，应在综合单价中考虑，不另计算工程量。

(三)木扶手及其他板条、线条油漆(编码：011403)

木扶手及其他板条、线条油漆包括木扶手油漆，窗帘盒油漆，封檐板、顺水板油漆，挂衣板、黑板框油漆，挂镜线、窗帘棍、单独木线油漆。

1. 工程量计算规则

木扶手油漆，窗帘盒油漆，封檐板、顺水板油漆，挂衣板、黑板框油漆，挂镜线、窗帘棍、单独木线油漆，按设计图示尺寸以长度“m”计算。

2. 相关说明

(1)木扶手应区分带托板与不带托板，分别编码列项，若是木栏杆带扶手，木扶手不应单独列项，应包含在木栏杆油漆中。

(2)工作内容中包括“刮腻子”，应在综合单价中考虑，不另计算工程量。

(四)木材面油漆(编码：011404)

木材面油漆包括木护墙、木墙裙油漆，窗台板、筒子板、盖板、门窗套、踢脚线油漆，清水板条天棚、檐口油漆，木方格吊顶天棚油漆，吸声板墙面、天棚面油漆，暖气罩油漆，其他木材面油漆，木间壁、木隔断油漆，玻璃间壁露明墙筋油漆，木栅栏、木栏杆(带扶手)油漆，衣柜、壁柜油漆，梁柱饰面油漆，零星木装修油漆，木地板油漆，木地板烫硬蜡面。

1. 工程量计算规则

(1)木护墙、木墙裙油漆，窗台板、筒子板、盖板、门窗套、踢脚线油漆，清水板条天棚、檐口油漆，木方格吊顶天棚油漆，吸声板墙面、天棚面油漆，暖气罩油漆，其他木材面油漆的工程量均按设计图示尺寸以面积“m^2”计算。

(2)木间壁、木隔断油漆，玻璃间壁露明墙筋油漆，木栅栏、木栏杆(带扶手)油漆，按设计图示尺寸以单面外围面积“m^2”计算。

(3)衣柜、壁柜油漆，梁柱饰面油漆，零星木装修油漆，按设计图示尺寸以油漆部分展开面积“m^2”计算。

(4)木地板油漆、木地板烫硬蜡面，按设计图示尺寸以面积“m^2”计算。空洞、空圈、暖气包槽、壁龛的开口部分并入相应的工程量内。

2. 相关说明

木栏杆(带扶手)油漆，扶手油漆在综合单价中考虑，不单独列项计算工程量。

(五)金属面油漆(编码：011405)

金属面油漆以“t”计量，按设计图示尺寸以质量计算；以“m^2”计量，按设计展开面积计算。

(六)抹灰面油漆(编码：011406)

抹灰面油漆包括抹灰面油漆、抹灰线条油漆、满刮腻子。

1. 工程量计算规则

(1)抹灰面油漆，按设计图示尺寸以面积“m^2”计算。

(2)抹灰线条油漆，按设计图示尺寸以长度“m”计算。

(3)满刮腻子，按设计图示尺寸以面积“m^2”计算。

2. 相关说明

满刮腻子适用于单独刮腻子的情况。其他凡工作内容中含刮腻子的项目，刮腻子应在综合单价中考虑，均不单独列项计算工程量。

(七)喷刷涂料(编码:011407)

喷刷涂料包括墙面喷刷涂料,天棚喷刷涂料,空花格、栏杆刷涂料,线条刷涂料,金属构件刷防火涂料,木材构件喷刷防火涂料。喷刷墙面涂料部位要注明内墙或外墙。

1. 工程量计算规则

(1)墙面喷刷涂料、天棚喷刷涂料,按设计图示尺寸以面积"m^2"计算。

(2)空花格、栏杆刷涂料,按设计图示尺寸以单面外围面积"m^2"计算。

(3)线条刷涂料,按设计图示尺寸以长度"m"计算。

(4)金属构件刷防火涂料以"t"计量,按设计图示尺寸以质量计算;以"m^2"计量,按设计图示尺寸的展开面积计算。

(5)木材构件喷刷防火涂料以"m^2"计量,按设计图示尺寸以面积计算。

2. 相关说明

喷刷墙面涂料部位要注明内墙或外墙。

(八)裱糊(编码:011408)

裱糊包括墙纸裱糊、织锦缎裱糊,按设计图示尺寸以面积"m^2"计算。

十五、其他装饰工程(编码:0115)

其他装饰工程包括柜类、货架,压条、装饰线,扶手、栏杆、栏板装饰,暖气罩,浴厕配件,雨篷、旗杆,招牌、灯箱,美术字。项目工作内容中包括"刷油漆"的,不得单独将油漆分离而单列油漆清单项目;工作内容中没有包括"刷油漆"的,可单独按油漆项目列项。

(一)柜类、货架(编码:011501)

柜类、货架包括柜台、酒柜、衣柜、存包柜、鞋柜、书柜、厨房壁柜、木壁柜、厨房低柜、厨房吊柜、矮柜、吧台背柜、酒吧吊柜、酒吧台、展台、收银台、试衣间、货架、书架、服务台。

工程量以"个"计量,按设计图示数量计量;以"m"计量,按设计图示尺寸以延长米计算;以"m^3"计量,按设计图示尺寸以体积计算。

(二)压条、装饰线(编码:011502)

压条、装饰线包括金属装饰线、木质装饰线、石材装饰线、石膏装饰线、镜面玻璃线、铝塑装饰线、塑料装饰线、GRC装饰线。工程量按设计图示尺寸以长度计算。

(三)扶手、栏杆、栏板装饰(编码:011503)

扶手、栏杆、栏板装饰包括金属扶手、栏杆、栏板,硬木扶手、栏杆、栏板,塑料扶手、栏杆、栏板,GRC栏杆、扶手,金属靠墙扶手,硬木靠墙扶手,塑料靠墙扶手,玻璃栏板。工程量按设计图示尺寸以扶手中心线以长度(包括弯头长度)计算。

(四)暖气罩(编码:011504)

暖气罩包括饰面板暖气罩、塑料板暖气罩、金属暖气罩,按设计图示尺寸以垂直投影面积(不展开)"m^2"计算。

(五)浴厕配件(编码:011505)

浴厕配件包括洗漱台、晒衣架、帘子杆、浴缸拉手、卫生间扶手、毛巾杆(架)、毛巾环、卫生纸盒、肥皂盒、镜面玻璃、镜箱。

1. 工程量计算规则

(1)洗漱台按设计图示尺寸以台面外接矩形面积"m^2"计算,不扣除孔洞、挖弯、削角所占面积,挡板、吊沿板面积并入台面面积内;或按设计图示数量以"个"计算。

(2)晒衣架、帘子杆、浴缸拉手、卫生间扶手、卫生纸盒、肥皂盒、镜箱按设计图示数量以“个”计算。

(3)毛巾杆(架)按设计图示数量以“套”计算。

(4)毛巾环按设计图示数量以“副”计算。

(5)镜面玻璃按设计图示尺寸以边框外围面积计算。

2. 相关说明

(1)洗漱台放置洗面盆处应挖洞、挖弯、削角,计算工程量时不扣除。

(2)挡板是指镜面玻璃下边沿至洗漱台面和侧墙与台面接触部位的竖挡板。吊沿是指台面外边沿下方的竖挡板。

(六)雨篷、旗杆(编码:011506)

雨篷、旗杆包括雨篷吊挂饰面、金属旗杆、玻璃雨篷。

(1)雨篷吊挂饰面、玻璃雨篷按设计图示尺寸以水平投影面积“m^2”计算。

(2)金属旗杆按设计图示数量计算,以“根”为单位计量。

(七)招牌、灯箱(编码:011507)

招牌、灯箱包括平面、箱式招牌,竖式标箱,灯箱,信报箱。

(1)平面、箱式招牌按设计图示尺寸以正立面边框外围面积“m^2”计算。复杂形的凸凹造型部分不增加面积。

(2)竖式标箱、灯箱,信报箱按设计图示数量计算,以“个”为单位计量。

(八)美术字(编码:011508)

美术字包括泡沫塑料字、有机玻璃字、木质字、金属字、吸塑字。工程量按设计图示数量计算,以“个”为单位计量。

十六、拆除工程(编码:0116)

拆除工程包括砖砌体拆除,混凝土及钢筋混凝土构件拆除,木构件拆除,抹灰层拆除,块料面层拆除,龙骨及饰面拆除,屋面拆除,铲除油漆涂料裱糊面,栏杆栏板、轻质隔断隔墙拆除,门窗拆除,金属构件拆除,管道及卫生洁具拆除,灯具、玻璃拆除,其他构件拆除,开孔(打洞)。适用于房屋工程的维修、加固、二次装修前的拆除,不适用于房屋的整体拆除。

(一)砖砌体拆除(编码:011601)

1. 工程量计算规则

砖砌体拆除以“m^3”计量,按拆除的体积计算;以“m”计量,按拆除的延长米计算。

2. 相关说明

(1)砌体名称指墙、柱、水池等。

(2)项目特征描述中砌体表面的附着物种类指抹灰层、块料层、龙骨及装饰面层等。

(3)以“m”计量,如砖地沟、砖明沟等必须描述拆除部位的截面尺寸;以“m^3”计量,截面尺寸则不必描述。

(二)混凝土及钢筋混凝土构件拆除(编码:011602)

混凝土及钢筋混凝土构件拆除包括混凝土构件拆除、钢筋混凝土构件拆除。

1. 工程量计算规则

混凝土构件拆除、钢筋混凝土构件拆除以“m^3”计量,按拆除构件的混凝土体积计算;以“m^2”计量,按拆除部位的面积计算,以“m”计量,按拆除部位的延长米计算。

2. 相关说明

(1)以“m^3”作为计量单位时，可不描述构件的规格尺寸；以“m^2”作为计量单位时，则应描述构件的厚度；以“m”作为计量单位时，则必须描述构件的规格尺寸。

(2)项目特征描述中构件表面的附着物种类指抹灰层、块料层、龙骨及装饰面层等。

(三)木构件拆除(编码:011603)

1. 工程量计算规则

木构件拆除以“m^3”计量，按拆除构件的混凝土体积计算；以“m^2”计量，按拆除部位的面积计算；以“m”计量，按拆除部位的延长米计算。

2. 相关说明

(1)拆除木构件应按木梁、木柱、木楼梯、木屋架、承重木楼板等分别在构件名称中描述。

(2)以“m^3”作为计量单位时，可不描述构件的规格尺寸；以“m^2”作为计量单位时，则应描述构件的厚度，以“m”作为计量单位时，则必须描述构件的规格尺寸。

(3)项目特征描述中构件表面的附着物种类指抹灰层、块料层、龙骨及装饰面层等。

(四)抹灰层拆除(编码:011604)

抹灰层拆除包括平面抹灰层拆除、立面抹灰层拆除、天棚抹灰层拆除。

1. 工程量计算规则

平面抹灰层拆除、立面抹灰层拆除、天棚抹灰层拆除，按拆除部位的面积以“m^2”计算。

2. 相关说明

(1)单独拆除抹灰层应按“抹灰层拆除”中的项目编码列项。

(2)项目特征描述中抹灰层种类可描述为一般抹灰或装饰抹灰。

(五)块料面层拆除(编码:011605)

块料面层拆除包括平面块料拆除、立面块料拆除。

1. 工程量计算规则

平面块料拆除、立面块料拆除，按拆除面积以“m^2”计算。项目特征描述:拆除的基层类型、饰面材料种类。

2. 相关说明

(1)如仅拆除块料层，拆除的基层类型不用描述。

(2)项目特征描述中拆除的基层类型的描述是指砂浆层、防水层、干挂或挂贴所采用的钢骨架层等。

(六)龙骨及饰面拆除(编码:011606)

龙骨及饰面拆除包括楼地面龙骨及饰面拆除、墙柱面龙骨及饰面拆除、天棚面龙骨及饰面拆除。

1. 工程量计算规则

楼地面龙骨及饰面拆除、墙柱面龙骨及饰面拆除、天棚面龙骨及饰面拆除，按拆除面积以“m^2”计算。

2. 相关说明

(1)项目特征描述中基层类型的描述是指砂浆层、防水层等。

(2)如仅拆除龙骨及饰面，拆除的基层类型不用描述。

(3)如只拆除饰面，不用描述龙骨材料种类。

（七）屋面拆除（编码：011607）

屋面拆除包括刚性层拆除、防水层拆除，按铲除部位的面积以“m^2”计算。

（八）铲除油漆涂料裱糊面（编码：011608）

铲除油漆涂料裱糊面包括铲除油漆面、铲除涂料面、铲除裱糊面。

1. 工程量计算规则

铲除油漆面、铲除涂料面、铲除裱糊面以“m^2”计量，按铲除部位的面积计算；以“m”计量，按铲除部位的延长米计算。

2. 相关说明

（1）单独铲除油漆涂料裱糊面的工程按“铲除油漆涂料裱糊面”中的项目编码列项。

（2）项目特征描述中铲除部位名称的描述是指墙面、柱面、天棚、门窗等。

（3）按“m”计量，必须描述铲除部位的截面尺寸；以“m^2”计量时，则不用描述铲除部位的截面尺寸。

（九）栏杆栏板、轻质隔断隔墙拆除（编码：011609）

1. 工程量计算规则

（1）栏杆、栏板拆除以“m^2”计量，按拆除部位的面积计算；以“m”计量，按拆除的延长米计算。

（2）隔断隔墙拆除，按拆除部位的面积“m^2”计算。

2. 相关说明

以“m^2”计量，不用描述栏杆（板）的高度。

（十）门窗拆除（编码：011610）

门窗拆除包括木门窗拆除、金属门窗拆除。

1. 工程量计算规则

木门窗拆除、金属门窗拆除以“m^2”计量，按拆除面积计算；以“樘”计量，按拆除樘数计算。项目特征描述：室内高度、门窗洞口尺寸。

2. 相关说明

门窗拆除以“m^2”计量，不用描述门窗的洞口尺寸。室内高度是指室内楼地面至门窗的上边框。

（十一）金属构件拆除（编码：011611）

金属构件拆除包括钢梁拆除、钢柱拆除、钢网架拆除、钢支撑及钢墙架拆除、其他金属构件拆除。工程量计算规则如下：

（1）钢梁拆除、钢柱拆除以“t”计量，按拆除构件的质量计算；以“m”计量，按拆除延长米计算。

（2）钢网架拆除，按拆除构件的质量计算。

（3）钢支撑及钢墙架拆除、其他金属构件拆除以“t”计量，按拆除构件的质量计算；以“m”计量，按拆除延长米计算。

（十二）管道及卫生洁具拆除（编码：011612）

管道及卫生洁具拆除包括管道拆除、卫生洁具拆除。工程量计算规则如下：

（1）管道拆除，以“m”计量，按拆除管道的延长米计算。

（2）卫生洁具拆除，按拆除的数量以“套”或“个”计算。

（十三）灯具、玻璃拆除（编码：011613）

灯具、玻璃拆除包括灯具拆除、玻璃拆除。

1. 工程量计算规则

（1）灯具拆除，按拆除的数量以“套”计算。

(2)玻璃拆除,按拆除的面积“m^2”计算。

2. 相关说明

拆除部位的描述是指门窗玻璃、隔断玻璃、墙玻璃、家具玻璃等。

(十四)其他构件拆除(编码:011614)

其他构件拆除包括暖气罩拆除、柜体拆除、窗台板拆除、筒子板拆除、窗帘盒拆除、窗帘轨拆除。

1. 工程量计算规则

(1)暖气罩拆除、柜体拆除以“个”为单位计量,按拆除个数计算;以“m”为单位计量,按拆除延长米计算。

(2)窗台板拆除、筒子板拆除以“块”计量,按拆除数量计算;以“m”计量,按拆除的延长米计算。

(3)窗帘盒拆除、窗帘轨拆除,按拆除的延长米计算。

2. 相关说明

双轨窗帘轨拆除按双轨长度分别计算工程量。

(十五)开孔(打洞)(编码:011615)

1. 工程量计算规则

开孔(打洞),按数量以“个”计算。项目特征描述:部位、打洞部位材质、洞尺寸。

2. 相关说明

(1)部位可描述为墙面或楼板。

(2)打洞部位材质可描述为页岩砖或空心砖或钢筋混凝土等。

十七、措施项目(编码:0117)

措施项目包括脚手架工程、混凝土模板及支架(撑)、垂直运输、超高施工增加、大型机械设备进出场及安拆、施工排水及降水、安全文明施工及其他措施项目。措施项目可以分为两类:一类是可以计算工程量的措施项目(即单价措施项目),如脚手架、混凝土模板及支架(撑)、垂直运输、超高施工增加、大型机械设备进出场及安拆、施工排水及降水等;另一类是不方便计算工程量的措施项目(即总价措施项目,可采用费率计取的措施项目),如安全文明施工费等。

(一)脚手架工程(编码:011701)

脚手架工程包括综合脚手架、外脚手架、里脚手架、悬空脚手架、挑脚手架、满堂脚手架、整体提升架、外装饰吊篮。

1. 工程量计算规则

(1)综合脚手架,按建筑面积“m^2”计算。项目特征描述:建筑结构形式、檐口、高度。

(2)外脚手架、里脚手架、整体提升架、外装饰吊篮,按所服务对象的垂直投影面积“m^2”计算。

(3)悬空脚手架、满堂脚手架,按搭设的水平投影面积“m^2”计算。

(4)挑脚手架,按搭设长度乘以搭设层数以延长米“m”计算。

2. 相关说明

(1)综合脚手架针对整个房屋建筑的土建和装饰装修部分。在编制清单项目时,当列出了综合脚手架项目时,不得再列出外脚手架、里脚手架等单项脚手架项目。综合脚手架适用于能够按《建筑工程建筑面积计算规范》(GB/T 50353-2013)计算建筑面积的建筑工程脚手架,不适用于房屋加层、构筑物及附属工程脚手架。

(2)同一建筑物有不同的檐高时,按建筑物竖向切面分别按不同檐高编列清单项目。建筑物的檐口高度是指设计室外地坪至檐口滴水的高度(平屋顶系指屋面板底高度),突出主体建筑物屋顶的电梯机房、楼梯出口间、水箱间、瞭望塔、排烟机房等不计入檐口高度。

(3)整体提升架包括 2m 高的防护架体设施。

(4)满堂脚手架应按搭设方式、搭设高度、脚手架材质分别列项。根据《房屋建筑与装饰工程消耗量定额》(TY01-31-2015)的规定,满堂脚手架高度在 3.6～5.2m 时计算基本层,5.2m 以外,每增加 1.2m 计算一个增加层,不足 0.6m 按一个增加层乘以系数 0.5 计算。

(5)脚手架材质可以不描述,但应注明由投标人根据工程实际情况按照国家现行标准《建筑施工扣件式钢管脚手架安全技术规范》(JGJ 130-2011)、《建筑施工附着升降脚手架管理暂行规定》(建建〔2000〕230 号)等规范自行确定。

(6)脚手架按垂直投影面积计算工程时,不应扣除门窗洞口、空圈等所占面积。工作内容中包括上料平台的,在综合单价中考虑,不单独编码列项。

(二)混凝土模板及支架(撑)(编码:011702)

混凝土模板及支架(撑)包括基础、矩形柱、构造柱、异型柱、基础梁、矩形梁、异型梁、圈梁、过梁、弧形及拱形梁、直形墙、弧形墙、短肢剪力墙及电梯井壁、有梁板、无梁板、平板、拱板、薄壳板、空心板、其他板、栏板、天沟及檐沟、雨篷悬挑板及阳台板、楼梯、其他现浇构件、电缆沟及地沟、台阶,扶手、散水、后浇带、化粪池、检查井。

1. 工程量计算规则

混凝土模板及支架(撑)的工程量计算有两种处理方法:一种是以“m^3”计量的模板及支撑(架),按混凝土及钢筋混凝土项目执行,其综合单价应包含模板及支撑(架);另一种是以“m^2”计量,按模板与混凝土构件的接触面积计算。按接触面积计算的规则与方法如下:

(1)现浇混凝土基础、柱、梁、墙板等主要构件模板及支架工程量按模板与现浇混凝土构件的接触面积以“m^2”计算。

①现浇钢筋混凝土墙、板单孔面积小于或等于 0.3m^2 的孔洞不予扣除,洞侧壁模板亦不增加;单孔面积大于 0.3m^2 时应予扣除,洞侧壁模板面积并入墙、板工程量内计算。

②现浇框架分别按梁、板、柱有关规定计算;附墙柱、暗梁、暗柱并入墙内工程量内计算。

③柱、梁、墙、板相互连接的重叠部分,均不计算模板面积。

④构造柱按图示外露部分计算模板面积。

(2)天沟及檐沟、其他现浇构件、电缆沟、地沟、散水、扶手、后浇带、化粪池、检查井,按模板现浇混凝土构件的接触面积“m^2”计算。

(3)雨篷及悬挑板、阳台板,按图示外挑部分尺寸的水平投影面积“m^2”计算,挑出墙外的悬臂梁及板边不另计算。

(4)楼梯,按楼梯(包括休息平台、平台梁、斜梁和楼层板的连接梁)的水平投影面积“m^2”计算,不扣除宽度小于或等于 500mm 的楼梯井所占面积,楼梯踏步、踏步板、平台梁等侧面模板不另计算,伸入墙内部分亦不增加。

2. 相关说明

(1)原槽浇灌的混凝土基础、垫层不计算模板工程量。

(2)若现浇混凝土梁、板支撑高度超过 3.6m 时,项目特征应描述支撑高度。

(3)采用清水模板时,应在特征中注明。

(4)有梁板计算模板与支架(撑),不另计算脚手架的工程量。

（三）垂直运输（编码：011703）

垂直运输是指施工工程在合理工期内所需垂直运输机械。

1. 工程量计算规则

垂直运输，按建筑面积以“m^2”计算，或按施工工期日历天数以“天”计算。项目特征描述：建筑物建筑类型及结构形式；地下室建筑面积；建筑物檐口高度、层数。

2. 相关说明

（1）同一建筑物有不同檐高时，按建筑物的不同檐高做纵向分割，分别计算建筑面积，以不同檐高分别编码列项。建筑物的檐口高度是指设计室外地坪至檐口滴水的高度（平屋顶系指屋面板底高度），突出主体建筑物屋顶的电梯机房、楼梯出口间、水箱间、瞭望塔、排烟机房等不计入檐口高度。

（2）垂直运输项目工作内容包括垂直运输机械的固定装置、基础制作、安装，行走式垂直运输机械轨道的铺设、拆除、摊销。即垂直运输设备基础应计入综合单价，不单独编码列项计算工程量，但垂直运输机械的场外运输及安拆按大型机械设备进出场及安拆编码列项计算工程量。

（四）超高施工增加（编码：011704）

单层建筑物檐口高度超过 20m，多层建筑物超过 6 层时（计算层数时，地下室不计入层数），可按超高部分的建筑面积计算超高施工增加。

1. 工程量计算规则

超高施工增加，按建筑物超高部分的建筑面积以“m^2”计算。项目特征描述：建筑物建筑类型及结构形式；建筑物檐口高度、层数；单层建筑物檐口高度超过 20m，多层建筑物超过 6 层部分的建筑面积。

2. 相关说明

（1）超高施工增加有两种情况：第一种是已经含在相应的分部分项工程或单价措施项目综合单价内，此时不应单独编码列超高施工增加项目；第二种是没有包含在相应分部分项工程或单价措施项目内的应单独编码列项。

（2）同一建筑物有不同檐高时，可按不同高度的建筑面积分别计算建筑面积，以不同檐高分别编码列项。其工程量计算按建筑物超高部分的建筑面积计算。

（3）超高施工增加项目工作内容包括建筑物超高引起的人工工效降低以及由于人工工效降低引起的机械降效，高层施工用水加压水泵的安装、拆除及工作台班，通信联络设备的使用及摊销。

（五）大型机械设备进出场及安拆（编码：011705）

大型机械设备进出场及安拆需要单独编码列项，与一般中小型机械不同。一般中小型机械的进出场、安拆的费用已经计入机械台班单价，不应独立编码列项。

1. 工程量计算规则

大型机械设备进出场及安拆，按使用机械设备的数量“台・次”计算。项目特征描述：机械设备名称、机械设备规格型号。

2. 相关说明

（1）安拆费包括施工机械，设备在现场进行安装拆卸所需人工、材料、机械和试运转费用以及机械辅助设施的折旧、搭设、拆除等费用。

（2）进出场费包括施工机械、设备整体或分体自停放地点运至施工现场或由一施工地点运至另一施工地点所发生的运输、装卸、辅助材料等费用。

（六）施工排水及降水（编码：011706）

施工排水及降水包括成井、排水及降水。

1. 工程量计算规则

（1）成井，按设计图示尺寸以钻孔深度以“m”计算。

（2）排水、降水，按排水、降水日历天数以“昼夜”计算。

2. 相关说明

（1）相应专项设计不具备时，可按暂估量计算（也可按专业工程暂估价的形式列入其他项目）。

（2）临时排水沟、排水设施安砌、维修、拆除，已包含在安全文明施工中，不包括在施工排水、降水措施项目中。

（七）安全文明施工及其他措施项目（编码：011707）

安全文明施工及其他措施项目包括安全文明施工，夜间施工，非夜间施工照明，二次搬运，冬雨（风）季施工，地上、地下设施，建筑物的临时保护设施，已完工程及设备保护等。属于总价措施项目，按项列，不计算工程量。

（1）安全文明施工（含环境保护、文明施工、安全施工、临时设施），其包含的具体范围如下：

①环境保护。现场施工机械设备降低噪声、防扰民措施；水泥和其他易飞扬细颗粒建筑材料密闭存放或采取覆盖措施等；工程防扬尘洒水；土石方、建渣外运车辆防护措施等；现场污染源的控制；生活垃圾清理外运、场地排水排污措施；其他环境保护措施。

②文明施工。“五牌一图”；现场围挡的墙面美化（包括内外粉刷、刷白、标语等）、压顶装饰；现场厕所便槽刷白、贴面砖，水泥砂浆地面或地砖，建筑物内临时便溺设施；其他施工现场临时设施的装饰装修、美化措施；现场生活卫生设施；符合卫生要求的饮水设备、淋浴、消毒等设施；生活用洁净燃料；防煤气中毒、防蚊虫叮咬等措施；施工现场操作场地的硬化；现场绿化、治安综合治理；现场配备医药保健器材、物品和急救人员培训；现场工人的防暑降温、电风扇、空调等设备及用电；其他文明施工措施。

③安全施工。安全资料、特殊作业专项方案的编制，安全施工标志的购置及安全宣传；“三宝”（安全帽、安全带、安全网）、“四口”（楼梯口、电梯井口、通道口、预留洞口）、“五临边”（阳台围边、楼板围边、屋面围边、槽坑围边、卸料平台两侧），水平防护架、垂直防护架、外架封闭等防护；施工安全用电，包括配电箱三级配电、两级保护装置要求、外电防护措施；起重机、塔吊等起重设备（含井架、门架）及外用电梯的安全防护措施（含警示标志）及卸料平台的临边防护、层间安全门、防护棚等设施；建筑工地起重机械的检验检测；施工机具防护棚及其围栏的安全保护设施；施工安全防护通道；工人的安全防护用品、用具购置；消防设施与消防器材的配置；电气保护、安全照明设施；其他安全防护措施。

④临时设施。施工现场采用彩色、定型钢板，砖、混凝土砌块等围挡的安砌、维修、拆除；施工现场临时建筑物、构筑物的搭设、维修、拆除，如临时宿舍、办公室、食堂、厨房、厕所、诊疗所、临时文化福利用房、临时仓库、加工厂、搅拌台、临时简易水塔、水池等；施工现场临时设施的搭设、维修、拆除，如临时供水管道、临时供电管线、小型临时设施等；施工现场规定范围内临时简易道路铺设，临时排水沟、排水设施安砌、维修、拆除；其他临时设施搭设、维修、拆除。

（2）夜间施工。夜间施工包含的工作内容及范围有：夜间固定照明灯具和临时可移动照明灯具的设置、拆除；夜间施工时，施工现场交通标志、安全标牌、警示灯等的设置、移动、拆除；夜间照明设备及照明用电、施工人员夜班补助、夜间施工劳动效率降低等。

(3)非夜间施工照明。非夜间施工照明包含的工作内容及范围有:为保证工程施工正常进行,在地下室等特殊施工部位施工时所采用的照明设备的安拆、维护、摊销及照明用电等。

(4)二次搬运。二次施工是指由于施工场地条件限制而发生的材料、成品、半成品等一次运输不能到达堆放地点,必须进行的二次或多次搬运。

(5)冬雨(风)季施工。冬雨(风)季施工包含的工作内容及范围有:冬雨(风)季施工时增加的临时设施(防寒保温、防雨、防风设施)的搭设、拆除;冬雨(风)季施工时,对砌体、混凝土等采用的特殊加温、保温和养护措施;冬雨(风)季施工时,施工现场的防滑处理、对影响施工的雨雪的清除;包括冬雨(风)季施工时增加的临时设施、施工人员的劳动保护用品、冬雨(风)季施工劳动效率降低等。

(6)地上、地下设施,建筑物的临时保护设施。地上、地下设施,建筑物的临时保护设施包含的工作内容及范围有:在工程施工过程中,对已建成的地上、地下设施和建筑物进行的遮盖、封闭、隔离等必要保护措施。

(7)已完工程及设备保护。已完工程及设备保护包含的工作内容及范围有:对已完工程及设备采取的覆盖、包裹、封闭、隔离等必要保护措施。

【例 4.22】 图 4.89 为某工程框架结构建筑物某层现浇混凝土及钢筋混凝土柱梁板结构图,层高 3.0m,其中板厚为 120mm,梁、板顶标高为+6.00m,柱的区域部分为(+3.00m~+6.00m)。模板单列,不计入混凝土实体项目综合单价,不采用清水模板。根据工程工程量计算规范,计算该层现浇混凝土模板工程的工程量。

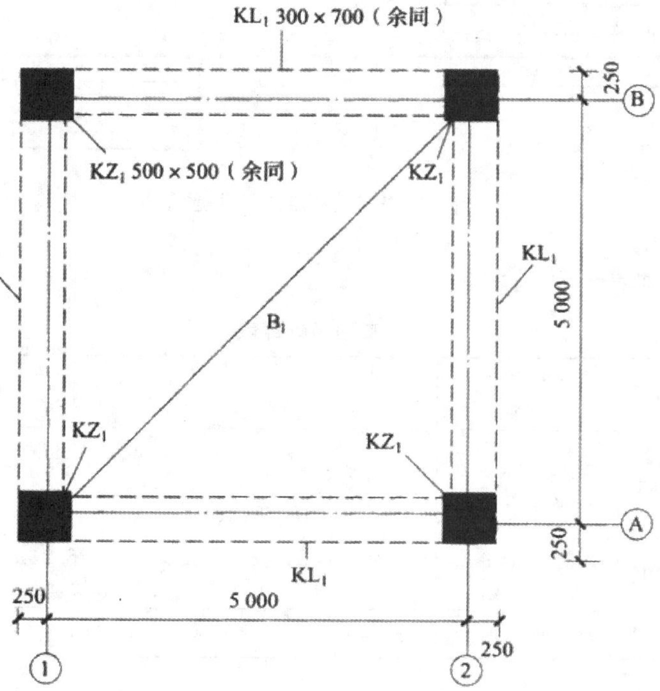

图 4.89　某工程现浇混凝土柱梁板结构示意图

解:计算结果如表 4.27 所示。

表 4.27 工程量计算表

序号	清单项目编码	清单项目名称	计算式	工程量合计
1	011702002001	矩形柱	$S=4\times(3\times0.5\times4-0.3\times0.7\times2-0.2\times0.12\times2)=22.13(m^2)$	$22.13m^2$
2	011702006001	矩形梁	$S=[4.5\times(0.7\times2+0.3)-4.5\times0.12]\times4=28.44(m^2)$	$28.44m^2$
3	011702014001	板	$S=(5.5-2\times0.3)\times(5.5-2\times0.3)-(0.2\times0.2\times4)=23.85(m^2)$	$23.85m^2$

【例 4.23】 某高层建筑如图 4.90 所示,框剪结构,女儿墙高度为 1.8m,垂直运输,采用自升式塔式起重机及单笼施工电梯。根据工程工程量计算规范计算该高层建筑物的垂直运输、超高施工增加的分部分项工程量。

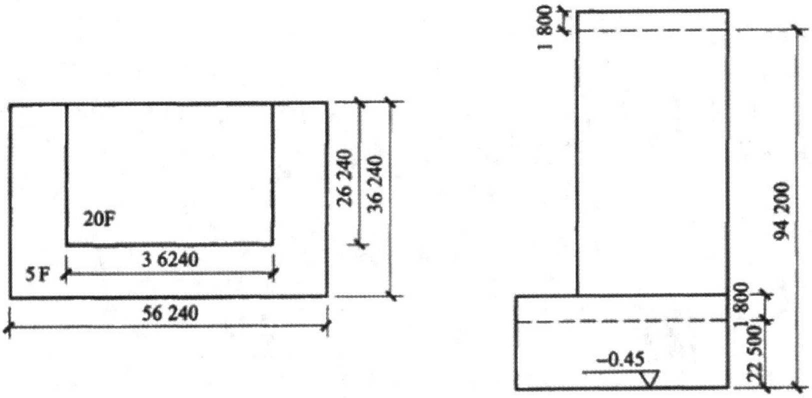

图 4.90 某高层建筑示意图

解:计算结果如表 4.28 所示。

表 4.28 工程量计算表

序号	清单项目编码	清单项目名称	计算式	工程量合计
1	011704001001	垂直运输(檐高 94.20m 以内)	$S=26.24\times36.24\times5+36.24\times26.24\times15$ $=4\ 754.688+14\ 264.064$ $=19\ 018.75(m^2)$	$19\ 018.75m^2$
2	011704001002	垂直运输(檐高 22.50m 以内)	$S=(56.24\times36.24-36.24\times26.24)\times5$ $=1\ 087.2\times5=5\ 436.00(m^2)$	$5\ 436.00m^2$
3	011705001001	超高施工增加	$S=36.24\times26.24\times14=13\ 313.13(m^2)$	$13\ 313.13m^2$

第五章

建设项目设计阶段工程造价文件编制

第一节　设计概算的编制

根据国家有关文件的规定，一般工业项目设计可按初步设计和施工图设计两个阶段进行，称为“两阶段设计”；对于技术上复杂、在设计时有一定难度的工程，根据项目相关管理部门的意见和要求，可以按初步设计、技术设计和施工图设计3个阶段进行，称为“三阶段设计”。小型工程建设项目，技术上较简单的，经项目相关管理部门同意可以简化为施工图设计一阶段进行。

一、设计概算的概念及其编制内容

1. 设计概算的概念

设计概算是以初步设计文件为依据，按照规定的程序、方法和依据，对建设项目总投资及其构成进行的概略计算。设计概算的编制内容包括静态投资和动态投资两个层次。静态投资作为评价和选择设计方案的依据；动态投资作为项目筹措、供应和控制资金使用的限额。

政府投资项目的设计概算经批准后，一般不得调整。各级政府投资管理部门对概算的管理都有相应规定。《政府投资条例》(国务院令第712号)规定：经投资主管部门或者其他有关部门核定的投资概算是控制政府投资项目总投资的依据。初步设计提出的投资概算超过经批准的可行性研究报告提出的投资估算10%的，项目单位应当向投资主管部门或者其他有关部门报告，投资主管部门或者其他有关部门可以要求项目单位重新报送可行性研究报告，政府投资项目建设投资原则上不得超过经核定的投资概算。因国家政策调整、价格上涨、地质条件发生重大变化等原因确需增加投资概算的，项目单位应当提出调整方案及资金来源，按照规定的程序报原初步设计审批部门或者投资概算核定部门核定。

概算调增幅度超过原批复概算10%的，概算核定部门原则上先商请审计机关进行审计，并依据审计结论进行概算调整。一个工程只允许调整一次概算。

2. 设计概算的编制内容

按照《建设项目设计概算编审规程》(CECA/GC2-2015)的相关规定，设计概算文件的编制应采用单位工程概算、单项工程综合概算、建设项目总概算三级概算编制形式。当建设项目为一个单项工程时,可采用单位工程概算、建设项目总概算两级概算编制形式。三级概算之间的相互关系和费用构成,如图 5.1 所示。

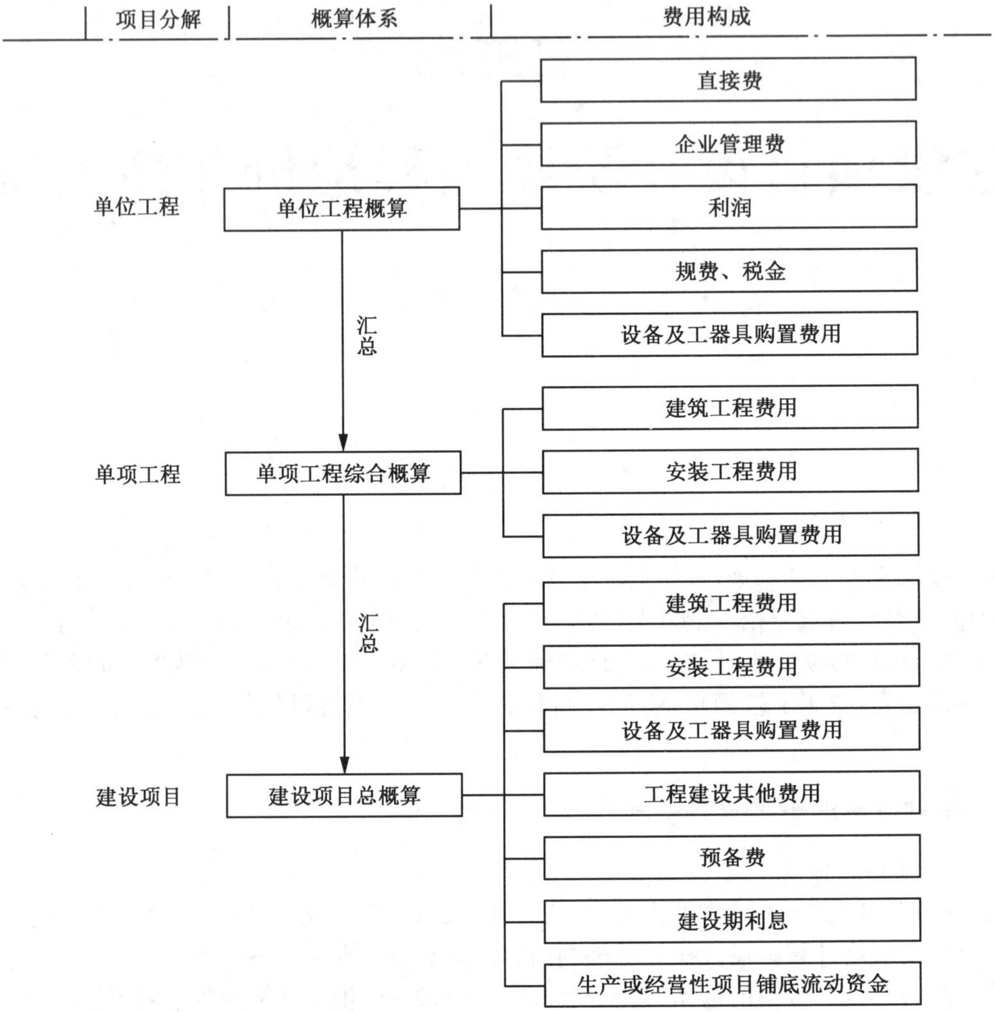

图 5.1　三级概算之间的相互关系和费用构成

(1)单位工程概算。单位工程是指具有独立的设计文件,能够独立组织施工,但不能独立发挥生产能力或使用功能的工程项目,是单项工程的组成部分。单位工程概算是以初步设计文件为依据,按照规定的程序、方法和依据,计算单位工程费用的成果文件,是编制单项工程综合概算(或项目总概算)的依据,是单项工程综合概算的组成部分。单位工程概算按其工程性质可分为建筑工程概算和设备及安装工程概算两大类。建筑工程概算包括一般土建工程概算,给排水、采暖工程概算,通风、空调工程概算,电气、照明工程概算,弱电工程概算,特殊构筑物工程概算等;设备及安装工程概算包括机械设备及安装工程概算,电气设备及安装工程概算,热力设备及安装工程概算,工具、器具及生产家具购置费用概算等。

(2)单项工程综合概算。单项工程是指在一个建设项目中,具有独立的设计文件,建成后能够独立发挥生产能力或使用功能的工程项目。单项工程是建设项目的组成部分,如生产车间、办公楼、食堂、图书馆、学生宿舍、住宅楼、配水厂等。单项工程综合概算是以初步设计文件为依据，在单位工程概算的基础上汇总单项工程费用的成果文件，由单项工程中的各单位工程概算汇总编制而成，是建设项目总概算的组成部分。单项工程综合概算的组成内容，如图5.2所示。

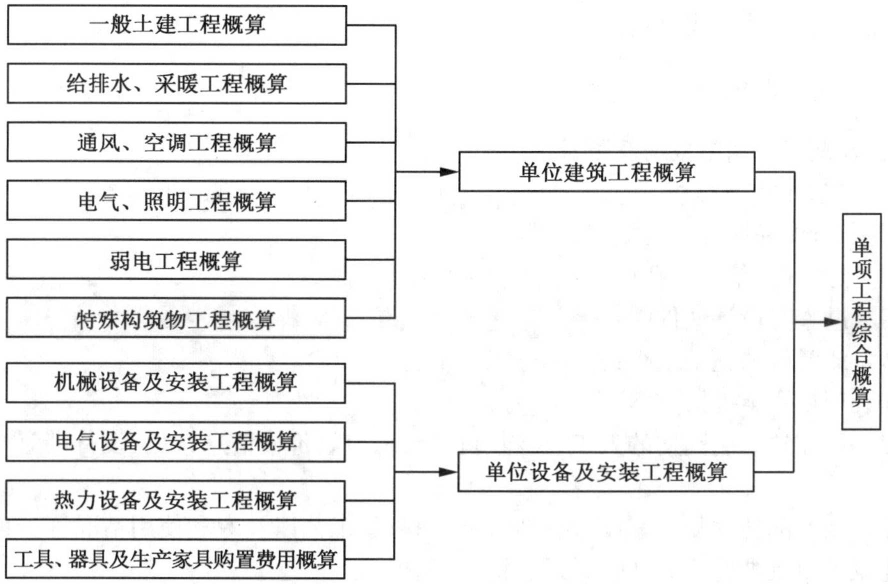

图5.2　单项工程综合概算的组成内容

(3)建设项目总概算。建设项目总概算是以初步设计文件为依据，在单项工程综合概算的基础上计算建设项目概算总投资的成果文件，是由各单项工程综合概算、工程建设其他费用概算、预备费概算、建设期贷款利息概算和生产或经营性铺底流动资金概算汇总编制而成，如图5.3所示。

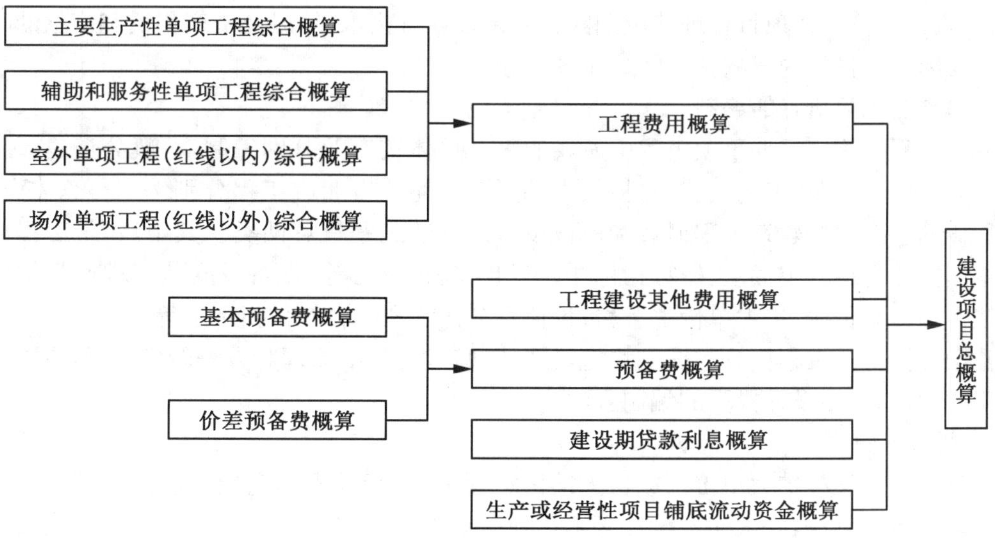

图5.3　建设项目总概算的组成内容

若干个单位工程概算汇总后成为单项工程概算，若干个单项工程概算和工程建设其他费用、预备费、建设期贷款利息、铺底流动资金等概算文件汇总后成为建设项目总概算。单项工程概算和建设项目总概算仅是一种归纳、汇总性文件，因此，最基本的计算文件是单位工程概算书。若建设项目为一个独立单项工程，则单项工程综合概算书与建设项目总概算书可合并编制，并以总概算书的形式出具。

二、设计概算的编制

（一）设计概算的编制依据及要求

1. 设计概算的编制依据

（1）国家、行业和地方有关规定。

（2）概算定额（或指标）、费用定额、工程造价指标。

（3）工程勘察与设计文件。

（4）拟定或常规的施工组织设计和施工方案。

（5）建设项目资金筹措方案。

（6）工程所在地编制同期的人工、材料、机械台班市场价格信息，以及设备供应方式及供应价格信息。

（7）建设项目的技术复杂程度，新技术、新材料、新工艺以及专利使用情况等。

（8）建设项目批准的相关文件、合同、协议等。

（9）政府有关部门、金融机构等发布的价格指数、利率、汇率、税率及工程建设其他费用，以及各类工程造价指数等。

（10）委托单位提供的其他技术经济资料。

2. 设计概算的编制要求

（1）设计概算应按编制时项目所在地的价格水平编制，总投资应完整地反映编制时建设项目实际投资。

（2）设计概算应考虑建设项目施工条件等因素对投资的影响。

（3）设计概算应按项目合理建设期限预测建设期价格水平，以及资产租赁和贷款的时间价值等动态因素对投资的影响。

（二）单位工程概算的编制

单位工程概算应根据单项工程中所属的每个单体按专业分别编制，一般分土建、装饰、采暖通风、给排水、照明、工艺安装、自控仪表、通信、道路等专业或工程分别编制。总体而言，单位工程概算包括单位建筑工程概算和单位设备及安装工程概算两类。其中，建筑工程概算常用的编制方法有概算定额法、概算指标法、类似工程预算法等；设备及安装工程概算常用的编制方法有预算单价法、扩大单价法、设备价值百分比法和综合吨位指标法等。

我国不同行业工程概算的编制均有具体的规定，但基本原理和方法较为接近，本书以房屋建筑工程为例，介绍设计概算的编制方法。

1. 概算定额法

概算定额法又称扩大单价法或扩大结构定额法，是套用概算定额编制建筑工程概算的方法。运用概算定额法，要求初步设计必须达到一定深度，建筑结构尺寸比较明确，能按照初步设计的平面图、立面图、剖面图纸计算出楼地面、墙身、门窗和屋面等扩大分项工程（或扩大结构构件）项目的工程量时，方可采用。

建筑工程概算表的编制，按构成单位工程的主要分部分项工程和措施项目编制，根据初步设计工程量按工程所在省、自治区、直辖市颁发的概算定额（指标）或行业概算定额（指标），以及工程费用定额计算。概算定额法编制设计概算的步骤如下：

(1)收集基础资料、熟悉设计图纸和了解有关施工条件和施工方法。

(2)按照概算定额子目，列出单位工程中分部分项工程项目名称并计算工程量。一般借助工程计价软件，经过建模的方式由软件系统自动计算工程量，点选适合的定额子目，以确保软件系统对工程的计量是按概算定额中规定的工程量计算规则进行。估计人员应注意输入系统的原始数据必须以初步设计图纸所标识的尺寸或初步设计图纸能读出的尺寸为准。

(3)确定各分部分项工程费。建模完成工程量计算后，通过套用定额各子目的综合单价，形成合价。各子目的综合单价包括人工费、材料费、施工机具使用费、管理费、利润、规费和税金，之后便可生成综合单价表和单位工程概算表。如遇设计图中的分项工程项目名称、内容与采用的概算定额手册中相应的项目有某些不相符时，则按规定对定额进行换算后方可套用。

(4)计算措施项目费。措施项目费的计算分两部分进行：

①可以计量的措施项目费与分部分项工程费的计算方法相同，其费用按照第(3)步的规定计算。

②综合计取的措施项目费应以该单位工程的分部分项工程费和可以计量的措施项目费之和为基数乘以相应费率计算。费率标准可在计价软件中设定，上述计算过程由系统自动完成。

(5)计算汇总单位工程概算造价。

如采用全费用综合单价，则单位工程概算造价计算公式为：

$$单位工程概算造价=分部分项工程费+措施项目费 \tag{5.1}$$

(6)编写概算编制说明。单位建筑工程概算按照规定的表格形式进行编制，以全费用综合单价法为例，具体格式参见表5.1，所使用的综合单价应编制综合单价分析表（见表5.2）。

表5.1　　建筑工程概算表

单项工程概算编号：　　单项工程名称：　　共　页　第　页

序号	项目编码	工程项目或费用名称	项目特征	单位	数量	综合单价(元)	合价(元)
一		分部分项工程					
(一)		土石方工程					
1	××	×××××					
2	××	×××××					
(二)		砌筑工程					
1	××	×××××					
(三)		楼地面工程					
1	××	×××××					
(四)		××工程					

续表

序号	项目编码	工程项目或费用名称	项目特征	单位	数量	综合单价(元)	合价(元)
		分部分项工程费用小计					
二		可计量措施项目					
(一)		××工程					
1	××	×××××					
2	××	×××××					
(二)		××工程					
1	××	×××××					
		可计量措施项目费小计					
三		综合取定的措施项目费					
1		安全文明施工费					
2		夜间施工增加费					
3		二次搬运费					
4		冬雨(风)季施工增加费					
	××	×××××					
		综合取定措施项目费小计					
		合计					

编制人;　　　　审核人:　　　　审定人:

注:建筑工程概算表应以单项工程为对象进行编制,表中综合单价应通过综合单价分析表计算获得。

表 5.2　建筑工程设计概算综合单价分析表

单项工程概算编号:　　　　单项工程名称:　　　　共　页　第　页

<table>
<tr><td>项目编码</td><td></td><td>项目名称</td><td colspan="2"></td><td>计量单位</td><td></td><td>工程数量</td><td></td></tr>
<tr><td colspan="9">综合单价组成分析</td></tr>
<tr><td rowspan="2">定额编号</td><td rowspan="2">定额名称</td><td rowspan="2">定额单位</td><td colspan="3">定额直接费单价(元)</td><td colspan="3">直接费合价(元)</td></tr>
<tr><td>人工费</td><td>材料费</td><td>机具费</td><td>人工费</td><td>材料费</td><td>机具费</td></tr>
<tr><td></td><td></td><td></td><td></td><td></td><td></td><td></td><td></td><td></td></tr>
<tr><td rowspan="5">间接费及利润税金计算</td><td>类别</td><td>取费基数描述</td><td colspan="2">取费基数</td><td>费率(%)</td><td colspan="2">金额(元)</td><td>备注</td></tr>
<tr><td>管理费</td><td>如:人工费</td><td colspan="2"></td><td></td><td colspan="2"></td><td></td></tr>
<tr><td>利润</td><td>如:直接费</td><td colspan="2"></td><td></td><td colspan="2"></td><td></td></tr>
<tr><td>规费</td><td></td><td colspan="2"></td><td></td><td colspan="2"></td><td></td></tr>
<tr><td>税金</td><td></td><td colspan="2"></td><td></td><td colspan="2"></td><td></td></tr>
</table>

续表

综合单价(元)						
概算定额人、材、机消耗量和单价分析	人、材、机项目名称及规格、型号	单位	消耗量	单价(元)	合价(元)	备注

编制人；　　　　审核人：　　　　审定人：

注：(1)本表适用于采用概算定额法的分部分项工程项目，以及可以计量措施项目的综合单价分析。

(2)在进行概算定额消耗量和单价分析时，消耗量应采用定额消耗量，单价应为报告编制期的市场价。

2. 概算指标法

概算指标法是指用拟建的厂房、住宅的建筑面积或体积乘以技术条件相同或基本相同的概算指标而得出人、材、机费，然后按规定计算出企业管理费、利润、规费和税金等，得出单位工程概算的方法。

(1)概算指标法适用的情况。

①在方案设计中，由于设计无详图而只有概念性设计时，或初步设计深度不够，不能准确地计算出工程量，但工程设计采用的技术比较成熟时可以选定与该工程相似类型的概算指标编制概算。

②设计方案急需造价概算而又有类似工程概算指标可以利用的情况。

③图样设计间隔很久后再来实施，概算造价不适用于当前情况而又急需确定造价的情形下，可按当前概算指标来修正原有概算造价。

④通用设计图设计可组织编制通用图设计概算指标，来确定造价。

(2)拟建工程结构特征与概算指标相同时的计算，在使用概算指标法时，如果拟建工程在建设地点、结构特征、地质及自然条件、建筑面积等方面与概算指标相同或相近，就可直接套用概算指标编制概算，在直接套用概算指标时，拟建工程应符合以下条件：

①拟建工程的建设地点与概算指标中的工程建设地点相同。

②拟建工程的工程特征和结构特征与概算指标中的工程特征、结构特征基本相同。

③拟建工程的建筑面积与概算指标中工程的建筑面积相差不大。

根据选用的概算指标内容，以指标中所规定的工程每平方米、每立方米的工料单价，根据管理费、利润、规费、税金的费(税)率确定该子目的全费用综合单价，乘以拟建单位工程建筑面积或体积，即可求出单位工程的概算造价。单位工程概算造价计算公式为：

单位工程概算造价＝概算指标每平方米(每立方米)综合单价×拟建单位工程建筑面积(体积)　(5.2)

(3)拟建工程结构特征与概算指标有局部差异时的调整。在实际工作中，经常遇到拟建工程的结构特征与概算指标中规定的结构特征有局部不同的情况，因此，必须对概算指标进行调整后方可套用，调整方法如下：

①调整概算指标中的每平方米(每立方米)综合单价。这种调整方法是将原概算指标中的综合单价进行调整，扣除每平方米(每立方米)原概算指标中与拟建工程结构不同部分的造价，增加每平方米(每立方米)拟建工程与概算指标结构不同部分的造价，使其成为与拟建工程结

构相同的综合单价。其计算公式如下：

$$结构变化修正概算指标(元/m)=J+Q_1P_1-Q_2P_2 \tag{5.3}$$

其中，J 为原概算指标综合单价，Q_1 为概算指标中换入结构的工程量，Q_2 为概算指标中换出结构的工程量，P_1 为换入结构的综合单价，P_2 为换出结构的综合单价。

若概算指标中的单价为工料单价，则应根据管理费、利润、规费、税金的费(税)率确定该子目的全费用综合单价，再计算拟建单位工程概算造价。其计算公式为：

$$单位工程概算造价=修正后的概算指标综合单价\times拟建工程建筑面积(体积) \tag{5.4}$$

②调整概算指标中的人、材、机数量。这种方法是将原概算指标中每 $100m^2$($1\ 000m^3$)建筑面积(体积)中的人、材、机数量进行调整，扣除原概算指标中与拟建工程结构不同部分的人、材、机消耗量，增加拟建工程与概算指标结构不同部分的人、材、机消耗量，使其成为与拟建工程结构相同的每 $100m^2$($1\ 000m^3$)建筑面积(体积)人、材、机数量。其计算公式为：

$$\begin{aligned}\text{结构变化修正概算指标的人、材、机数量}&=\text{原概算指标的人、材、机数量}+\text{换入结构件工程量}\times\text{相应定额人、材、机消耗量}\\&\quad-\text{换出结构件工程量}\times\text{相应定额人、材、机消耗量}\end{aligned} \tag{5.5}$$

将修正后的概算指标结合报告编制期的人、材、机要素价格的变化，以及管理费、利润、规费、税金的费(税)率确定该子目的全费用综合单价。

以上两种方法，前者是直接修正概算指标单价，后者是修正概算指标人、材、机数量。修正之后，方可按上述方法分别套用。

概算指标可视为工程造价指标的一种特殊类型，如利用其他类型的造价指标也可以进行概算编制。例如，根据《建设工程造价指标指数分类与测算标准》(GB/T 51290-2018)，单位工程造价指标能反映单位建设规模的人工费、材料费、施工机具使用费、企业管理费、利润、规费、税金等单位造价(例如，元/m^2)，因而在已知单位工程建设规模时，可以利用适用的单位工程造价指标计算出人工、材料、施工机具等各项费用的数额，并汇总为单位工程的建筑安装费总额。另外，费用的计算也可以具体到分项工程的精度上，各类专业工程经济指标能反映单位建设规模的各分项工程费用标准，例如，房屋建筑工程经济指标能反映构成其的土石方、地基、基础等主要分项工程单位指标(元/m^2)，因而在已知单位工程面积时，可以利用适用的房屋建筑工程经济指标，计算出各分项工程的费用数额，并汇总为单位工程的建筑安装费总额。总之，随着多样化的造价指标出现，概算可采用灵活的方式进行编制。

【例 5.1】 新建单身宿舍一座，其建筑面积为 $3\ 500m^2$，按概算指标和地区材料预算价格等算出综合单价为 738 元/m^2，其中：一般土建工程为 640 元/m^2，采暖工程为 32 元/m^2，给排水工程为 36 元/m^2，照明工程为 30 元/m^2。但新建单身宿舍设计资料与概算指标相比较，其结构构件有部分变更，设计资料表明，外墙为 1.5 砖外墙，而概算指标中外墙为 1 砖墙。根据当地土建工程预算定额计算，外墙带形毛石基础的综合单价为 147.87 元/m^2，1 砖外墙的综合单价为 177.10 元/m^2，1.5 砖外墙的综合单价为 178.08 元/m^3；概算指标中每 $100m^2$ 中含外墙带形毛石基础为 $18m^3$，砖外墙为 $46.5m^3$。新建工程设计资料表明，每 $100m^2$ 中含外墙带形毛石基础为 $19.6m^3$，1.5 砖外墙为 $61.2m^3$。请计算调整后的概算综合单价和新建宿舍的概算造价。

解：土建工程中对结构构件的变更和单价调整如表 5.3 所示。

表 5.3　　结构变化引起的单价调整

序号	结构名称	单位	数量(每 $100m^2$ 含量)	单价(元)	合价(元)
	土建工程单位面积造价				640
	换出部分				
1	外墙带形毛石基础		18	147.87	2 661.66
2	1 砖外墙	m^3	46.5	177.10	8 235.15
	合计	元			10 896.81
	换入部分				
3	外墙带形毛石基础	m^3	19.6	147.87	2 898.25
4	1.5 砖外墙	m^3	61.2	178.08	10 898.5
	合计	元			13 796.75
单位造价修正系数:640－10 896.81/100＋13 796.75/100＝669(元)					

注:其余的单价指标都不变,因此经调整后的概算综合单价为 669＋32＋36＋30＝767(元/m^2);新建宿舍的概算造价＝767×3 500＝2 684 500(元)。

3. 类似工程预算法

类似工程预算法是指利用技术条件与设计对象相类似的已完工程或在建工程的工程造价资料来编制拟建工程设计概算的方法。

当拟建工程初步设计与已完工程或在建工程的设计相类似而又没有可用的概算指标时,可以采用类似工程预算法。

（１）类似工程预算法的编制步骤。

①根据设计对象的各种特征参数,选择最合适的类似工程预算。

②根据本地区现行的各种价格和费用标准计算类似工程预算的人工费、材料费、施工机具使用费、企业管理费修正系数。

③根据类似工程预算修正系数和以上 4 项费用占预算成本的比重,计算预算成本总修正系数,并计算出修正后的类似工程平方米预算成本。

④根据类似工程修正后的平方米预算成本和编制概算地区的利税率计算修正后的类似工程平方米造价。

⑤根据拟建工程的建筑面积和修正后的类似工程平方米造价,计算拟建工程概算造价。

⑥编制概算编写说明。

（２）差异调整。类似工程预算法对条件有所要求,也就是可比性,即拟建工程项目在建筑面积、结构构造特征上要与已建工程基本一致,如层数相同、面积相似、结构相似、工程地点相似等,采用此方法时必须对建筑结构差异和价差进行调整。

①建筑结构差异的调整。结构差异调整方法与概算指标法的调整方法相同,即先确定有差别的部分,然后分别按每一项目算出结构构件的工程量和单位价格(按编制概算工程所在地区的单价),然后以类似工程中相应(有差别)的结构构件的工程数量和单价为基础,算出总差价。将类似预算的人、材、机费总额减去(或加上)这部分差价,就得到结构差异换算后的人、材、机费,再行取费得到结构差异换算后的造价。

②价差调整。类似工程造价的价差调整可以采用两种方法:

a. 当类似工程造价资料有具体的人工、材料、机具台班的用量时，可按类似工程预算造价资料中的主要材料、工日、机具台班数量乘以拟建工程所在地的主要材料预算价格、人工单价、机具台班单价，计算出人、材、机费，再计算企业管理费、利润、规费和税金，即可得出所需的综合单价。

b. 类似工程造价资料只有人工、材料、施工机具使用费和企业管理费等费用或费率时，可按下面公式调整：

$$D = A \cdot K \tag{5.6}$$

$$K = a\%K_1 + b\%K_2 + c\%K_3 + d\%K_4 \tag{5.7}$$

其中，D 为拟建工程成本单价；A 为类似工程成本单价；K 为成本单价综合调整系数；$a\%$、$b\%$、$c\%$、$d\%$分别为类似工程预算的人工费、材料费、施工机具使用费、企业管理费占预算成本的比重，如 $a\%$＝类似工程人工费/类似工程预算成本×100%，$b\%$、$c\%$、$d\%$类同；K_1、K_2、K_3、K_4 分别为拟建工程地区与类似工程预算成本在人工费、材料费、施工机具使用费、企业管理费之间的差异系数，如 K_1＝拟建工程概算的人工费（或工资标准）/类似工程预算人工费（或地区工资标准），K_2、K_3、K_4 类同。

以上综合调价系数是以类似工程中各成本构成项目占总成本的百分比为权重，按照加权的方式计算的成本单价的调价系数；根据类似工程预算提供的资料，也可按照同样的计算思路计算出人、材、机费综合调整系数，通过系数调整类似工程的工料单价，再按照相应取费基数和费率计算间接费、利润和税金，也可得出所需的综合单价。随着工程造价指标指数建设的完善，各个地区、各种工程类型、各类建筑结构等的人工、材料、项目等造价指数的编制和发布，上述调价方法的应用将更为灵活和便捷。

【例 5.2】 某地拟建一工程，与其类似的已完工程单方工程造价为 4 500 元/m^2，其中人工、材料、施工机具使用费分别占工程造价的 15%、55%和 10%，拟建工程地区与类似工程地区人工、材料、施工机具使用费差异系数分别为 1.05、1.03 和 0.98。假定以人、材、机费用之和为基数取费，综合费费率为 25%。用类似工程预算法计算拟建工程适用的综合单价。

解：先使用调差系数计算出拟建工程的工料单价。

类似工程的工料单价＝4 500×80%＝3 600（元/m^2）

在类似工程的工料单价中，人工、材料、施工机具使用费的比重分别为 18.75%、68.75%和 12.5%，则拟建工程的工料单价＝3 600×（18.75%×1.05＋68.75%×1.03＋12.5%×0.98）＝3 699（元/m^2）

则拟建工程适用的综合单价＝3 699×（1＋25%）＝4 623.75（元/m^2）

4. 单位设备及安装工程概算编制方法

单位设备及安装工程概算包括单位设备及工器具购置费概算和单位设备安装工程费概算两大部分。

（1）设备及工器具购置费概算。设备及工器具购置费是根据初步设计的设备清单计算出设备原价，并汇总求出设备总原价，然后按有关规定的设备运杂费费率乘以设备总原价，两项相加再考虑工具、器具及生产家具购置费即为设备及工器具购置费概算。设备及工器具购置费概算的编制依据包括设备清单，工艺流程图，各部、省、自治区、直辖市规定的现行设备价格和运费标准、费用标准。

（2）设备安装工程费概算。设备安装工程费概算的编制方法应根据初步设计深度和要求所明确的程度而采用。其主要编制方法有：

①预算单价法。当初步设计深度较深，有详细的设备清单时，可直接按安装工程预算定额单价编制安装工程概算，概算编制程序与安装工程施工图预算程序基本相同。该方法的优点是计算比较具体、精确性较高。

②扩大单价法。当初步设计深度不够，设备清单不完备，只有主体设备或仅有成套设备重量时，可采用主体设备、成套设备的综合扩大安装单价来编制概算。

上述两种方法的具体编制步骤与建筑工程概算相类似。

③设备价值百分比法，又称为安装设备百分比法。当初步设计深度不够，只有设备出厂价而无详细规格、重量时，安装费可按占设备费的百分比计算，其百分比值(即安装费费率)由相关管理部门制定或由设计单位根据已完类似工程确定。该法常用于价格波动不大的定型产品和通用设备产品。其计算公式为：

$$设备安装费=设备原价\times安装费费率(\%) \tag{5.8}$$

④综合吨位指标法。当初步设计提供的设备清单有规格和设备重量时，可采用综合吨位指标编制概算，其综合吨位指标由相关主管部门或由设计单位根据已完类似工程的资料确定。该法常用于设备价格波动较大的非标准设备和引进设备的安装工程概算。其计算公式为：

$$设备安装费=设备吨重\times每吨设备安装费指标(元/吨) \tag{5.9}$$

单位设备及安装工程概算要按照规定的表格格式进行编制，采用预算单价法和扩大单价法时，表格格式如表 5.4 所示。

表 5.4　设备及安装工程概算表

单项工程概算编号：　　　　单项工程名称：　　　　共　页　第　页

序号	项目编码	工程项目或费用名称	项目特征	单位	数量	综合单价(元)		合价(元)	
						设备购置费	安装工程费	设备购置费	安装工程费
一		分部分项工程							
(一)		机械设备安装工程							
1	××	×××××							
2	××	×××××							
(二)		电气工程							
1	××	×××××							
(三)		给排水工程							
1	××	×××××							
(四)		××工程							
		分部分项工程费用小计							
二		可计量措施项目							

续表

序号	项目编码	工程项目或费用名称	项目特征	单位	数量	综合单价(元)		合价(元)	
						设备购置费	安装工程费	设备购置费	安装工程费
(一)		××工程							
1	××	×××××							
2	××	×××××							
(二)		××工程							
1	××	×××××							
		可计量措施项目费小计							
三		综合取定的措施项目费							
1		安全文明施工费							
2		夜间施工增加费							
3		二次搬运费							
4		冬雨(风)季施工增加费							
	××	×××××							
		综合取定措施项目费小计							
		合计							

编制人： 审核人： 审定人：

注：(1)设备及安装工程概算表应以单项工程为对象进行编制，表中综合单价应通过综合单价分析表计算获得。

(2)按《建设工程计价设备材料划分标准》(GB/T 50531-2009)，应计入设备费的装置性主材计入设备费。

5. 概算编制方法的发展趋势

需要指出的是，随着各类工程造价指标指数的编制和造价数据库的建设，概算的编制将逐渐向应用大数据、人工智能等手段和方法过渡。

对以政府投资项目为主的工程项目，例如电力、铁路、公路等工程，目前仍主要以政府发布的行业或地方定额作为前期投资控制的依据或主要参考，但概算定额(指标)的内容、表现形式等也随着造价改革的不断深化而得以优化，会更具时效性和符合信息化发展潮流。随着信息技术在工程造价领域的深度应用，住房和城乡建设部、各行业造价主管部门积极投入国有资金投资项目的工程造价数据库建设，并已初具成效，大量的工程项目造价信息和各类造价指标、指数等能为工程概算的编制提供丰富的数据资源，而不仅依赖于政府发布的概算定额(指标)。

对于非政府投资项目，概算的编制可不依赖于政府发布的概算定额(指标)，来自企业、市场的各类造价数据、造价指标指数、专业数据库等，均可作为概算编制的依据，相应地，可采用更多灵活的编制方法进行编制。

基于 BIM 的概算编制也是未来发展趋势。将 BIM 模型分解为不同细度的 BIM 模型组件，如单项工程模型、单位工程模型、分部工程模型、分项工程模型、单构件模型，积累形成种类齐全、不同精度的模型化指标数据库，通过构建初步设计的 BIM 模型，直接完成工程计量，调用相应的指标数据库价格信息，即可形成初步设计深度的概算文件。数字化、智能化仍将是工程概算编制的发展方向。

（三）单项工程综合概算的编制

单项工程综合概算是确定单项工程建设费用的综合性文件，是由该单项工程所属的各专业单位工程概算汇总而成的，是建设项目总概算的组成部分。

仍以房屋建筑工程为例，单项工程综合概算采用综合概算表（含其所附的单位工程概算表和建筑材料表）进行编制。对单一的、具有独立性的单项工程建设项目，按照两级概算编制形式，直接编制总概算。

综合概算表是根据单项工程所辖范围内的各单位工程概算等基础资料，按照规定的统一表格进行编制，对工业建筑而言，其概算包括建筑工程和设备及安装工程；对民用建筑而言，其概算包括土建工程、给排水、采暖、通风及电气照明工程等。

综合概算一般应包括建筑工程费、安装工程费、设备及工器具购置费。单项工程综合概算表，如表 5.5 所示。

表 5.5　　单项工程综合概算表

综合概算编号：　　工程名称（单项工程）：　　单位：万元　　共　页　第　页

序号	概算编号	工程项目或费用名称	设计规模或主要工程量	建筑工程费	设备及工器具购置费	安装工程费	合计	其中：引进部分		主要技术经济指标		
								美元	折合人民币	单位	数量	单位价值
一		主要工程										
1	×	×××××										
2	×	×××××										
二		辅助工程										
1	×	×××××										
2	×	×××××										
三		配套工程										
1	×	×××××										
2	×	×××××										
		单项工程概算费用合计										

编制人：　　审核人：　　审定人：

（四）建设项目总概算的编制

建设项目总概算是设计文件的重要组成部分，是预计整个建设项目从筹建到竣工交付使用所花费的全部费用的文件，它是由各单项工程综合概算、工程建设其他费用、建设期利息、预备费和经营性项目的铺底流动资金概算所组成，按照主管部门规定的统一表格进行编制而成的。设计总概算文件包括编制说明、总概算表、各单项工程综合概算书、工程建设其他费用概算表、主要建筑安装材料汇总表。独立装订成册的总概算文件宜加封面、签署页(扉页)和目录。

1. 编制说明

(1)工程概况。简述建设项目性质、特点、生产规模、建设周期、建设地点、主要工程量、工艺设备等情况。引进项目要说明引进内容以及与国内配套工程等主要情况。

(2)编制依据，包括国家和有关部门的规定、设计文件、现行概算定额或概算指标、设备材料的预算价格和费用指标等。

(3)编制方法。说明设计概算是采用概算定额法，还是采用概算指标法或其他方法。

(4)主要设备、材料的数量。

(5)主要技术经济指标，包括项目概算总投资(有引进的给出所需外汇额度)及主要分项投资、主要技术经济指标(主要单位投资指标)等。

(6)工程费用计算表，主要包括建筑工程费用计算表、工艺安装工程费用计算表、配套工程费用计算表、其他涉及的工程的工程费用计算表。

(7)引进设备材料有关费率取定及依据，主要是关于国际运输费、国际运输保险费、关税、增值税、国内运杂费、其他有关税费等。

(8)引进设备材料从属费用计算表。

(9)其他必要的说明。

2. 总概算表

总概算表格式如表5.6所示(适用于采用三级编制形式的总概算)。

表5.6　　总概算表

总概算编号：　　　工程名称：　　　单位：万元　　　共　页　第　页

序号	概算编号	工程项目或费用名称	建筑工程费	设备购置费	安装工程费	其他费用	合计	其中：引进部分		占总投资比例(%)
								美元	折合人民币	
一		工程费用								
1		主要工程								
2		辅助工程								
3		配套工程								
二		工程建设其他费用								
1										
2										

续表

序号	概算编号	工程项目或费用名称	建筑工程费	设备购置费	安装工程费	其他费用	合计	其中:引进部分		占总投资比例(%)
								美元	折合人民币	
三		预备费								
四		建设期利息								
五		铺底流动资金								
		建设项目概算总投资								

编制人： 审核人： 审定人：

3. 工程建设其他费用概算表

工程建设其他费用概算按国家或地区或部委所规定的项目和标准确定，并按统一格式编制，见表5.7。应按具体发生的工程建设其他费用项目填写，需要说明和具体计算的费用项目依次相应在说明及计算式栏内填写或具体计算。

表5.7 **工程建设其他费用概算表**

工程名称： 单位：万元 共 页 第 页

序号	费用项目编号	费用项目名称	费用计算基数	费率	金额	计算公式	备注
1							
2							
	合计						

编制人： 审核人： 审定人：

填写时注意以下事项：

(1)土地征用及拆迁补偿费应填写土地补偿单价、数量和安置补助费标准、数量等，列式计算所需费用，填入金额栏。

(2)建设单位管理费按"工程费用×费率"或有关定额列式计算。

(3)研究试验费应根据设计需要进行研究试验的项目分别填写项目名称及金额或列式计算或进行说明。

第二节 施工图预算的编制

一、施工图预算的含义及文件组成

(一)施工图预算的含义

施工图预算是以施工图设计文件为依据，在工程施工前对工程项目的投资进行的预测与计算。施工图预算的成果文件称为施工图预算书，简称施工图预算。

施工图预算既可以是工程招标投标前或招标投标时，基于施工图纸，按照预算定额、取费标准、各类工程计价信息等计算得到的计划或预期价格，也可以是工程中标后施工企业根据自身的企业定额、资源市场价格以及市场供求及竞争状况计算得到的实际预算价格。

（二）施工图预算文件的组成

施工图预算由建设项目总预算、单项工程综合预算和单位工程预算组成。建设项目总预算由单项工程综合预算汇总而成，单项工程综合预算由组成本单项工程的各单位工程预算汇总而成，单位工程预算包括建筑工程预算和设备及安装工程预算。

施工图预算根据建设项目实际情况可采用三级预算编制或二级预算编制形式。当建设项目有多个单项工程时，应采用三级预算编制形式，三级预算编制形式由建设项目总预算、单项工程综合预算、单位工程预算组成。当建设项目只有一个单项工程时，应采用二级预算编制形式，二级预算编制形式由建设项目总预算和单位工程预算组成。

二、施工图预算的编制依据和原则

（一）施工图预算的编制依据

施工图预算的编制一般采用以下编制依据：

（1）国家、行业和地方有关规定；

（2）预算定额或企业定额、单位估价表等；

（3）施工图设计文件及相关标准图集和规范；

（4）项目相关文件、合同、协议等；

（5）工程所在地的人工、材料、设备、施工机具单价、工程造价指标指数等；

（6）施工组织设计和施工方案；

（7）项目的管理模式、发包模式及施工条件；

（8）其他应提供的资料。

（二）施工图预算的编制原则

（1）施工图预算的编制应保证编制依据的适用性和时效性。

（2）完整、准确地反映设计内容的原则，编制施工图预算时，要认真了解设计意图，根据设计文件、图纸，准确计算工程量，避免重复和漏算。

（3）坚持结合拟建工程的实际，反映工程所在地当时价格水平的原则。编制施工图预算时，要求实事求是地对工程所在地的建设条件、可能影响造价的各种因素进行认真的调查研究。按照现行工程造价的构成，考虑建设期的价格变化因素，使施工图预算尽可能地反映设计内容、实际施工条件和实际价格。

三、施工图预算的编制方法

（一）单位工程施工图预算的编制

1. 建筑安装工程费计算

以房屋建筑工程为例，单位工程施工图预算包括建筑工程费、安装工程费和设备及工器具购置费。建筑安装工程费常用计算方法有实物量法和单价法，其中单价法分为工料单价法和全费用综合单价法。

实物量法是依据施工图纸和预算定额的项目划分及工程量计算规则，先计算出分项工程量，然后套用预算定额（或企业定额）来编制施工图预算的方法。工料单价法是用事先编制好的分项工程的单位估价表来编制施工图预算的方法。全费用综合单价法是指根据招标人按照国家统一的工程量计算规则提供的工程数量，采用全费用综合单价的形式计算工程造价的方法。在单价法中，使用较多的还是工料单价法。

目前，我国以政府投资为主的工程项目，例如电力、铁路、公路等工程，仍主要采用定额计价的方法编制施工图预算，不同行业对施工图预算编制均有具体的规定，但基本原理和方法较为接近，我们以房屋建筑工程为例，介绍实物量法和工料单价法。

(1)实物量法。用实物量法编制单位工程施工图预算，就是根据施工图计算的各分项工程量分别乘以预算定额（或企业定额）中人工、材料、施工机具台班的定额消耗量，分类汇总得出该单位工程所需的全部人工、材料、施工机具台班消耗数量，然后乘以当时当地人工工日单价、各种材料单价、施工机械台班单价、施工仪器仪表台班单价，求出相应的直接费。在此基础上，通过取费的方式计算企业管理费、利润、规费和税金等费用。实物量法编制施工图预算的公式如下：

$$\begin{aligned}\text{单位工程直接费} = &\text{综合工日消耗量} \times \text{综合工日单价} \\ &+ \sum(\text{各种材料消耗量} \times \text{相应材料单价}) \\ &+ \sum(\text{各种施工机械消耗量} \times \text{相应施工机械台班单价}) \\ &+ \sum(\text{各施工仪器仪表消耗量} \times \text{相应施工仪器仪表台班单价})\end{aligned} \tag{5.10}$$

$$\text{单位工程预算造价} = \text{单位工程直接费} + \text{企业管理费} + \text{利润} + \text{规费} + \text{税金} \tag{5.11}$$

①准备资料、熟悉施工图纸。

a. 收集编制施工图预算的编制依据，包括预算定额或企业定额，取费标准，当时当地人工、材料、施工机具市场价格等。

b. 熟悉施工图等基础资料。熟悉施工图纸、有关的通用标准图、图纸会审记录、设计变更通知等资料，并检查施工图纸是否齐全、尺寸是否清楚，了解设计意图，掌握工程全貌。

c. 了解施工组织设计和施工现场情况。全面分析各分项工程，充分了解施工组织设计和施工方案，如工程进度、施工方法、人员使用、材料消耗、施工机械、技术措施等内容，注意影响费用的关键因素；核实施工现场情况，包括工程所在地地质、地形、地貌等情况，工程实地情况，当地气象资料，当地材料供应地点及运距等情况；了解工程布置、地形条件、施工条件、料场开采条件、场内外交通运输条件等。

②列项并计算工程量。按照预算定额（或企业定额）子目将单位工程划分为若干分项工程，按照施工图纸尺寸和定额规定的工程量计算规则进行工程量计算。一般借助工程计价软件，通过建模的方式由软件系统自动计算工程量，点选适合的定额，以确保软件系统对工程的计量是按预算定额中规定的工程量计算规则进行的；计量单位应与定额中相应的分项工程的计量单位保持一致。输入系统的原始数据应以施工图纸上的设计尺寸及有关数据为准，注意分项子目不能重复列项计算，也不能漏项少算。

③套用预算定额（或企业定额）。计算人工、材料、机具台班消耗量。根据预算定额（或企业定额）所列单位分项工程人工工日、材料、施工机具台班的消耗数量，分别乘以各分项工程的工程量，统计汇总出完成各分项工程所需消耗的各类人工工日、各类材料和各类施工机具台班数量，此步骤也可通过计价软件进行统计计算。

④计算并汇总直接费。调用当时当地人工工资单价、材料预算单价、施工机械台班单价、施工仪器仪表台班单价，分别乘以人工、材料、机具台班消耗量，汇总即得到单位工程直接费。

⑤计算其他各项费用。汇总造价，根据规定的税率、费率和相应的计取基础，分别计算企业管理费、利润、规费和税金。将上述所有费用汇总即可得到单位工程预算造价。与此同时，计算工程的技术经济指标，如单方造价等。费率标准可在计价软件中设定，上述计算过程由系统自动完成。

⑥复核、填写封面、编制说明。检查人工、材料、机具台班的消耗量计算是否准确，有无漏算、重算或多算；检查采用的人工、材料、机具台班实际价格是否合理，封面应写明工程编号、工程名称、预算总造价和单方造价等，撰写编制说明，将封面，编制说明，预算费用汇总表，人、材、机实物量汇总表，工程预算分析表等按顺序编排并装订成册，便完成了单位施工图预算的编制工作。

【例 5.3】 某市一住宅楼土建工程，该工程主体设计采用七层轻框架结构、钢筋混凝土筏式基础，单位工程预算采用该市当时的建筑工程预算定额及单位估价表编制，以基础部分为例，用实物量法编制的施工图预算的结果见表 5.8～表 5.11。

表 5.8　　某住宅建筑工程基础部分预算书(实物量法)人工实物量汇总表

项目编号	工程或费用名称	计量单位	工程量	人工实物量	
				单位用量	合计用量
1	平整场地	m^2	1 393.59	0.058	80.828 2
2	挖土机挖土(砂砾坚土)	m^3	2 781.73	0.029 8	82.895 6
3	干铺土石屑层	m^3	892.68	0.444	396.349 9
4	C10 混凝土基础垫层(10cm 内)	m^3	110.03	2.211	243.276 3
5	C20 带形钢筋混凝土基础(有梁式)	m^3	372.32	2.097	780.755 0
6	C20 独立式钢筋混凝土基础	m^3	43.26	1.813	78.430 4
7	C20 矩形钢筋混凝土柱(1.8m 外)	m^3	9.23	6.323	58.361 3
8	矩形柱与异形柱差价	元	61.00		
9	M5 砂浆砌砖基础	m^3	34.99	1.053	36.844 5
10	C10 带形无筋混凝土基础	m^3	54.22	1.8	97.596 0
11	满堂脚手架(3.6m 内)	m^2	370.13	0.0932	34.496 1
12	槽底钎探	m^2	1 233.77	0.057 8	71.311 9
13	回填土(夯填)	m^3	1 260.94	0.22	277.406 8
14	基础抹隔潮层(有防水粉)	元	130.00		
	合计				2 238.55

表 5.9　　**机具台班实物量汇总表**

项目编号	工程或费用名称	计量单位	工程量	机械实物量							
				蛙式打夯机（台班）		挖土机（台班）		推土机（台班）		其他机械费（元）	
				单位用量	合计用量	单位用量	合计用量	单位用量	合计用量	单位用量	合计用量
1	平整场地	m^2	1 393.59								
2	挖土机挖土（砂砾坚土）	m^3	2 781.73			0.024	66.76	0.001	2.78		
3	干铺土石屑层	m^3	892.68	0.024	21.42						
4	C10 混凝土基础垫层（10cm 内）	m^3	110.03							3.68	404.91
5	C20 带形钢筋混凝土基础（有梁式）	m^3	372.32							5.53	2 058.93
6	C20 独立式钢筋混凝土基础	m^3	43.26							4.90	211.97
7	C20 矩形钢筋混凝土柱（1.8m 外）	m^3	9.23							17.19	158.66
8	矩形柱与异形柱差价	元	61.00								
9	M5 砂浆砌砖基础	m^3	34.99							0.61	21.34
10	C10 带形无筋混凝土基础	m^3	54.22							4.60	249.40
11	满堂脚手架（3.6m 内）	m^2	370.13							0.09	33.31
12	槽底钎探	m^2	1 233.77								
13	回填土（夯填）	m^3	1 260.94	0.059	74.40						
14	基础抹隔潮层（有防水粉）	元	130.00								
	合计				95.82		66.76		2.78		3 138.52

表 5.10 材料实物量汇总表

项目编号	工程或费用名称	计量单位	工程量	材料实物量													
				土石屑(m^3)		C10 混凝土(m^3)		C20 钢筋混凝土(m^3)		M5 主体砂浆(m^3)		机砖(千块)		脚手架材料费(元)		黄土(m^3)	
				单位用量	合计用量	单位用量	合计用量	单位用量	合计用量	单位用量	合计用量	单位用量	合计用量	单位用量	合计用量	单位用量	合计用量
1	平整场地	m^2	1 393.59														
2	挖土机挖土(砂砾坚土)	m^3	2 781.73														
3	干铺土石屑层	m^3	892.68	1.34	1 196.19												
4	C10 混凝土基础垫层(10cm 内)	m^3	110.03			1.01	111.13										
5	C20 带形钢筋混凝土基础(有梁式)	m^3	372.32					1.015	377.90								
6	C20 独立式钢筋混凝土基础	m^3	43.26					1.015	43.91								
7	C20 矩形钢筋混凝土柱(1.8m 外)	m^3	9.23					1.015	9.37								
8	矩形柱与异形柱差价	元	61.00														
9	M5 砂浆砌砖基础	m^3	34.99							0.24	8.40	0.51	17.84				
10	C10 带形无筋混凝土基础	m^3	54.22			1.015	55.03										
11	满堂脚手架(3.6m 内)	m^2	370.13											0.26	96.23		
12	槽底钎探	m^2	1 233.77														
13	回填土(夯填)	m^3	1 260.94													1.5	1 891.41
14	基础抹隔潮层(有防水粉)	元	130.00														
	合计				1 196.19		166.16		431.18		8.40		17.84		96.23		1 891.41

表 5.11 **某住宅楼建筑工程基础部分预算书(实物量法)**
人工、材料、机具费用汇总表

序号	人工、材料、机具或费用名称	计量单位	实物工程数量	价值(元)	
				当时当地单价	合价
1	人工	工日	2 238.55	95.00	212 662.25
2	土石屑	m^3	1 196.19	140.00	167 466.60
3	C10 素混凝土	m^3	166.16	345.00	57 325.20
4	C20 钢筋混凝土	m^3	431.18	900.00	388 062.00
5	M5 主体砂浆	m^3	8.40	194.97	1 637.75
6	机砖	千块	17.84	580.00	10 347.20
7	脚手架材料费	元	96.23		96.23
8	黄土	m^3	1 891.41	15.00	28 371.15
9	蛙式打夯机	台班	95.82	10.28	985.03
10	挖土机	台班	66.76	892.10	59 556.60
11	推土机	台班	2.78	452.70	1 258.51
12	其他机械费	元	3 138.52		3 138.52
13	矩形柱与异型柱差价	元	61.00		61.00
14	基础抹隔潮层费	元	130.00		130.00
	人、材、机费用小计	元			931 098.04

注:其他各项费用在土建工程预算书汇总时计列。

(2)工料单价法。工料单价法采用的分项工程单价为工料单价,将各分项工程量乘以对应分项工程单价后的合计值汇总后,再计取企业管理费、利润、规费和税金,汇总各项费用得到单位工程的施工图预算造价。工料单价法中的单价一般采用单位估价表中的各分项工程工料单价(定额基价)。工料单价法计算公式如下:

$$\text{单位工程预算造价}=(\sum \text{分项工程量}\times\text{分项工程工料单价})+\text{企业管理费}+\text{利润}+\text{规费}+\text{税金} \tag{5.12}$$

①准备工作。本步骤与实物量法基本相同,不同的是需要收集适用的单位估价表,定额中已含有定额基价的则无需单位估价表。

②列项并计算工程量。本步骤与实物量法相同。

③套用定额单价,计算直接费。核对工程量计算结果后,套用单位估价表中的工料单份(或定额基价),用工料单价乘以工程量得出合价,汇总合价得到单位工程直接费。套用工料单价时,若分项工程的主要材料品种与单位估价表(或预算定额)中所列材料不一致,需要按实际使用材料价格换算工料单价后再套用,分项工程施工工艺条件与单位估价表(或定额)不一致而造成人工、机具的数量增减时,需要调整用量后再套用,上述工作同样可通过计价软件进行套用和计算。

④编制工料分析表。依据单位估价表(或定额),将各分项工程对应的定额项目表中每项材料和人工的定额消耗量分别乘以该分项工程工程量,得到该分项工程工料消耗量,将各分项

工程工料消耗量按类别加以汇总，得出单位工程人工、材料的消耗数量，借助计价软件可完成工料分析统计工作，分项工程工料分析表如表5.12所示。

表5.12 **分项工程工料分析表**

项目名称： 编号：

序号	定额编号	分项工程名称	单位	工程量	人工（工日）	主要材料			其他材料费（元）
						材料1	材料2	……	

编制人： 审核人：

⑤计算主材费并调整直接费。许多定额项目基价为不完全价格，即未包括主材费用在内。因此还应单独计算出主材费，计算完成后将主材费的价差并入人、材、机费用合计。主材费按当时当地的市场价格计取，由于工料单价法采用的是事先编制好的单位估价表，其价格水平不能代表预算编制时的价格水平，一般需采用调价系数或指数进行调价，将价差并入直接费费用合计。

⑥按计价程序计取其他费用，并汇总造价。本步骤与实物量法相同。

⑦复核，填写封面、编制说明。本步骤与实物量法相同。

工料单价法与实物量法首尾部分的步骤基本相同，所不同的主要是中间两个步骤，即：①实物量法采用的是人工工日、材料、施工机具台班消耗量，工料单价法采用的是单位估价表工料单价或定额基价；②实物量法采用的是当时当地的各类人工工日、材料、施工机具台班的实际单价，工料单价法采用的是单位估价表或定额编制时期的各类人工工日、材料、施工机具台班单价，需要用调价系数或指数进行调整。

【例5.4】 仍以例5.1所示工程为例来说明工料单价法编制施工图预算的过程。表5.13是采用工料单价法编制的单位工程（基础部分）施工图预算表。

表5.13 **某住宅楼建筑工程基础部分预算书（工料单价法）**

工程定额编号	工程或费用名称	计量单位	工程量	价值（元）	
				工料单价	合价
(1)	(2)	(3)	(4)	(5)	(6)
1042	平整场地	m^2	1 393.59	3.04	4 236.51
1063	挖土机挖土（砂砾坚土）	m^3	2 781.73	9.74	27 094.05
1092	干铺土石屑层	m^3	892.68	145.8	130 152.74
1090	C10混凝土基础垫层（10cm内）	m^3	110.03	388.78	42 777.46
5006	C20带形钢筋混凝土基础（有梁式）	m^3	372.32	1 103.66	410 914.69

注：其他各项费用在土建工程预算书汇总时计列。

(3)预算编制方法的发展趋势。随着工程造价管理信息化进程推进，预算的编制将不限于通过传统的预算定额计价，大数据、云计算、物联网等新一代信息技术的应用，能够在工程现场实时采集或引用历史项目资料形成自成长的造价数据库，配合市场化的价格信息，估价人员能够采用更为智能、便捷、精准的数据和方法编制施工图预算。另外，随着 BIM 的深度应用，与概算编制类似，通过构建施工图设计的 BIM 模型，直接完成工程计量，调用相应的数据库价格信息，即可形成施工图设计深度的概算文件，数字化、智能化仍将是施工图预算编制的发展方向。

2. 设备及工器具购置费计算

设备购置费由设备原价和设备运杂费构成；未达到固定资产标准的工器具购置费一般以设备购置费为计算基数，按照规定的费率计算。设备及工器具购置费编制方法及内容可参照设计概算相关内容。

3. 单位工程施工图预算书编制

单位工程施工图预算由建筑安装工程费和设备及工器具购置费组成，将计算好的建筑安装工程费和设备及工器具购置费相加，即得到单位工程施工图预算。其计算公式为：

单位工程施工图预算＝建筑安装工程预算＋设备及工器具购置费　(5.13)

单位工程施工图预算书由单位建筑工程预算书和单位设备及安装工程预算书组成，单位建筑工程预算书主要由建筑工程预算表和建筑工程取费表构成，单位设备及安装工程预算书则主要由设备及安装工程预算表和设备及安装工程取费表构成，具体表格形式如表 5.14～表 5.17 所示。

表 5.14　**建筑工程预算表**

单项工程预算编号：　工程名称(单位工程)：　共　页　第　页

序号	定额号	工程项目或定额名称	单位	数量	单价(元)	其中：人工费(元)	合计(元)	其中：人工费(元)
一		土石方工程						
1	××	×××××						
2	××	×××××						
二		砌筑工程						
1	××	×××××						
2	××	×××××						
三		楼地面工程						
1	××	×××××						
2	××	×××××						
		定额人、材、机费合计						

编制人：　审核人：

表 5.15 **建筑工程取费表**

单项工程预算编号： 工程名称(单位工程)： 共 页 第 页

序号	工程项目或费用名称	表达式	费率(%)	合价(元)
1	定额人、材、机费			
2	其中：人工费			
3	其中：材料费			
4	其中：机械费			
5	企业管理费			
6	利润			
7	规费			
8	税金			
9	单位建筑工程费用			

编制人： 审核人：

表 5.16 **设备及安装工程预算表**

单项工程预算编号： 工程名称(单位工程)： 共 页 第 页

序号	定额号	工程项目或定额名称	单位	数量	单价(元)	其中：人工费(元)	合价(元)	其中：人工费(元)	其中：设备费(元)	其中：主材费(元)
一		设备安装								
1	××	×××××								
2	××	×××××								
二		管道安装								
1	××	×××××								
2	××	×××××								
三		防腐保温								
1	××	×××××								
2	××	×××××								
		定额人、材机、费合计								

编制人： 审核人：

表 5.17　　**设备及安装工程取费表**

单项工程预算编号：　　工程名称(单位工程)：　　共　页　第　页

序号	工程项目或费用名称	表达式	费率(%)	合价(元)
1	定额人、材、机费			
2	其中:人工费			
3	其中:材料费			
4	其中:机械费			
5	其中:设备费			
6	企业管理费			
7	利润			
8	规费			
9	税金			
10	单位设备及安装工程费用			

编制人：　　审核人：

(二)单项工程综合预算的编制

单项工程综合预算造价由组成该单项工程的各个单位工程预算造价汇总而成,单项工程综合预算书主要由综合预算表构成,综合预算表格式如表 5.18 所示。

表 5.18　　**综合预算表**

综合预算编号：　　工程名称：　　单位:万元　　共　页　第　页

序号	预算编号	工程项目或费用名称	设计规模或主要工程量	建筑工程费	设备及工器具购置费	安装工程费	合计	其中:引进部分	
								美元	折合人民币
一		主要工程							
1		×××××							
2		×××××							
二		辅助工程							
1		×××××							
2		×××××							
三		配套工程							
1		×××××							
2		×××××							
		各单项工程预算费用合计							

编制人：　　审核人：　　项目负责人：

(三)建设项目总预算的编制

建设项目总预算由组成该建设项目的各个单项工程综合预算,以及经计算的工程建设其他费、预备费和建设期利息和铺底流动资金汇总而成。三级预算编制中总预算由综合预算和工程建设其他费、预备费、建设期利息及铺底流动资金汇总而成。

工程建设其他费、预备费、建设期利息及铺底流动资金具体编制方法可参照第一章相关内容。以建设项目施工图预算编制时间为界线,若上述费用已经发生,按合理发生金额列计,如果还未发生,按照原概算内容和本阶段的计费原则计算列入。

采用三级预算编制形式的工程预算文件包括封面、签署页及目录、编制说明、总预算表、综合预算表、单位工程预算表、附件七项内容。其中,总预算表的格式如表 5.19 所示。

表 5.19　　总预算表

总预算编号:　　工程名称:　　单位:万元　　共　页　第　页

序号	预算编号	工程项目或费用名称	建筑工程费	设备及工器具购置费	安装工程费	其他费用	其中:引进部分		占总投资比例(%)
							美元	折合人民币	
一		工程费用							
1		主要工程							
		×××××							
		×××××							
2		辅助工程							
		×××××							
3		配套工程							
		×××××							
二		其他费用							
1		×××××							
2		×××××							
三		预备费							
四		专项费用							
1		×××××							
2		×××××							
		建设项目预算总投资							

编制人:　　审核人:　　项目负责人:

第六章

工程结算和竣工决算

第一节　工程结算

一、工程结算的含义

工程结算是指发承包双方根据合同约定，对合同工程在实施中、终止时、已完工后进行的合同价款计算、调整和确认，包括期中结算、终止结算、竣工结算。在履行施工合同过程中，工程结算分为预付款结算、进度款结算和竣工结算3个阶段。

工程结算的分类如图6.1所示。

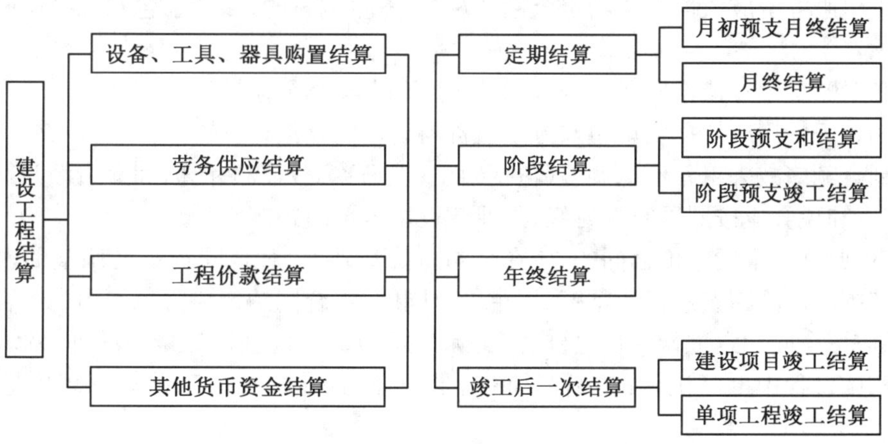

图6.1　工程结算的分类

二、结算文件的编制和审核

(一)结算文件的编制

1. 竣工结算文件的提交

工程完工后，承包方应当在工程完工后的约定期限内提交竣工结算文件。未在规定期限内完成的并且提不出正当理由延期的，承包人经发包人催告后仍未提交竣工结算文件或没有明确答复，发包人有权根据已有资料编制竣工结算文件，作为办理竣工结算和支付结算款的依据，承包人应予以认可。

2. 竣工结算文件的编制依据

工程竣工结算文件编制的主要依据包括：

(1)建设工程工程量清单计价规范；

(2)工程合同；

(3)发承包双方实施过程中已确认的工程量及其结算的合同价款；

(4)发承包双方实施过程中已确认调整后追加(减)的合同价款；

(5)建设工程设计文件及相关资料；

(6)投标文件；

(7)其他依据。

3. 编制竣工结算文件的计价原则

在采用工程量清单计价的方式下，工程竣工结算的编制应当遵循下列计价原则：

(1)分部分项工程和措施项目中的单价项目应依据双方确认的工程量与已标价工程量清单的综合单价计算；如发生调整的，以发承包双方确认调整的综合单价计算。

(2)措施项目中的总价项目应依据合同约定的项目和金额计算：如发生调整的，以发承包双方确认调整的金额计算，其中安全文明施工费必须按照国家或省级、行业建设主管部门的规定计算。

(3)其他项目应按下列规定计价：

①计日工应按发包人实际签证确认的事项计算；暂估价应按发承包双方根据《建设工程工程量清单计价规范》(GB 50500-2013)的相关规定计算。

②总承包服务费应依据合同约定金额计算，如发生调整的，以发承包双方确认调整的金额计算。

③施工索赔费用应依据发承包双方确认的索赔事项和金额计算。

④现场签证费用应依据发承包双方签证资料确认的金额计算。

⑤暂列金额应减去工程价款调整(包括索赔、现场签证)金额计算，如有余额归发包人。

(4)规费和税金应按照国家或省级、行业建设主管部门的规定计算。

(5)其他原则。采用总价合同的，应在合同总价基础上，对合同约定能调整的内容及超过合同约定范围的风险因素进行调整；采用单价合同的，在合同约定风险范围内的综合单价应固定不变，并应按合同约定进行计量，且应按实际完成的工程量进行计量。此外，发承包双方在合同工程实施过程中已经确认的工程计量结果和合同价款，在竣工结算办理中应直接进入结算。

(二)结算文件的审核

1. 竣工结算文件审核的委托

国有资金投资建设工程的发包人，应当委托工程造价咨询机构对竣工结算文件进行审核，并在收到竣工结算文件后的约定期限内向承包人提出由工程造价咨询机构出具的竣工结算文件审核意见；逾期未答复的，按照合同约定处理，合同没有约定的，竣工结算文件视为已被认可。

非国有资金投资的建筑工程发包人，应当在收到竣工结算文件后的约定期限内予以答复，逾期未答复的，按照合同约定处理，合同没有约定的，竣工结算文件视为已被认可；发包人对竣工结算文件有异议的，应当在答复期内向承包人提出，并可以在提出异议之日起的约定期限内与承包人协商；发包人在协商期内未与承包人协商或者经协商未能与承包人达成协议的，应当委托工程造价咨询机构进行竣工结算审核，并在协商期满后的约定期限内向承包人提出由工程造价咨询机构出具的竣工结算文件审核意见。

2. 工程造价咨询机构的审核

接受委托的工程造价咨询机构从事竣工结算审核工作通常应包括下列3个阶段：

(1)准备阶段。准备阶段应包括收集、整理竣工结算审核项目的审核依据资料，做好送审资料的交验、核实、签收工作，并应对资料等缺陷向委托方提出书面意见及要求。

(2)审核阶段。审核阶段应包括现场踏勘核实，召开审核会议，澄清问题，提出补充依据性资料和必要的弥补性措施，形成会商纪要，进行计量、计价审核与确定工作，完成初步审核报告。

(3)审定阶段。审定阶段应包括就竣工结算审核意见与承包人及发包人进行沟通、召开协调会议、处理分歧事项、形成竣工结算审核成果文件、签认竣工结算审定签署表、提交竣工结算审核报告等工作。

竣工结算审核应采用全面审核法，除委托咨询合同另有约定外，不得采用重点审核法、抽样审核法或类比审核法等其他方法。

竣工结算审核的成果文件应包括竣工结算审核书封面、签署页、竣工结算审核报告、竣工结算审定签署表、竣工结算审核汇总对比表、单项工程竣工结算审核汇总对比表、单位工程竣工结算审核汇总对比表等。

3. 承包人异议的处理

发包人委托工程造价咨询机构核对审核竣工结算文件的，工程造价咨询机构应在规定期限内核对完毕，审核意见与承包人提交的竣工结算文件不一致的，应提交给承包人复核，承包人应在规定期限内将同意审核意见或不同意见的说明提交工程造价咨询机构。工程造价咨询机构收到承包人提出的异议后，应再次复核，复核无异议的，发承包双方应在规定期限内在竣工结算文件上签字确认。竣工结算办理完毕，复核后仍有异议的，对于无异议部分办理不完全竣工结算；有异议部分由发承包双方协商解决，协商不成的，按照合同约定的争议解决方式处理。

承包人逾期未提出书面异议的，视为工程造价咨询机构核对的竣工结算文件已经承包人认可。

4. 竣工结算文件的确认与备案

工程竣工结算文件经发承包双方签字确认的，应当作为工程结算的依据，未经对方同意，另一方不得就已生效的竣工结算文件委托工程造价咨询企业重复审核。发包人应当按照竣工结算文件及时支付竣工结算款。

(三)质量争议工程的竣工结算

发包人对工程质量有异议，拒绝办理工程竣工结算的，按以下情形分别处理：

(1)已经竣工验收或已竣工未验收但实际投入使用的工程，其质量争议按该工程保修合同执行，竣工结算按合同约定办理。

(2)已竣工未验收且未实际投入使用的工程以及停工、停建工程的质量争议，双方应就有争议的部分委托有资质的检测鉴定机构进行检测，根据检测结果确定解决方案，或按工程质量监督机构的处理决定执行后办理竣工结算,无争议部分的竣工结算按合同约定办理。

三、工程结算方式

建筑工程结算可以根据不同情况,采取多种方式。下面介绍几种常见的工程结算方式。

(一)按月结算

按月结算实行旬末或月中预支工程款项,月终实施结算。跨年度竣工的工程,在年终进行工程盘点,办理年度结算。对在建施工工程,每月月末(或下月初)由承包商提出已完工程月报表和工程款结算清单,交现场监理工程师审查签证并经业主确认后,办理已完工程的工程款结算和支付业务。

按月结算时,对已完成的施工部分产品,必须严格按规定标准检查质量并逐一清点工程量,对质量不合格或未完成预算定额规定的全部工序内容,则不能办理工程结算。

(二)分阶段结算

分阶段结算是指以单项(或单位)工程为对象,按其施工进度划分为若干施工阶段,按阶段进行工程价款结算,具体做法有以下几种:

(1)按施工阶段预支,该施工阶段完工后结算。这种做法是将工程总造价通过计算拆分到各个施工阶段,从而得到各个施工阶段的工程费用。承包商据此填写工程价款预支账单,送监理工程师签证并经业主确认后办理结算。

(2)按施工阶段预支,竣工后一次结算。

(3)分次预支,竣工后一次结算。分次预支,每次预支金额数应与施工进度大体一致。此种结算方法的优点是可以简化结算手续,适用于投资少、工期短、技术简单的工程。

(三)竣工后一次结算

竣工后一次结算是指工程竣工后,按照合同(或协议)的规定,在原施工图预算的基础上编制、调整预算,向建设单位办理最后的工程价款结算。建设项目或单项工程的全部建筑安装工程建设工期在12个月以内,或者工程承包合同价在100万元以内的,可以实行工程价款每月月中预支(或按合同规定),竣工后一次结算的方式。

(四)目标结算

目标结算即在工程合同中,将承包工程的内容分解成不同的控制界面,以业主验收控制界面作为支付工程款的前提条件。也就是说,将合同中的工程内容分解成不同的验收单元,当承包商完成单元工程内容并经业主(或其委托人)验收后,业主即支付构成单元工程内容的工程款。

目标结算方式下,承包商要想获得工程款,必须按照合同约定的质量标准完成界面内的工程内容。要想尽早获得工程款,承包商必须充分发挥自己的组织实施能力,在保证质量的前提下,加快施工进度。

我国现行建筑安装工程款结算中,相当一部分是按月计算。这种结算办法是按分部分项工程,即以"假定建筑安装产品"为对象,按月结算(或预支),待工程竣工后再办理竣工结算,一次结算,找补余款。

四、按月结算工程款一般程序

(一)预付款

工程预付款是由发包人按照合同约定,在正式开工前由发包人预先支付给承包人,用于购买工程施工所需的材料和组织施工机械和人员进场的价款。

1. 预付款的支付

工程预付款额度，各地区、各部门的规定不完全相同，主要是保证施工所需材料和构件的正常储备。工程预付款额度一般是根据施工工期、建筑安装工作量、主要材料和构件费用占建筑工程费的比例以及材料储备周期等因素经测算来确定。

(1)百分比法。百分比法是指发包人根据工程的特点、工期长短、市场行情、供求规律等因素，招标时在合同条件中约定工程预付款的百分比。包工包料工程预付款的支付比例不得低于签约合同价(扣除暂列金额)的10%，不宜高于签约合同价(扣除暂列金额)的30%。

(2)公式计算法。公式计算法是根据主要材料(含结构件等)占年度承包工程总价的比重、材料储备定额天数和年度施工天数等因素，通过公式计算预付款额度的一种方法。其计算公式为：

$$\text{工程预付款数额}=\frac{\text{年度工程总价}\times\text{材料比例}(\%)}{\text{年度施工天数}}\times\text{材料储备定额天数} \tag{6.1}$$

其中，年度施工天数按365天日历天计算，材料储备定额天数由当地材料供应的在途天数、加工天数、整理天数、供应间隔天数、保险天数等因素决定。

2. 预付款的扣回

发包人支付给承包人的工程预付款属于预支性质，随着工程的逐步实施后，原已支付的预付款应以充抵工程价款的方式陆续扣回，抵扣方式应当由双方当事人在合同中明确约定。扣款的方式主要有以下两种：

(1)按合同约定扣款。预付款的扣款方式由发包人和承包人通过协商后在合同中予以确定，一般是在承包人完成金额累计达到合同总价的一定比例后，由承包人开始向发包人还款，发包人从每次应付给承包人的金额中扣回工程预付款，发包人至少在合同规定的完工期前将工程预付款的总金额逐次扣回。

(2)起扣点计算法。从未施工工程尚需的主要材料及构件的价值相当于工程预付款数额时起扣，此后每次结算工程价款时，按材料所占比重扣减工程价款，至工程竣工前全部扣清。其计算公式为：

$$T=P-\frac{M}{N} \tag{6.2}$$

其中，T为起扣点(即工程预付款开始扣回时)的累计完成工程金额，P为承包工程合同总额，M为工程预付款总额，N为主要材料及构件所占比重。

起扣点计算法对承包人比较有利，最大限度地占用了发包人的流动资金，但是，显然不利于发包人的资金使用。

3. 预付款担保

(1)预付款担保的概念及作用。预付款担保是指承包人与发包人签订合同后领取预付款前，承包人正确、合理使用发包人支付的预付款而提供的担保。其主要作用是保证承包人能够按合同规定的目的使用并及时偿还发包人已支付的全部预付金额。如果承包人中途毁约，中止工程，使发包人不能在规定期限内从应付工程款中扣除全部预付款，则发包人有权从该项担保金额中获得补偿。

(2)预付款担保的形式。预付款担保的主要形式为银行保函，预付款担保的担保金额通常与发包人的预付款是等值的，预付款一般逐月从工程进度款中扣除，预付款担保的担保金额也相应逐月减少，承包人的预付款保函的担保金额根据预付款扣回的数额相应扣减，但在预付款全部扣回之前一直保持有效。

预付款担保也可以采用发承包双方约定的其他形式，如由担保公司提供担保，或采取抵押等担保形式。

4. 安全文明施工费

发包人应在工程开工后的28天内预付不低于当年施工进度计划的安全文明施工费总额的60%，其余部分按照提前安排的原则进行分解，与进度款同期支付。

发包人没有按时支付安全文明施工费的，承包人可催告发包人支付；发包人在付款期满后的7天内仍未支付的，若发生安全事故，发包人应承担连带责任。

（二）进度款结算

进度款是指在合同工程施工过程中，发包人按照合同约定对付款周期内承包人完成的合同价款给予支付的款项，也是合同价款期中结算支付。在施工过程中，承包方按照合同约定的时间、程序和方法，根据工程计量结果，向发包方办理工程进度款的支付。进度款支付周期应与合同约定的工程计量周期一致。

已标价工程量清单中的单价项目，承包人应按工程计量确认的工程量与综合单价计算；综合单价发生调整的，以发承包双方确认调整的综合单价计算进度款。发包人提供的甲供材料金额，应按照发包人签约提供的单价和数量从进度款支付中扣除，列入本周期应扣减的金额中。承包人现场签证和得到发包人确认的索赔金额应列入本周期应增加的金额中。

进度款的支付比例按照合同约定，按期中结算价款总额计，不低于60%，不高于90%。

（三）竣工结算

工程竣工结算是指承包单位全部完成按照合同规定的承包工程内容，经验收质量合格，并符合合同要求后，依合同约定向发包单位进行最终工程价款的结算。在竣工结算时，若因某些条件变化使工程价款发生变化，则需按规定对合同价款进行调整。当年开工、当年竣工的工程，只需办理一次性结算。跨年度的工程，在年终办理一次年终结算，将未完工程结转到下一年度，此时竣工结算等于各年度结算的总和。

办理工程价款竣工结算的一般公式为：

$$\text{竣工结算工程价款}=\text{合同价款}+\text{合同价款调整金额}-\text{预付及已结算工程价款}-\text{质量保证(保修)金} \quad (6.3)$$

（四）质量保证金

质量保证金是指发承包双方在工程合同中约定，从应付合同价款中预留，用以保证承包人在缺陷责任期内履行缺陷修复义务的金额。缺陷责任期是指承包人对已交付使用的合同工程承担合同约定的缺陷修复责任的期限。

发包人应按照合同约定的质量保证金比例从结算款中预留质量保证金。

承包人未按照合同约定履行属于自身责任的工程缺陷修复义务的，发包人有权从质量保证金中扣除用于缺陷修复的各项支出。经查验，工程缺陷属于发包人原因造成的，应由发包人承担查验和缺陷修复的费用。

在合同约定的缺陷责任期终止后，发包人应按照规定将剩余的质量保证金返还给承包人。

（五）最终结清

缺陷责任期终止后，承包人应按照合同约定向发包人提交最终结清支付申请。发包人对最终结清支付申请有异议的，有权要求承包人进行修正和提供补充资料。承包人修正后，应再次向发包人提交修正后的最终结清支付申请。

最终结清时，承包人被预留的质量保证金不足以抵减发包人工程缺陷修复费用的，承包人应承担不足部分的补偿责任。承包人对发包人支付的最终结清款有异议的，应按照合同约定的争议解决方式处理。

【例 6.1】 某工程合同价 1 680 万元，预付工程备料款为合同价的 25%，主要材料和结构构件金额占合同价的 60%，每月实际完成工作量和合同价款调整如表 6.1 所示。试求预付备料款、每月结算工程款、竣工结算款各为多少(考虑尾留 5%)？

表 6.1　　**某工程逐月完成工作量和价款调整**　　单位：万元

月份	1	2	3	4	5	6	合同价款增加额
完成工作量金额	150	260	330	390	360	190	90

解：(1)预付备料款＝1 680×25%＝420(万元)

(2)预付备料款起扣点：

$$T=P-\frac{M}{N}=1\,680-\frac{420}{60\%}=980(\text{万元})$$

(3)尾留工程款＝1 680×5%＝84(万元)

(4)1 月份结算工程款 150 万元，累计拨款额为 150 万元。

(5)2 月份结算工程款 260 万元，累计拨款额为 410 万元。

(6)3 月份结算工程款 330 万元，累计拨款额为 740 万元。

(7)4 月份完成工程款 390 万元，390＋740＝1 130 万元＞980 万元(预付备料款起扣点)。因此，从 4 月份起按比例逐月扣回预付备料款。

4 月份拨付结算工程款：

(980－740)＋(1 130－980)×(1－60%)＝300(万元)

4 月份累计拨款：

740＋300＝1 040(万元)

(8)5 月份结算工程款为：

360×(1－60%)＝144(万元)

5 月份累计拨款：

1 040＋144＝1 184(万元)

(9)6 月份结算工程款为：

190×(1－60%)＝76(万元)

扣除尾留工程款 84 万元，考虑合同价款增加额，6 月份结算工程款为：

76－84＋90＝82(万元)

6 月份累计拨款 1 266 万元，剩余 84 万元作为尾留工程款，经竣工验收合格后支付

第二节　工程价款调整

发承包双方应当在施工合同中约定合同价款，实行招标工程的合同价款由合同双方依据

中标通知书的中标价款在合同协议书中约定，不实行招标工程的合同价款由合同双方依据双方确定的施工图预算的总造价在合同协议书中约定。在工程施工阶段，由于项目实际情况的变化，发承包双方在施工合同中约定的合同价款可能出现变动。为合理分配双方的合同价款变动风险，有效地控制工程造价，发承包双方应当在施工合同中明确约定合同价款的调整事件、调整方法及调整程序。

发承包双方按照合同约定调整合同价款的若干事项，可以分为5类：一是法规变化类，主要包括法律法规变化事件；二是工程变更类，主要包括工程变更、项目特征不符、工程量清单缺项、工程量偏差、计日工等事件；三是物价变化类，主要包括物价波动、暂估价事件；四是工程索赔类，主要包括不可抗力、提前竣工(赶工补偿)、误期赔偿、索赔等事件；五是其他类，主要包括现场签证以及发承包双方约定的其他调整事项，现场签证根据签证内容，有的可归于工程变更类，有的可归于索赔类，有的可能不涉及合同价款调整。

经发承包双方确认调整的合同价款，作为追加(减)合同价款，应与工程进度款或结算款同期支付。

一、法规变化类合同价款调整事项

因国家法律、法规、规章和政策发生变化影响合同价款的风险，发承包双方应在合同中约定由发包人承担。

(一)基准日的确定

为了合理划分发承包双方的合同风险，施工合同中应当约定一个基准日，对于基准日之后发生的、作为一个有经验的承包人在招标投标阶段不可能合理预见的风险，应当由发包人承担。对于实行招标的建设工程，一般以施工招标文件中规定的提交投标文件的截止时间前的第28天作为基准日；对于不实行招标的建设工程，一般以建设工程施工合同签订前的第28天作为基准日。

(二)合同价款的调整方法

施工合同履行期间，国家颁布的法律、法规、规章和有关政策在合同工程基准日之后发生变化，且因执行相应的法律、法规、规章和政策引起工程造价发生增减变化的，合同双方当事人应当依据法律、法规、规章和有关政策的规定调整合同价款。但是，如果有关价格(如人工、材料和工程设备等价格)的变化已经包含在物价波动事件的调价公式中，则不再予以考虑。

(三)工期延误期间的特殊处理

如果由于承包人的原因导致的工期延误，按不利于承包人的原则调整合同价款，在工程延误期间国家的法律、行政法规和相关政策发生变化引起工程造价变化的，造成合同价款增加的，合同价款不予调整，造成合同价款减少的，合同价款予以调整。

二、工程变更类合同价款调整事项

(一)工程变更

工程变更是合同实施过程中由发包人提出或由承包人提出，经发包人批准的对合同工程的工作内容、工程数量、质量要求、施工顺序与时间、施工条件、施工工艺或其他特征及合同条件等的改变。工程变更指令发出后，应当迅速落实指令，全面修改相关的各种文件。承包人也应当抓紧落实，如果承包人不能全面落实变更指令，则扩大的损失应当由承包人承担。

1. 工程变更的范围

在不同的合同文本中规定的工程变更的范围可能有所不同，以《建设工程施工合同(示范文本)》(GF-2017-0201)和《中华人民共和国标准施工招标文件(2007年版)》为例，两者规定的工程变更范围的差异如表6.2所示。

表6.2　不同合同文本中工程变更范围的差异

施工合同示范文本	标准施工招标文件
(1)增加或减少合同中任何工作，或追加额外的工作； (2)取消合同中任何工作，但转由他人实施的工作除外； (3)改变合同中任何工作的质量标准或其他特性； (4)改变工程的基线、标高、位置和尺寸； (5)改变工程的时间安排或实施顺序	(1)取消合同中任何一项工作，但被取消的工作不能转由发包人或其他人实施； (2)改变合同中任何一项工作的质量或其他特性； (3)改变合同工程的基线、标高、位置或尺寸； (4)改变合同中任何一项工作的施工时间或改变已批准的施工工艺或顺序； (5)为完成工程需要追加的额外工作

2. 工程变更的价款调整方法

(1)分部分项工程费的调整。工程变更引起分部分项工程项目发生变化的，应按照下列规定调整。

①已标价工程量清单中有适用于变更工程项目的，且工程变更导致的该清单项目的工程数量变化不足15%时，采用该项目的单价可直接采用适用的项目单价的前提是其采用的材料、施工工艺和方法相同，也不因此增加关键线路上工程的施工时间。

②已标价工程量清单中没有适用、但有类似于变更工程项目的，可在合理范围内参照类似项目的单价或总价调整，采用类似的项目单价的前提是其采用的材料、施工工艺和方法基本相似，不增加关键线路上工程的施工时间，可仅就其变更后的差异部分，参考类似的项目单价由发承包双方协商新的项目单价。

③已标价工程量清单中没有适用也没有类似于变更工程项目的，由承包人根据变更工程资料、计量规则和计价办法、工程造价管理机构发布的信息(参考)价格和承包人报价浮动率，提出变更工程项目的单价或总价，报发包人确认后调整。承包人报价浮动率可按下列公式计算：

$$\text{实行招标的工程：承包人报价浮动率 } L=\left(1-\frac{\text{中标价}}{\text{最高投标限价}}\right)\times 100\% \tag{6.4}$$

$$\text{不实行招标的工程：承包人报价浮动率 } L=\left(1-\frac{\text{报价值}}{\text{施工图预算}}\right)\times 100\% \tag{6.5}$$

④已标价工程量清单中没有适用也没有类似于变更工程项目，且工程造价管理机构发布的信息(参考)价格缺价的，由承包人根据变更工程资料、计量规则、计价办法和通过市场调查等的有合法依据的市场价格提出变更工程项目的单价或总价，报发包人确认后调整。

(2)措施项目费的调整。工程变更引起措施项目发生变化的，承包人提出调整措施项目费的，应事先将拟实施的方案提交发包人确认，并详细说明与原方案措施项目相比的变化情况。拟实施的方案经发承包双方确认后执行，并应按照下列规定调整措施项目费：

①安全文明施工费，按照实际发生变化的措施项目调整，不得浮动。

②采用单价计算的措施项目费，按照实际发生变化的措施项目按前述分部分项工程费的调整方法确定单价。

③按总价(或系数)计算的措施项目费,除安全文明施工费外,按照实际发生变化的措施项目调整,但应考虑承包人报价浮动因素,即调整金额按照实际调整金额乘以按照公式(6.4)或公式(6.5)得出的承包人报价浮动率 L 计算。

如果承包人未事先将拟实施的方案提交给发包人确认,则视为工程变更不引起措施项目费的调整或承包人放弃调整措施项目费的权利。

(3)删减工程或工作的补偿。如果发包人提出的工程变更,因非承包人原因删减了合同中的某项原定工作或工程,致使承包人发生的费用或(和)得到的收益不能被包括在其他已支付或应支付的项目中,也未被包含在任何替代的工作或工程中,则承包人有权提出并得到合理的费用及利润补偿。

(二)项目特征不符

1. 项目特征描述

项目的特征描述是确定综合单价的重要依据之一,承包人在投标报价时应依据发包人提供的招标工程量清单中的项目特征描述,确定其清单项目的综合单价,发包人在招标工程量清单中对项目特征的描述,应被认为是准确的和全面的,并且与实际施工要求相符合。承包人应按照发包人提供的招标工程量清单,根据其项目特征描述的内容及有关要求实施合同工程,直到其被改变为止。

2. 合同价款的调整方法

承包人应按照发包人提供的设计图纸实施合同工程,若在合同履行期间,出现设计图纸(含设计变更)与招标工程量清单任一项目的特征描述不符,且该变化引起该项目的工程造价增减变化的,发承包双方应当按照实际施工的项目特征,重新确定相应工程量清单项目的综合单价,调整合同价款。

(三)工程量清单缺项

1. 清单缺项漏项的责任

招标工程量清单必须作为招标文件的组成部分,其准确性和完整性由招标人负责。因此,招标工程量清单是否准确和完整,其责任应当由提供工程量清单的发包人负责,作为投标人的承包人不应承担因工程量清单的缺项、漏项以及计算错误带来的风险与损失。

2. 合同价款的调整方法

(1)分部分项工程费的调整。施工合同履行期间,由于招标工程量清单中分部分项工程出现缺项漏项,造成新增工程清单项目的,应按照工程变更事件中关于分部分项工程费的调整方法,调整合同价款。

(2)措施项目费的调整。新增分部分项工程项目清单项目后,引起措施项目发生变化的,应当按照工程变更事件中关于措施项目费的调整方法,在承包人提交的实施方案被发包人批准后,调整合同价款;由于招标工程量清单中措施项目缺项,承包人应将新增措施项目实施方案提交发包人批准后,按照工程变更事件中的有关规定调整合同价款。

(四)工程量偏差

1. 工程量偏差的概念

工程量偏差是指承包人根据发包人提供的图纸(包括由承包人提供经发包人批准的图纸)进行施工,按照现行国家工程量计算规范规定的工程量计算规则,计算得到的完成合同工程项目应予计量的工程量与相应的招标工程量清单项目列出的工程量之间出现的量差。

2. 合同价款的调整方法

施工合同履行期间，若应予计算的实际工程量与招标工程量清单列出的工程量出现偏差，或者因工程变更等非承包人原因导致工程量偏差，该偏差对工程量清单项目的综合单价将产生影响，是否调整综合单价以及如何调整，发承包双方应当在施工合同中约定。如果合同中没有约定或约定不明的，可以按以下原则办理：

(1)综合单价的调整原则。当应予计算的实际工程量与招标工程量清单出现偏差(包括因工程变更等原因导致的工程量偏差)超过15%时，对综合单价的调整原则为：当工程量增加15%以上时，其增加部分的工程量的综合单价应予调低；当工程量减少15%以上时，减少后剩余部分的工程量的综合单价应予调高，至于具体的调整方法，可参见公式(6.6)和公式(6.7)。

当 $Q_1>1.15Q_0$ 时：

$$S=1.15Q_0\times P_0+(Q_1-1.15Q_0)\times P_1 \tag{6.6}$$

当 $Q_1<0.85Q_0$ 时：

$$S=Q_1\times P_1 \tag{6.7}$$

其中，S 为调整后的某一分部分项工程费结算价，Q_1 为最终完成的工程量，Q_0 为招标工程量清单中列出的工程量，P_1 为按照最终完成工程量重新调整后的综合单价，P_0 为承包人在工程量清单中填报的综合单价。

新综合单价 P_0 的确定，一是发承包双方协商确定；二是与最高投标限价相联系，当工程量偏差项目出现承包人在工程量清单中填报的综合单价与发包人最高投标限价相应清单项目的综合单价偏差超过15%时，工程量偏差项目综合单价的调整可参考公式(6.8)和公式(6.9)：

当 $Q_1>1.15Q_0$ 时，若 $P_0>P_2\times(1+15\%)$，该类项目的综合单价：

$$P_1 \text{ 按照 } P_2\times(1+15\%) \text{ 调整} \tag{6.8}$$

若 $P_0\leqslant P_2\times(1+15\%)$，$P_1=P_0$

当 $Q_1<0.85Q_0$ 时，若 $P_0<P_2\times(1-L)\times(1-15\%)$，该类项目的综合单价：

$$P_1 \text{ 按照 } P_2\times(1-L)\times(1-15\%) \text{ 调整} \tag{6.9}$$

若 $P_0\geqslant P_2\times(1-L)\times(1-15\%)$，$P_1=P_0$

其中，P_0 为承包人在工程量清单中填报的综合单价，P_2 为发包人最高投标限价相应项目的综合单价，L 为承包人报价浮动率。

【例 6.2】 某工程项目招标工程量清单数量为1 520m^3，施工中由于设计变更调增1 824m^3，该项目最高投标限价综合单价为350元，投标报价为406元，应如何调整？

解：1 824÷1 520×100%=120%，工程量增加超过15%，需对单价做调整。

$P_2\times(1+15\%)=350\times(1+15\%)=402.50$ 元 <406 元

该项目变更后的综合单价应调整为402.50元。

$S=1\,520\times(1+15\%)\times406+(1\,824-1\,520\times1.15)\times402.50$

$\quad=709\,688+76\times402.50=740\,278$(元)

(2)总价措施项目费的调整。当应予计算的实际工程量与招标工程量清单出现偏差(包括因工程变更等原因导致的工程量偏差)超过15%，且该变化引起措施项目相应发生变化，如该措施项目是按系数或单一总价方式计价的，对措施项目费的调整原则为：工程量增加的，措施项目费调增；工程量减少的，措施项目费调减，至于具体的调整方法，则应由双方当事人在合同专用条款中约定。

(五)计日工

1. 计日工费用的产生

发包人通知承包人以计日工方式实施的零星工作,承包人应予执行。采用计日工计价的任何一项变更工作,承包人应在该项变更的实施过程中,按合同约定提交以下报表和有关凭证送发包人复核:

(1)工作名称、内容和数量;

(2)投入该工作所有人员的姓名、工种、级别和耗用工时;

(3)投入该工作的材料名称、类别和数量;

(4)投入该工作的施工设备型号、台数和耗用台时;

(5)发包人要求提交的其他资料和凭证。

2. 计日工费用的确认和支付

任一计日工项目实施结束,承包人应按照确认的计日工现场签证报告核实该类项目的工程数量,并根据核实的工程数量和承包人已标价工程量清单中的计日工单价计算,提出应付价款;已标价工程量清单中没有该类计日工单价的,由发承包双方按工程变更的有关规定商定计日工单价计算。

每个支付期末,承包人应与进度款同期向发包人提交本期间所有计日工记录的签证汇总表,以说明本期间自己认为有权得到的计日工金额,调整合同价款,列入进度款支付。

三、物价变化类合同价款调整事项

(一)物价波动

施工合同履行期间,因人工、材料、工程设备和施工机具台班等价格波动影响合同价款时,发承包双方可以根据合同约定的调整方法,对合同价款进行调整。因物价波动引起的合同价款调整方法有两种:一种是采用价格指数调整价格差额,另一种是采用造价信息调整价格差额。承包人采购材料和工程设备的,应在合同中约定主要材料。工程设备价格变化的范围或幅度,如没有约定,则材料、工程设备单价变化超过5%,超过部分的价格按以下两种方法之一进行调整。

1. 采用价格指数调整价格差额

采用价格指数调整价格差额的方法,主要适用于施工中所用的材料品种较少,但每种材料使用量较大的土木工程,如公路、水坝等。

(1)价格调整公式。因人工、材料、工程设备和施工机具台班等价格波动影响合同价款时,根据投标函附录中的价格指数和权重表约定的数据,按以下价格调整公式计算差额并调整合同价款:

$$\Delta P=P_0\left[A+\left(B_1\times\frac{F_{t1}}{F_{01}}+B_2\times\frac{F_{t2}}{F_{02}}+B_3\times\frac{F_{t3}}{F_{03}}+\cdots+B_n\times\frac{F_{tn}}{F_{0n}}\right)-1\right] \tag{6.10}$$

其中,ΔP 为需调整的价格差额。P_0 为根据进度付款、竣工付款和最终结清等付款证书中,承包人应得到的已完成工程量的金额。此项金额应不包括价格调整、不计质量保证金的扣留和支付、预付款的支付和扣回。变更及其他金额已按现行价格计价的,也不计在内。A 为定值权重(即不调部分的权重)。$B_1,B_2,B_3,\cdots,B_n$ 为各可调因子的变值权重(即可调部分的权重),即各可调因子在投标函投标总报价中所占的比例。$F_{t1},F_{t2},F_{t3},\cdots,F_{tn}$ 为各可调因子的现行价格指数,指根据进度付款、竣工付款和最终结清等约定的付款证书相关周期最后一天的前 42 天的各可调因子的价格指数。$F_{01}, F_{02}, F_{03}, \cdots, F_{0n}$ 为各可调因子的基本价格指数，指基准日的各可调因子的价格指数。

以上价格调整公式中的各可调因子、定值和变值权重，以及基本价格指数及其来源在投标函附录价格指数和权重表中约定。价格指数应首先采用工程造价管理机构提供的价格指数，缺乏上述价格指数时，可采用工程造价管理机构提供的价格代替。

在计算调整差额时得不到现行价格指数的，可暂用上一次价格指数计算，并在以后的付款中再按实际价格指数进行调整。

(2)权重的调整。按变更范围和内容所约定的变更，导致原定合同中的权重不合理时，由承包人和发包人协商后进行调整。

(3)工期延误后的价格调整。由于发包人原因导致工期延误的，则对于计划进度日期(或竣工日期)后续施工的工程，在使用价格调整公式时，应采用计划进度日期(或竣工日期)与实际进度日期(或竣工日期)的两个价格指数中较高者作为现行价格指数。

由于承包人原因导致工期延误的，则对于计划进度日期(或竣工日期)后续施工的工程，在使用价格调整公式时，应采用计划进度日期(或竣工日期)与实际进度日期(或竣工日期)的两个价格指数中较低者作为现行价格指数。

【例 6.3】 某直辖市城区道路扩建项目进行施工招标，投标截止日期为 2018 年 8 月 1 日。通过评标确定中标人后，签订的施工合同总价为 8 000 万元，工程于 2018 年 9 月 20 日开工。施工合同中约定：①预付款为合同总价的 5%，分 10 次按相同比例从每月应支付的工程进度款中扣还。②工程进度款按月支付，进度款金额包括当月完成的清单子目的合同价款；当月确认的变更、索赔金额；当月价格调整金额；扣除合同约定应当抵扣的预付款和扣留的质量保证金。③质量保证金从月进度付款中按 3% 扣留，最高扣至合同总价的 3%。④工程价款结算时人工单价、钢材、水泥、沥青、砂石料以及机具使用费，采用价格指数法给承包人以调价补偿，各项权重系数及价格指数如表 6.3 所列。根据表 6.4 所列工程前 4 个月的完成情况，计算 11 月份应当实际支付给承包人的工程款数额。

表 6.3　　**工程调价因子权重系数及造价指数**

	人工单价	钢材	水泥	沥青	砂石料	机具使用费	定值部分
权重系数	0.12	0.10	0.08	0.15	0.12	0.10	0.33
2018 年 7 月指数	91.7 元/日	78.95	106.97	99.92	114.57	115.18	—
2018 年 8 月指数	91.7 元/日	82.44	106.80	99.13	114.26	115.39	—
2018 年 9 月指数	91.7 元/日	86.53	108.11	99.09	114.03	115.41	—
2018 年 10 月指数	95.96 元/日	85.84	106.88	99.38	113.01	114.94	—
2018 年 11 月指数	95.96 元/日	86.75	107.27	99.66	116.08	114.91	—
2018 年 12 月指数	101.47 元/日	87.80	128.37	99.85	126.26	116.41	—

表 6.4　　**2018 年 9—12 月工程完成情况**　　单位：万元

支付项目	9 月份	10 月份	11 月份	12 月份
截至当月完成的清单子目价款	1 200	3 510	6 950	9 840
当月确认的变更金额(调价前)	0	60	−110	100
当月确认的索赔金额(调价前)	0	10	30	50

解:(1)计算11月份完成的清单子目的合同价款:6 950－3 510＝3 440(万元)

(2)计算11月份的价格调整金额:

说明:①由于当月的变更和索赔金额不是按照现行价格计算的,所以应当计算在调价基数内;②基准日为2018年7月3日,所以应当选取7月份的价格指数作为各可调因子的基本价格指数;③人工费缺少价格指数,可以用相应的人工单价代替。

$$
\begin{aligned}
\text{价格调整金额} &= (3\,440-110+30)\times\left[\left(0.33+0.12\times\frac{95.96}{91.7}+0.10\times\frac{86.75}{78.95}+0.08\times\frac{107.27}{106.97}\right.\right.\\
&\quad\left.\left.+0.15\times\frac{99.66}{99.92}+0.12\times\frac{116.08}{114.57}+0.10\times\frac{114.91}{115.18}\right)-1\right]\\
&=3\,360\times[(0.33+0.125\,6+0.109\,9+0.080\,2+0.149\,6\\
&\quad+0.121\,6+0.099\,8)-1]\\
&=3\,360\times0.016\,7=56.11(\text{万元})
\end{aligned}
$$

(3)计算11月份应当实际支付的金额:

①11月份的应扣预付款:80 000×5%÷10＝400(万元)

②11月份的应扣质量保证金:(3 440－110＋30＋56.11)×3%＝102.48(万元)

③11月份应当实际支付的进度款金额＝(3 440－110＋30＋56.11－400－402.48)
＝2 913.63(万元)

2. 采用造价信息调整价格差额

采用造价信息调整价格差额的方法,主要适用于使用的材料品种较多,相对而言每种材料使用量较小的房屋建筑与装饰工程。

施工合同履行期间,因人工、材料、工程设备和施工机具台班价格波动影响合同价格时,人工、施工机具使用费按照国家或省、自治区、直辖市建设行政管理部门、行业建设管理部门或其授权的工程造价管理机构发布的人工成本信息、施工机具台班单价或施工机具使用费系数进行调整;需要进行价格调整的材料,其单价和采购数应由发包人复核,发包人确认需调整的材料单价及数量,作为调整合同价款差额的依据。

(1)人工单价的调整。人工单价发生变化时,发承包双方应按省级或行业建设主管部门或其授权的工程造价管理机构发布的人工成本文件调整合同价款。

(2)材料和工程设备价格的调整。材料、工程设备价格变化的价款调整,按照承包人提供的主要材料和工程设备一览表,根据发承包双方约定的风险范围,按以下规定进行调整:

①如果承包人投标报价中材料单价低于基准单价,工程施工期间材料单价涨幅以基准单价为基础超过合同约定的风险幅度值时,或材料单价跌幅以投标报价为基础超过合同约定的风险幅度值时,其超过部分按实调整。

②如果承包人投标报价中材料单价高于基准单价,工程施工期间材料单价跌幅以基准单价为基础超过合同约定的风险幅度值时,或材料单价涨幅以投标报价为基础超过合同约定的风险幅度值时,其超过部分按实调整。

③如果承包人投标报价中材料单价等于基准单价,工程施工期间材料单价涨、跌幅以基准单价为基础超过合同约定的风险幅度值时,其超过部分按实调整。

④承包人应当在采购材料前将采购数量和新的材料单价报发包人核对,确认用于本合同工程时,发包人应当确认采购材料的数量和单价,发包人在收到承包人报送的确认资料后3个工作日不予答复的,视为已经认可,作为调整合同价款的依据。如果承包人未报经发包人核对

即自行采购材料，再报发包人确认调整合同价款的，如发包人不同意，则不做调整。

【例 6.4】 施工合同中约定，承包人承担的钢筋价格风险幅度为±5%，超出部分依据《建设工程工程量清单计价规范》(GB 50500-2013)造价信息法调差。已知投标人投标价格、基准期发布价格分别为 5 000 元/t、4 500 元/t，2018 年 12 月、2019 年 7 月的造价信息发布价分别为 4 200 元/t、5 400 元/t。则该两月钢筋的实际结算价格应分别为多少？

解：(1)2018 年 12 月信息价下降，应以较低的基准价基础计算合同约定的风险幅度值。4 500×(1－5%)＝4 275(元/t)

因此钢筋每吨应下浮价格＝4 275－4 200＝75(元/t)

2018 年 12 月实际结算价格＝5 000－75＝4 925(元/t)

(2)2019 年 7 月信息价上涨，应以较高的投标价格为基础计算合同约定的风险幅度值。5 000×(1＋5%)＝5 250(元/t)。

钢筋每吨应上调价格＝5 400－5 250＝150(元/t)

2019 年 7 月实际结算价格＝5 000＋150＝5 150(元/t)

(3)施工机具台班单价的调整。施工机具台班单价或施工机具使用费发生变化超过省级或行业建设主管部门或其授权的工程造价管理机构规定的范围时，按照其规定调整合同价款。

(二)暂估价

暂估价是指招标人在工程量清单中提供的用于支付必然发生但暂时不能确定价格的材料、工程设备的单价以及专业工程的金额。

1. 给定暂估价的材料、工程设备

(1)不属于依法必须招标的项目。发包人在招标工程量清单中给定暂估价的材料和工程设备不属于依法必须招标的，由承包人按照合同约定采购，经发包人确认后以此为依据取代暂估价，调整合同价款。

(2)属于依法必须招标的项目。发包人在招标工程量清单中给定暂估价的材料和工程设备属于依法必须招标的，由发承包双方以招标的方式选择供应商。依法确定中标价格后，以此为依据取代暂估价，调整合同价款。

2. 给定暂估价的专业工程

(1)不属于依法必须招标的项目。发包人在工程量清单中给定暂估价的专业工程不属于依法必须招标的，应按照前述工程变更事件的合同价款调整方法，确定专业工程价款。并以此为依据取代专业工程暂估价，调整合同价款。

(2)属于依法必须招标的项目。发包人在招标工程量清单中给定暂估价的专业工程，依法必须招标的，应当由发承包双方依法组织招标选择专业分包人，并接受建设工程招标投标管理机构的监督。

①除合同另有约定外，承包人不参加投标的专业工程，应由承包人作为招标人，但拟定的招标文件、评标方法、评标结果应报送发包人批准。与组织招标工作有关的费用应当被认为已经包括在承包人的签约合同价(投标总报价)中。

②承包人参加投标的专业工程，应由发包人作为招标人，与组织招标工作有关的费用由发包人承担。同等条件下，应优先选择承包人中标。

③专业工程依法进行招标后，以中标价为依据取代专业工程暂估价，调整合同价款。

四、其他类合同价款调整事项

其他类合同价款调整事项主要指现场签证。现场签证是指发包人或其授权现场代表(包括工程监理人、工程造价咨询人)与承包人或其授权现场代表就施工过程中涉及的责任事件所做的签认证明,施工合同履行期间出现现场签证事件的,发承包双方应调整合同价款。

(一)现场签证的提出

承包人应发包人要求完成合同以外的零星项目、非承包人责任事件等工作的,发包人应及时以书面形式向承包人发出指令,提供所需的相关资料;承包人在收到指令后,应及时向发包人提出现场签证要求。

承包人在施工过程中,若发现合同工程内容因场地条件、地质水文、发包人要求等不一致时,应提供所需的相关资料,提交发包人签证认可,作为合同价款调整的依据。

(二)现场签证的价款计算

(1)现场签证的工作如果已有相应的计日工单价,现场签证报告中仅列明完成该签证工作所需的人工、材料、工程设备和施工机具台班的数量。

(2)如果现场签证的工作没有相应的计日工单价,应当在现场签证报告中列明完成该签证工作所需的人工、材料、工程设备和施工机具台班的数量及其单价。

承包人应按照现场签证内容计算价款,报送发包人确认后,作为增加合同价款,与进度款同期支付。

经承包人提出,发包人核实并确认后的现场签证表如表6.5所示。

表6.5　现场签证表

工程名称:　　　　　　　　标段:　　　　　　　　编号:

<table>
<tr><td>施工部位</td><td></td><td>日期</td><td></td></tr>
<tr><td colspan="4">致:(发包人全称)
根据________(指令人姓名)________年____月____日的口头指令或你方________(或监理人)________年____月____日的书面通知,我方要求完成此项工作应支付价款金额为(大写)________________,(小写)________________,请予核准。
附:1. 签证事由及原因
2. 附图及计算式

承包人(章)
承包人代表__________
日期__________</td></tr>
<tr><td colspan="2">复核意见:
你方提出的此项签证申请经复核:
□不同意此项签证,具体意见见附件
□同意此项签证,签证金额的计算,由造价工程师复核

监理工程师__________
日期__________</td><td colspan="2">复核意见:
□此项签证按承包人中标的计日工单价计算,金额为(大写)________元(小写________元)
□此项签证因无计日工单价,金额为(大写)______元(小写______元)

造价工程师__________
日期__________</td></tr>
</table>

续表

审核意见： □不同意此项签证 □同意此项签证，价款与本期进度款同期支付 发包人(章) 发包人代表＿＿＿＿＿ 日期＿＿＿＿＿

注：(1)在选择栏中的“□”内做标识“√”。

(2)本表一式四份，由承包人在收到发包人(监理人)的口头或书面通知后填写，发包人、监理人、造价咨询人、承包人各存一份。

(三)现场签证的限制

合同工程发生现场签证事项，未经发包人签证确认，承包人便擅自实施相关工作的，除非征得发包人书面同意，否则发生的费用由承包人承担。

第三节　竣工决算

一、建设项目竣工决算的概念及作用

(一)建设项目竣工决算的概念

竣工决算是指建设项目竣工后，业主按照国家有关规定在新建、改建和扩建工程建设项目竣工验收阶段编制的决算报告。竣工决算是由竣工财务决算报表、竣工财务决算说明书、建设工程竣工图、工程造价比较分析四部分组成。其中，竣工财务决算报表、竣工财务决算说明书属于竣工财务决算的内容。竣工财务决算是竣工决算的组成部分，是正确核定新增固定资产价值、考核分析投资效果、建立健全经济责任制的依据，也是竣工验收报告的重要组成部分。

(二)建设项目竣工决算的作用

(1)建设项目竣工决算是综合全面地反映竣工项目建设成果及财务情况的总结性文件，它采用货币指标、实物数量、建设工期和各种技术经济指标，综合、全面地反映建设项目自开始建设到竣工为止的全部建设成果和财务状况。

(2)建设项目竣工决算是办理交付使用资产的依据，也是竣工验收报告的重要组成部分。建设单位与使用单位在办理交付资产的验收交接手续时，通过竣工决算反映了交付使用资产的全部价值，包括固定资产、流动资产、无形资产和其他资产的价值。及时编制竣工决算可以正确核定固定资产价值并及时办理交付使用、可缩短工程建设周期、节约建设项目投资、准确考核和分析投资效果，可作为建设主管部门向企业使用单位移交财产的依据。

(3)建设项目竣工决算是分析和检查设计概算的执行情况，考核建设项目管理水平和投资效果的依据。竣工决算反映了竣工项目计划、实际的建设规模、建设工期以及设计和实际的生产能力，反映了概算总投资和实际的建设成本，同时还反映了所达到的主要技术经济指标，通过对这些指标计划数、概算数与实际数进行对比分析，不仅可以全面掌握建设项目计划和概算执行情况，而且可以考核建设项目的投资效果，为今后制订建设项目计划、降低建设成本、提高

投资效果提供必要的参考资料。

二、竣工决算的内容和编制程序

(一)竣工决算的内容

建设项目竣工决算应包括从筹集到竣工投产全过程的全部实际费用,即包括建筑工程费、安装工程费、设备工器具购置费用、工程建设其他费用及预备费等费用。根据财政部、国家发展和改革委员会、住房和城乡建设部的有关文件规定,竣工决算是由竣工财务决算说明书、竣工财务决算报表、建设工程竣工图和工程竣工造价对比分析四部分组成。其中竣工财务决算说明书和竣工财务决算报表两部分又称建设项目竣工财务决算,是竣工决算的核心内容,竣工财务决算是正确核定项目资产价值、反映竣工项目建设成果的文件,是办理资产移交和产权登记的依据。

1. 竣工财务决算说明书

竣工财务决算说明书主要反映竣工工程建设成果和经验,是对竣工决算报表进行分析和补充说明的文件,是全面考核分析工程投资与造价的书面总结,是竣工决算的重要组成部分,其内容主要包括:

(1)项目概况。一般从进度、质量、安全和造价方面进行分析说明。进度方面主要说明开工和竣工时间,对照合理工期和要求工期分析是提前还是延期;质量方面主要根据竣工验收委员会或相当一级质量监督部门的验收评定等级、合格率和优良品率;安全方面主要根据劳动工资和施工部门的记录,对有无设备和人身事故进行说明;造价方面主要对照概算造价,说明节约或超支的情况,用金额和百分率进行分析说明。

(2)会计账务的处理、财产物资清理及债权债务的清偿情况。

(3)项目建设资金计划及到位情况、财政资金支出预算、投资计划及到位情况。

(4)项目建设资金使用、项目结余资金等分配情况。

(5)项目概(预)算执行情况及分析、竣工实际完成投资与概算差异及原因分析。

(6)尾工工程情况。项目一般不得预留尾工工程,确需预留尾工工程的,尾工工程投资不得超过批准的项目概(预)算总投资的5%。

(7)历次审计、检查、审核、稽查意见及整改落实情况。

(8)主要技术经济指标的分析、计算情况。概算执行情况分析,根据实际投资完成额与概算进行对比分析;新增生产能力的效益分析,说明交付使用财产占总投资额的比例,不增加固定资产的造价占投资总额的比例,分析有机构成和成果。

(9)项目管理经验、主要问题和建议。

(10)预备费动用情况。

(11)项目建设管理制度执行情况、政府采购情况、合同履行情况。

(12)征地拆迁补偿情况、移民安置情况。

(13)需说明的其他事项。

2. 竣工财务决算报表

建设项目竣工决算报表包括封面、基本建设项目概况表、基本建设项目竣工财务决算表、基本建设项目资金情况明细表、基本建设项目交付使用资产总表、基本建设项目交付使用资产明细表、待摊投资明细表、待核销基建支出明细表、转出投资明细表等。以下对其中几个主要报表进行介绍。

(1)基本建设项目概况表(见表6.6)。该表综合反映基本建设项目的基本概况，内容包括该项目总投资、建设起止时间、新增生产能力、主要材料消耗、建设成本、完成主要工程量和主要技术经济指标，为全面考核和分析投资效果提供依据，可按下列要求填写：

表6.6　　基本建设项目概况表

<table>
<tr><td>建设项目
(单项工程)
名称</td><td colspan="2"></td><td>建设
地址</td><td colspan="2"></td><td rowspan="10">基建
支出</td><td>项目</td><td>概算批
准金额
(元)</td><td>实际完
成金额
(元)</td><td>备注</td></tr>
<tr><td rowspan="2">主要设计单位</td><td colspan="2" rowspan="2"></td><td rowspan="2">主要施工
企业</td><td colspan="2" rowspan="2"></td><td>建筑安装工程</td><td></td><td></td><td rowspan="9"></td></tr>
<tr><td>设备、工具、器具</td><td></td><td></td></tr>
<tr><td rowspan="2">占地面积
(m^2)</td><td>设计</td><td>实际</td><td rowspan="2">总投资
(万元)</td><td>设计</td><td>实际</td><td>待摊投资</td><td></td><td></td></tr>
<tr><td></td><td></td><td></td><td></td><td>其中：
项目建设管理费</td><td></td><td></td></tr>
<tr><td rowspan="2">新增生产能力</td><td colspan="3">能力(效益)名称</td><td>设计</td><td>实际</td><td>其他投资</td><td></td><td></td></tr>
<tr><td colspan="3"></td><td></td><td></td><td>待核销基建支出</td><td></td><td></td></tr>
<tr><td rowspan="2">建设起止时间</td><td>设计</td><td colspan="4">从年　月　日至年　月　日</td><td>转出投资</td><td></td><td></td></tr>
<tr><td>实际</td><td colspan="4">从年　月　日至年　月　日</td><td>合计</td><td></td><td></td></tr>
<tr><td>概算批准部门
及文号</td><td colspan="10"></td></tr>
<tr><td rowspan="3">完成主要
工程量</td><td colspan="5">建设规模</td><td colspan="5">设备(台、套、吨)</td></tr>
<tr><td colspan="3">设计</td><td colspan="2">实际</td><td colspan="3">设计</td><td colspan="2">实际</td></tr>
<tr><td colspan="3"></td><td colspan="2"></td><td colspan="3"></td><td colspan="2"></td></tr>
<tr><td rowspan="3">尾工工程</td><td colspan="3">单项工程项目、内容</td><td colspan="2">批准概算</td><td>预计未完
部分投资额</td><td colspan="2">已完成
投资额</td><td colspan="2">预计完成时间</td></tr>
<tr><td colspan="3"></td><td colspan="2"></td><td></td><td colspan="2"></td><td colspan="2"></td></tr>
<tr><td colspan="3">小计</td><td colspan="2"></td><td></td><td colspan="2"></td><td colspan="2"></td></tr>
</table>

注：(1)建设项目名称、建设地址、主要设计单位和主要施工企业，要按全称填列。

(2)表中占地面积包括设计面积和实用面积。

(3)表中总投资包括设计概算总投资和决算实际总投资。

(4)表中各项目的设计、概算等指标，根据批准的设计文件和概算等确定的数字填列。

(5)表中所列新增生产能力、完成主要工程量的实际数据，根据建设单位统计资料和承包人提供的有关成本核算资料填列。

(6)表中基建支出是指建设项目从开工起至竣工为止发生的全部基本建设支出，包括形成资产价值的交付使用资产，如固定资产、流动资产、无形资产、其他资产支出，还包括不形成资产价值按照规定应核销的非经营项目的待核销基建支出和转出投资。

(7)表中概算批准部门及文号，按最后经批准的文件号填列。

(8)表中收尾工程是指全部工程项目验收后尚遗留的少量收尾工程，在表中应明确填写收尾工程内容、完成时间、这部分工程的实际成本，可根据实际情况进行估算并加以说明，完工后不再编制竣工决算。

(2)基本建设项目竣工财务决算表(见表6.7)。竣工财务决算表是竣工财务决算报表的一种，建设项目竣工财务决算表是用来反映建设项目的全部资金来源和资金占用情况，是考核和分析投资效果的依据。该表反映竣工的建设项目从开工到竣工为止全部资金来源和资金运用的情况，它是考核和分析投资效果，落实结余资金，并作为报告上级核销基本建设支出和基本建设拨款的依据，在编制该表前，应先编制出项目竣工年度财务决算，根据编制出的竣工年度财务决算和历年财务决算编制项目的竣工财务决算。此表采用平衡表形式，即资金来源合计等于资金支出合计。

表 6.7　　基本建设项目竣工财务决算表　　单位：

资金来源	金额	资金占用	金额
一、基建拨款		一、基本建设支出	
1. 中央财政资金		(一)交付使用资产	
其中：一般公共预算资金		1. 固定资产	
中央基建投资		2. 流动资产	
财政专项资金		3. 无形资产	
政府性基金		(二)在建工程	
国有资本经营预算安排的基建项目资金		1. 建筑安装工程投资	
2. 地方财政资金		2. 设备投资	
其中：一般公共预算资金		3. 待摊投资	
地方基建投资		4. 其他投资	
财政专项资金		(三)待核销基建支出	
政府性资金基金		(四)转出投资	
国有资本经营预算安排的基建项目资金		二、货币资金合计	
二、部门自筹资金(非负债性资金)		其中：银行存款	
三、项目资本		财政应返还额度	
1. 国家资本		其中：直接支付	
2. 法人资本		授权支付	
3. 个人资本		现金	
4. 外商资本		有价证券	
四、项目资本公积		三、预付及应收款合计	
五、基建借款		1. 预付备料款	
其中：企业债券资金		2. 预付工程款	
六、待冲基建支出		3. 预付设备款	
七、应付款合计		4. 应收票据	
1. 应付工程款		5. 其他应收款	
2. 应付设备款		四、固定资产合计	
3. 应付票据		固定资产原价	

续表

资金来源	金额	资金占用	金额
4.应付工资及福利费		减:累计折旧	
5.其他应付款		固定资产净值	
八、未交款合计		固定资产清理	
1.未交税金		待处理固定资产损失	
2.未交结余财政资金			
3.未交基建收入			
4.其他未交款			
合计		合计	

注:资金来源合计扣除财政资金拨款与国家资本、资本公积重叠部分。

基本建设项目竣工财务决算表具体编制方法如下:

①资金来源包括基建拨款、部门自筹资金(非负债性资金)、项目资本、项目资本公积、基建借款、待冲基建支出、应付款和未交款等,其中:

a.项目资本金是指经营性项目投资者按国家有关项目资本金的规定,筹集并投入项目的非负债性资金,在项目竣工后,相应转为生产经营企业的国家资本金、法人资本金、个人资本金和外商资本金。

b.项目资本公积金是指经营性项目对投资者实际缴付的出资额超过其资金的差额(包括发行股票的溢价净收入)、资产评估确认价值或者合同协议约定价值与原账面净值的差额、接收捐赠的财产、资本汇率折算差额,在项目建设期间作为资本公积金、项目建成交付使用并办理竣工决算后,转为生产经营企业的资本公积金。

值得注意的是,资金来源合计应扣除财政资金拨款与国家资本、资本公积重叠部分。

②表中"交付使用资产""中央财政资金""地方财政资金""部门自筹资金""项目资本""基建借款"等项目,是指自开工建设至竣工的累计数,上述有关指标应根据历年批复的年度基本建设财务决算和竣工年度的基本建设财务决算中资金平衡表相应项目的数字进行汇总填写。

③表中其余项目费用办理竣工验收时的结余数,根据竣工年度财务决算中资金平衡表的有关项目期末数填写。

④资金支出反映建设项目从开工准备到竣工全过程资金支出的情况,内容包括基建支出、货币资金、预付及应收款、固定资产等,资金支出总额应等于资金来源总额。

⑤补充资料中,基建借款期末余额是指工程项目竣工时尚未偿还的基建投资借款数,应根据竣工年度资金平衡表内的"基建借款"项目期末数填列;"应收生产单位投资借款期末数",应根据竣工年度资金平衡表内的"应收生产单位投资借款"项目的期末数填列。基建结余资金是指竣工时的结余资金,应根据竣工财务决算表中有关项目计算填列。其计算公式为:

$$\begin{aligned}\text{基建结余资金}=&\text{基建拨款}+\text{项目资本}+\text{项目资本公积}+\text{基建借款}\\&+\text{企业债券资金}+\text{待冲基建支出}-\text{基本建设支出}\end{aligned} \tag{6.11}$$

(3)基本建设项目交付使用资产总表(表6.8)。该表反映建设项目建成后新增固定资产、流动资产、无形资产价值的情况和价值,作为财产交接、检查投资计划完成情况和分析投资效果的依据。

表 6.8　　**基本建设项目交付使用资产总表**　　单位：

序号	单项工程名称	总计	固定资产				流动资产	无形资产
			合计	建筑物及构筑物	设备	其他		

交付单位：　　负责人：　　接受单位：　　负责人：

基本建设项目交付使用资产总表具体编制方法如下：

①表中各栏目数据根据“交付使用资产明细表”的固定资产、流动资产、无形资产的各相应项目的汇总数分别填写，表中总计栏的总计数应与竣工财务决算表中的交付使用资产的金额一致。

②表中第 3 栏、第 4 栏、第 8 栏和第 9 栏的合计数，应分别与竣工财务决算表交付使用的固定资产、流动资产、无形资产、其他资产的数据相符。

(4)基本建设项目交付使用资产明细表(见表 6.9)。该表反映交付使用的固定资产、流动资产、无形资产价值的明细情况，是办理资产交接和接收单位登记资产账目的依据，是使用单位建立资产明细账和登记新增资产价值的依据。编制时要做到齐全完整、数字准确，各栏目价值应与会计账目中相应科目的数据保持一致。基本建设项目交付使用资产明细表具体编制方法如表 6.9 所示。

表 6.9　　**基本建设项目交付使用资产明细表**　　单位：

序号	单项工程名称	固定资产									流动资产		无形资产	
		建筑工程				设备、工具、器具、家具								
		结构	面积	金额	其中：分摊待摊投资	名称	规格型号	数量	金额	其中：设备安装费	其中：分摊待摊投资	名称	金额	名称	金额

续表

<table>
<tr><td rowspan="3">序号</td><td rowspan="3">单项工程名称</td><td colspan="10">固定资产</td><td colspan="2" rowspan="2">流动资产</td><td colspan="2" rowspan="2">无形资产</td></tr>
<tr><td colspan="4">建筑工程</td><td colspan="6">设备、工具、器具、家具</td></tr>
<tr><td>结构</td><td>面积</td><td>金额</td><td>其中：分摊待摊投资</td><td>名称</td><td>规格型号</td><td>数量</td><td>金额</td><td>其中：设备安装费</td><td>其中：分摊待摊投资</td><td>名称</td><td>金额</td><td>名称</td><td>金额</td></tr>
<tr><td></td><td></td><td></td><td></td><td></td><td></td><td></td><td></td><td></td><td></td><td></td><td></td><td></td><td></td><td></td><td></td></tr>
<tr><td></td><td></td><td></td><td></td><td></td><td></td><td></td><td></td><td></td><td></td><td></td><td></td><td></td><td></td><td></td><td></td></tr>
</table>

注：(1)表中“建筑工程”项目应按单项工程名称填列其结构、面积和金额。其中“结构”是指项目按钢结构、钢筋混凝土结构、混合结构等结构形式填写；面积则按各项目实际完成面积填写；金额按交付使用资产的实际价值填写。

(2)表中“固定资产”部分要在逐项盘点后，根据盘点实际情况填写，设备、工具、器具和家具等低值易耗品可分类填写。

(3)表中“流动资产”“无形资产”项目应根据建设单位实际交付的名称和价值分别填列。

(5)竣工财务决算报表的其他表如下：待摊投资明细表(见表 6.10)、待核销基建支出明细表(见表 6.11)、转出投资明细表(见表 6.12)。

表 6.10　　**待摊投资明细表**

项目名称：　　单位：

项目	金额	项目	金额
1.勘察费		25.社会中介机构审计(查)费	
2.设计费		26.工程检测费	
3.研究试验费		27.设备检验费	
4.环境影响评价费		28.负荷联合试车费	
5.监理费		29.固定资产损失	
6.土地征用及迁移补偿费		30.器材处理亏损	
7.土地复垦及补偿费		31.设备盘亏及毁损	
8.土地使用税		32.报废工程损失	
9.耕地占用税		33.(贷款)项目评估费	
10.车船税		34.国外借款手续费及承诺费	
11.印花税		35.汇兑损益	
12.临时设施费		36.坏账损失	
13.文物保护费		37.借款利息	
14.森林植被恢复费		38.减：存款利息收入	
15.安全生产费		39.减：财政贴息资金	
16.安全鉴定费		40.企业债券发行费用	
17.网络租赁费		41.经济合同仲裁费	
18.系统运行维护监理费		42.诉讼费	

续表

项目	金额	项目	金额
19.项目建设管理费		43.律师代理费	
20.代建管理费		44.航道维护费	
21.工程保险费		45.航标设施费	
22.招投标费		46.航测费	
23.合同公证费		47.其他待摊投资性质支出	
24.可行性研究费		合计	

表 6.11　　待核销基建支出明细表

项目名称：　　　　　　　　　　　　单位：

不能形成资产部分的财政投资支出				用于家庭或个人的财政补助支出			
支出类别	单位	数量	金额	支出类别	单位	数量	金额
1.江河清障				1.补助群众造林			
2.航道清淤				2.户用沼气工程			
3.飞播造林				3.户用饮水工程			
4.退耕还林(草)				4.农村危房改造工程			
5.封山(沙)育林(草)				5.垦区及林区棚户区改造			
6.水土保持				…			
7.城市绿化							
8.毁损道路修复							
9.护坡及清理							
10.取消项目可行性研究费							
11.项目报废							
…				合计			

表 6.12　　转出投资明细表

项目名称：　　　　　　　　　　　　单位：

序号	单项工程名称	建筑工程				设备、工具、器具、家具						流动资产		无形资产	
		结构	面积	金额	其中：分摊待摊投资	名称	规格型号	数量	金额	设备安装费	其中：分摊待摊投资	名称	金额	名称	金额
1															
2															
3															
	合计														

交付单位：　　　　负责人：　　　　接受单位：　　　　负责人：

盖章：　　　　　　年　月　日　　　盖章：　　　　　　年　月　日

需注意的是，在编制项目竣工财务决算时，项目建设单位应当按照规定将待摊投资支出按合理比例分摊计入交付使用资产价值、转出投资价值和待核销基建支出。

3. 建设工程竣工图

建设工程竣工图是真实地记录各种地上、地下建筑物，构筑物等情况的技术文件，是工程进行交工验收、维护、改建和扩建的依据，是国家的重要技术档案，全国各建设、设计、施工单位和各主管部门都要认真做好竣工图的编制工作。国家规定：各项新建、扩建、改建的基本建设工程，特别是基础、地下建筑、管线、结构、井巷、桥梁、隧道、港口、水坝以及设备安装等隐蔽部位，都要编制竣工图。为确保竣工图质量，必须在施工过程中(不能在竣工后)及时做好隐蔽工程检查记录，整理好设计变更文件。编制竣工图的形式和深度，应根据不同情况区别对待，其具体要求包括：

(1)凡按图竣工没有变动的，由承包人(包括总包和分包承包人，下同)在原施工图上加盖“竣工图”标志后，即作为竣工图。

(2)凡在施工过程中，虽有一般性设计变更，但能将原施工图加以修改补充作为竣工图的，可不重新绘制，由承包人负责在原施工图(必须是新蓝图)上注明修改的部分，并附以设计变更通知单和施工说明，加盖“竣工图”标志后，作为竣工图。

(3)凡结构形式改变、施工工艺改变、平面布置改变、项目改变以及有其他重大改变，不宜再在原施工图上修改、补充时，应重新绘制改变后的竣工图。由原设计原因造成的，由设计单位负责重新绘制；由施工原因造成的，由承包人负责重新绘图；由其他原因造成的，由建设单位自行绘制或委托设计单位绘制。承包人负责在新图上加盖“竣工图”标志，并附以有关记录和说明，作为竣工图。

(4)为了满足竣工验收和竣工决算需要，还应绘制反映竣工工程全部内容的工程设计平面示意图。

(5)重大的改建、扩建工程项目涉及原有的工程项目变更时，应将相关项目的竣工图资料统一整理归档，并在原图案卷内增补必要的说明一起归档。

4. 工程造价对比分析

对控制工程造价所采取的措施、效果及其动态的变化需要进行认真的比较对比，总结经验教训，批准的概算是考核建设工程造价的依据。在分析时，可先对比整个项目的总概算，然后将建筑安装工程费、设备工器具费和其他工程费用逐一与竣工决算表中所提供的实际数据和相关资料及批准的概算、预算指标、实际的工程造价进行对比分析，以确定竣工项目总造价是节约还是超支，并在对比的基础上，总结先进经验，找出节约和超支的内容和原因，提出改进措施。在实际工作中，应主要分析以下内容：

(1)考核主要实物工程量。对于实物工程量出入比较大的情况，必须查明原因。

(2)考核主要材料消耗量。在建筑安装工程投资中，材料费一般占直接工程费的70%左右，所以要按照竣工决算表中所列明的三大材料实际超概算的消耗量，查明是在工程的哪个环节超出量最大，再进一步查明超耗的原因。

(3)考核建设单位管理费、措施费和间接费的取费标准。建设单位管理费、措施费和间接费的取费标准要按照国家和各地的有关规定，根据竣工决算报表中所列的建设单位管理费与概预算所列的建设单位管理费数额进行比较，依据规定查明是否多列或少列的费用项目，确定其节约/超支的数额，并查明原因。

(4)主要工程子目的单价和变动情况。在工程项目的投标报价或施工合同中，项目的子目单价早已确定，但由于施工过程或设计的变化等原因，经常出现单价变动或新增加子目单价如何确定的问题，因此，要对主要工程子目的单价进行核对，对新增子目的单价进行分析检查，如发现异常应查明原因。

（二）竣工决算的编制程序

基本建设项目完工可投入使用或者试运行合格后，应当在3个月内编报竣工财务决算，特殊情况确需延长的，中小型项目不得超过2个月，大型项目不得超过6个月。项目竣工财务决算未经审核前，项目建设单位一般不得撤销，项目负责人及财务主管人员、重大项目的相关工程技术主管人员、概（预）算主管人员一般不得调离。确需撤销的，项目有关财务资料应当转入其他机构承接、保管；人员确需调离的，应当继续承担或协助做好竣工财务决算相关工作。竣工决算的编制程序分为前期准备、实施、完成和资料归档4个阶段。

1. 前期准备阶段的主要工作

（1）了解编制工程竣工决算建设项目的基本情况，收集和整理、分析基本的编制资料。在编制竣工决算文件之前，应系统地整理所有的技术资料、工料结算的经济文件、施工图纸和各种变更与签证资料，并分析它们的准确性。完整、齐全的资料是准确而迅速编制竣工决算的必要条件。

（2）确定项目负责人，配置相应的编制人员。

（3）制订切实可行、符合建设项目情况的编制计划。

（4）由项目负责人对成员进行培训。

2. 实施阶段的主要工作

（1）收集完整的编制程序依据资料。在收集、整理和分析有关资料中，要特别注意建设工程从筹建到竣工投产或使用的全部费用的各项账务、债权和债务的清理，做到工程完毕账目清晰，既要核对账目，又要查点库存实物的数量，做到账与物相等、账与账相符，对结余的各种材料、工器具和设备，要逐项清点核实，妥善管理，并按规定及时处理，收回资金。对各种往来款项要及时进行全面清理，为编制竣工决算提供准确的数据和结果。

（2）协助建设单位做好各项清理工作。

（3）编制完成规范的工作底稿。

（4）对过程中发现的问题应与建设单位进行充分沟通，达成一致意见。

（5）与建设单位相关部门一起做好实际支出与批复概算的对比分析工作。重新核实各单位工程、单项工程造价，将竣工资料与原设计图纸进行查对、核实，必要时可实地测量，确认实际变更情况；根据经审定的承包人竣工结算等原始资料，按照有关规定对原概、预算进行增减调整，重新核定工程造价。

3. 完成阶段的主要工作

（1）完成工程竣工决算编制咨询报告，基本建设项目竣工决算报表及附表、竣工财务决算说明书、相关附件等。清理、装订好竣工图，做好工程造价对比分析。

（2）与建设单位沟通工程竣工决算的所有事项。

（3）经工程造价咨询企业内部复核后，出具正式工程竣工决算编制成果文件。

4. 资料归档阶段的主要工作

（1）工程竣工决算编制过程中形成的工作底稿应进行分类整理，与工程竣工决算编制成果文件一并形成归档纸质资料。

（2）对工作底稿、编制数据、工程竣工决算报告进行电子化处理，形成电子档案。

将上述编写的文字说明和填写的表格经核对无误，装订成册，即为建设工程竣工决算文件，将其上报主管部门审查，并把其中财务成本部分送交开户银行签证，竣工决算在上报主管部门的同时，抄送有关设计单位。

参考文献

[1]全国造价工程师执业资格考试培训教材编审委员会. 建设工程计价[M]. 北京：中国计划出版社，2019.

[2]全国造价工程师执业资格考试培训教材编审委员会. 建设工程计量[M]. 北京：中国计划出版社，2019.

[3]中华人民共和国住房和城乡建设部. 建设工程造价咨询规范：GB/T 51095-2015[S]. 北京：中国建筑工业出版社，2015.

[4]中华人民共和国住房和城乡建设部. 建设工程工程量清单计价规范：GB 50500-2013[S]. 北京：中国计划出版社，2013.

[5]中国建设工程造价管理协会. 建设项目投资估算编审规程：CECA/GC 1-2015[S]. 北京：中国计划出版社，2015.

[6]中国建设工程造价管理协会. 建设项目设计概算编审规程：CECA/GC 2-2015[S]. 北京：中国计划出版社，2015.

[7]中国建设工程造价管理协会. 建设项目工程竣工决算编制规程：CECA/GC 9-2013[S]. 北京：中国计划出版社，2013.

[8]刘富勤，程瑶. 建筑工程概预算[M]. 3 版. 武汉：武汉理工大学出版社，2018.

[9]赵三青. 建筑工程概预算[M]. 南京：东南大学出版社，2020.

[10]中国建设工程造价管理协会. 建设项目施工图预算编审规程：CECA/GC 5-2010[S]. 北京：中国计划出版社，2010.

[11]建设部标准定额司. 中国工程建设标准定额大事记（1949—2006）[M]. 北京：中国建筑工业出版社，2007.

[12]马楠，等. 建设工程造价管理[M]. 2 版. 北京：清华大学出版社，2012.

[13]陈建国，高显义. 工程计量与造价管理[M]. 3 版. 上海：同济大学出版社，2010.